Naturkräfte.

Achtundzwanzigster Band.

Das Blut.

Eine physiologische Skizze

von

Johannes Ranke,
Professor an der Universität München.

Mit 58 Holzschnitten.

München.
Druck und Verlag von R. Oldenbourg.
1878.

Inhaltsverzeichniß.

Vorwort.

Das vorliegende Bändchen ist ein in sich geschlossenes Ganze. Es enthält vorwiegend die chemische Physiologie des Blutes und die Geschichte der Blutbildung. Materiell reiht es sich direct an: „Die Ernährung des Menschen“ (Naturkräfte Bd. XIX) an, sodaß wir es in diesem Sinne als Bd. II zu dem letztgenannten Bändchen in nähere Beziehung setzen dürfen. Mit Kollmann's Mechanik des menschlichen Körpers (Naturkräfte Bd. XIII), in welcher sich auch die Mechanik der Herz- und Blutbewegung, der Athmung mit den in Frage kommenden nervösen Einflüssen abgehandelt finden, bildet es Bd. III einer allgemeinverständlichen Physiologie des Menschen.

Der Verfasser.

Kapitel I.

Protoplasma und Blut.

1. Das einfachste animale Leben.

Die ersten Erscheinungen des animalen Lebens sind an die denkbar einfachste Organisation geknüpft.

Zu Myriaden leben im Wasser des Meeres, in geringer Anzahl im Süßwasser, kleine Organismen, welche wir nach ihrem Verhalten als thierische Wesen bezeichnen müssen. Die Zoologen reihen sie unter die Wurzelfüßer oder Rhizopoden ein. Die niedrigsten Formen dieser Thiergruppe werden als Foraminiferen zusammengefaßt. Einige Arten der letzteren, zu denen nach C. Claus namentlich Protogenes primordialis und Pr. porrectus gehören, zeigen einen nackten, hüllenlosen Körper; es sind die nackten Foraminiferen der Zoologen. Die Mehrzahl besitzt aber vielgestaltige Kalkschalen, mit denen sie sich trotz ihrer meist geringen Größe — die kleinsten messen nur 1/300 Linie — nicht unwesentlich an der Erdbildung betheiligt haben und noch betheiligen. In einer Unze Meeressand vom Molo di Gaëta hat man 1½ Millionen solcher Schalen gezählt.

Die schalenlosen, niedrigsten Wurzelfüßer erscheinen als mikroskopisch-kleine, formlose Klümpchen einer organischen, schleimartigen Materie, welche die Fähigkeit zeigt, aus inneren Ursachen ihre Gestalt auf das mannigfachste zu verändern. Das geschärfteste Auge der mikroskopischen Forscher hat an diesen lebenden Schleimklümpchen keine bleibenden Organe entdecken können.

Dujardin hatte die Leibessubstanz dieser Thierchen als Sarkode, fleischähnliche Masse bezeichnet, da sie durch ihre merkwürdige Beweglichkeit und Reizbarkeit — Contractilität — an die Eigenschaften der Muskelsubstanz höherer Thiere erinnert. Nach dem Vorgang eines unserer berühmtesten Mikroskopiker: Max Schultze, wählen wir mit der gesammten modernen organischen Naturwissenschaft dafür den Namen: Protoplasma. Max Schultze wollte, indem er diese Bezeichnung aufstellte, den innigen Zusammenhang andeuten, welcher zwischen der „vorzugsweise lebenden Substanz“ im Thier- und Pflanzenreiche besteht. Die Botaniker benannten den wesentlichen, ebenfalls contractilen, Bestandtheil der Pflanzenzellen schon lange als Protoplasma. Alles Leben, thierisches und pflanzliches, ist an einen Stoff geknüpft, an das Protoplasma, welches in den wichtigsten Beziehungen im Thier- und Pflanzenreiche die weitgehendsten Analogien aufweist. Der wesentlichste Bestandtheil auch der höchst entwickelten lebenden Wesen ist Protoplasma. Sehen wir uns seine Eigenschaften bei den auf tiefster Stufe der thierischen Ausbildung stehenden Organismen etwas näher an.

Bei den niedrigsten nackten Rhizopoden ist der Körper, wie wir hörten, ein gestaltloses Protoplasmaklümpchen. Die wichtigste Differenzirung, welche man in diesem Protoplasma wahrnimmt, sind zahlreiche kleinere und größere Körnchen, welche mit der durchsichtigen, schleimigen Grundmasse eine langsame „strömende“ Bewegung erkennen lassen. Manchmal treten kleine Hohlräume mit Flüssigkeit gefüllt, Vacuolen, im Protoplasma auf.

Seine wunderbare Contractilität ersetzt dem Protoplasma die mangelnden Organe. Der Körper unserer nackten Rhizopoden verändert beständig Form und Umriß. Indem er sich in wechselnder Weise partiell zusammenzieht, bildet er oft zahlreiche Fortsätze, welche ihm das Aussehen eines mit vielen Strahlen besetzten Sternes ertheilen können. An beliebigen Stellen fließt gleichsam der Körper in solche willkürliche Fortsätze aus, welche man als Scheinfüße oder Pseudopodien bezeichnet, die dann, kaum gebildet, wieder in die allgemeine Leibesmasse zurückgezogen werden können. Diese zeitweiligen Fortsätze der Körpersubstanz erscheinen bald weicher und dicker, fingerförmig oder lappig, bald feiner und zähflüssiger, fadenförmig, ästig, oft mit einander zusammenfließend und sich wieder trennend. Von diesen Scheinfüßen, die man hiebei fälschlich als „Füße" bezeichnet, rührt der Name „Wurzelfüßer" für die ganze Thiergruppe her. (Fig. 1.)

Die Bildung der Scheinfüße ist lediglich ein Ausfluß der lebhaften Contractilität des Protoplasmas. Die inneren, diesen partiellen Zusammenziehungen zugrundeliegenden Bewegungen machen sich in den erwähnten „Strömungen" der Protoplasmakörnchen bemerklich. Indem der einfache Körper seine Scheinfüße ausstreckt, wechseln in raschem Fluß fortwährend die Protoplasmapartien, die er zu diesen vorübergehenden Bildungen verwendet. Indem neue Protoplasmatheilchen in die Scheinfüße vorgeschoben, andere zurückgezogen werden, scheinen die im Protoplasma enthaltenen dunklen Körnchen in seiner durchsichtigen Grundsubstanz, deren Antheil an der Bewegung man nur an den sich bewegenden Einschlüssen wahrnehmen kann, von der Basis zur Spitze der Pseudopodien und von da wieder zurück zur Basis zu fließen.

Die Scheinfüße dienen zunächst zur Festhaftung und Ortsbewegung; die Thierchen bewegen sich mit ihrer Hülfe kriechend auf dem Meeresgrunde. Die Scheinfüße sind aber auch Organe der Nahrungsaufnahme, ja sogar der Ver-

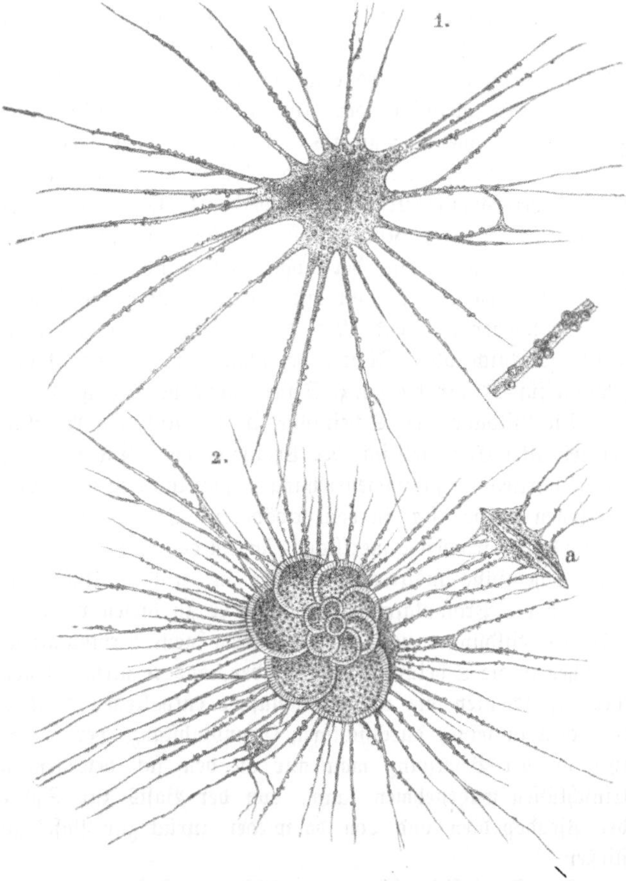

Fig. 1. Rhizopoden nach Chr. Thornam.
1. Amoeba. 2. Rotalia bei a verdauende Scheinfüße.

dauung. Sie werden nach im Wasser befindlichen organischen Körnchen oder nach ganzen kleinen pflanzlichen Organismen, z. B. Bacillarien u. a. ausgestreckt. Ein oder mehrere der Scheinfüße fließen gleichsam mit ihrer Masse um das zur Nahrung Ausersehene herum und hüllen dasselbe ein. Bei den nackten Rhizopoden zieht sich das temporäre Fangorgan mit seinem Einschluß in den Protoplasmaleib zurück, sodaß dadurch die Nahrung in das Leibesinnere hineingepreßt wird. Das Protoplasma selbst wirkt dann verdauend und lösend auf die aufgenommene Nährsubstanz ein. Ist die organische Substanz ausgezogen und damit die Verdauung vollendet, so wird der unverdaute Rest an einer beliebigen Stelle des Körpers wieder ausgeworfen, indem ganz analoge Bewegungen des Protoplasmas ausgeführt werden, nur in umgekehrter Richtung, wie jene, welche zum Zweck der Aufnahme stattgefunden hatten. (Fig. 2.) Bei den schalentragenden Wurzel-

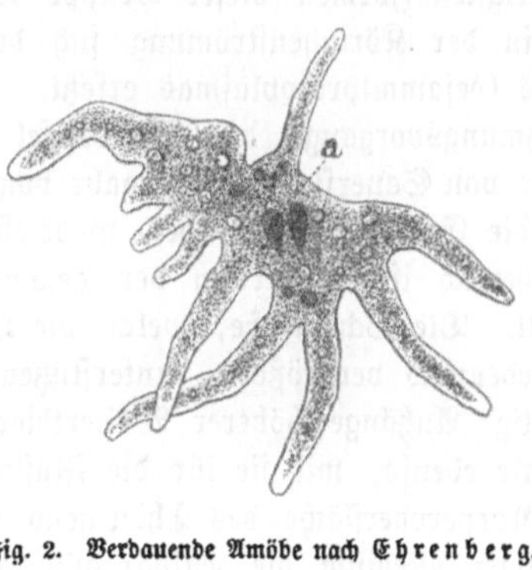

Fig. 2. Verdauende Amöbe nach Ehrenberg. Bei a aufgenommene Nahrung.

füßern ist dieser Vorgang noch einfacher. Die fadenartigen Scheinfüße werden bei diesen Thierchen durch feinste Oeffnungen, mit denen die Schale siebartig durchlöchert ist

(Fig. 1. II), herausgestreckt. Haben mehrere Scheinfüße z. B. eine Bacillarie umflossen, so können sie sich mit dem Einschluß, da die Schalenporen zu fein sind, nicht in den in der Schale befindlichen Protoplasmaleib zurückziehen. Es findet daher die Verdauung gleichsam außerhalb des Körpers in den Scheinfüßen selbst statt, deren Masse zu diesem Behufe durch Nachschub neuen Protoplasmas etwas vergrößert und, wie die Körnchenströmungen beweisen, beständig gewechselt wird. (Fig. 1. II a.)

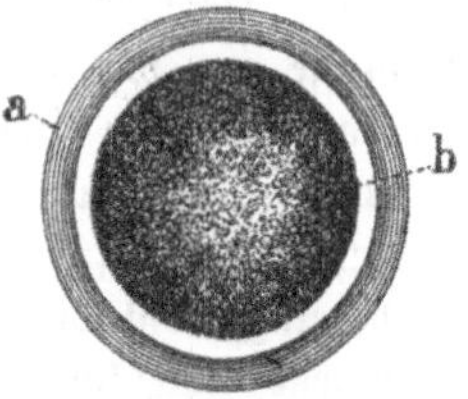

Fig. 3. Befruchtete Eizelle eines Säugethieres nach dem Verschwinden des Keimbläschens.
a Durchsichtige Hülle: Zona pellucida. b Dottermasse von der Zona etwas zurückgezogen.

Die Säftecirculation, für welche bei den höher organisirten Rhizopoden wie bei den Infusorien schon eigene Bewegungsapparate, contractile Vacuolen, vorhanden sind, wird bei den niedrigsten Formen dieser Gruppe lediglich durch die innere, in der Körnchenströmung sich documentirende Bewegung des Gesammtprotoplasmas ersetzt.

Der Athmungsvorgang, der Gaswechsel des Körpers mit Aufnahme von Sauerstoff und Abgabe von Kohlensäure, welcher für die Erhaltung auch des niedrigsten animalen Lebens erforderlich ist, findet an der gesammten Körperoberfläche statt. Die Scheinfüße, welche die Oberfläche des Körpers so bedeutend vergrößern, unterstützen dabei, etwa wie kiemenartige Anhänge höherer Wasserthiere, den Austausch der Gase ebenso, wie sie für die Flüssigkeitsdiffusion zwischen der Körperoberfläche des Thierchens und dem umgebenden flüssigen Medium die denkbar günstigsten Verhältnisse schaffen. Die Pseudopodien fungiren sonach als Athmungs- und Ausscheidungsorgane, an Stelle von Lungen und Nieren. Aber auch als Fühlfäden und Taster zur Vermittelung der einfachen Sinnesempfindungen dienen dieselben

Schenfüße, von denen wir schon so zahlreiche Functionen namlaft gemacht haben.

Die einfachste Form des animalen Lebens erscheint als ein Organismus ohne Organe, wenigstens ohne bleibende, vorgebildete Organe, deren Functionen alle vom Protoplasna selbst übernommen werden.

Die niedrigsten thierischen Wesen zeigen kein vorgebildetes Bewegungs- und Nervensystem, keine Athmungs- und Verdauungsorgane, keine speciellen Einrichtungen für Säftecirculation und Fortpflanzung. Und doch sehen wir diese Thierchen alle wesentlichen Verrichtungen des animalen Lebens ausüben. Die Natur des Protoplasmas macht auf dieser niedrigsten Stufe der Organisation alle speciellen Organe entbehrlich, indem seine innere und äußere Beweglichkeit Contractilität, seine Fähigkeit, nach Bedarf die wechselndsten Gestalten anzunehmen, jede einzelne Stelle des einfachen Gesammtkörpers befähigt, abwechselnd und zu gleicher Zeit als Organ für Bewegung, Empfindung, Athmung, Ernährung, Verdauung und Ausscheidung zu dienen.

Die Fortpflanzung der niedrigsten animalen Wesen erfolgt in verschiedener Weise, in einigen Fällen in der Art, daß der gesammte Körper in gleichwerthige Theilstücke zerfällt.

2. Die Zelle und der Menschenkörper.

Es war eine wunderbare Entdeckung, als man fand, daß in den eben geschilderten einfachsten animalen Wesen der Grundplan der Organisation gegeben sei, welcher sich auch im Körper der höchsten Thiere und des Menschen wiederholt.

Das befruchtete, entwicklungsfähige Ei aller Wirbelthiere erscheint nach dem Verschwinden des Keimbläschens (Fig. 3), abgesehen von seiner schützenden durchsichtigen Hülle, welche sich an dem künftigen Körperaufbau nicht mitbetheiligt, als ein kugeliges Protoplasmaklümpchen, ausgestattet mit allen animalen Eigenschaften: Beweglichkeit aus inneren Ursachen; Contractilität, Ernährung, Ausscheidung, Athmung, Fortpflanzung, ganz analog dem Körper der am niedrigsten organisirten Thiere. Die Eientwickelung beruht zunächst auf einer Fortpflanzung des Eies durch Theilung seines Protoplasmas. Während aber auf der niedrigsten Stufe animalen Lebens aus solcher Theilung dem Mutterorganismus gleiche

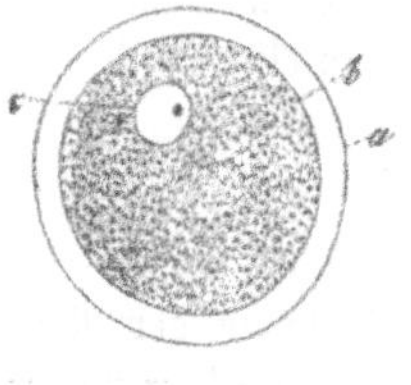

schen, unbefruchtet, 250 mal vergrößert. (S. Fig. 3.) a Zona pellucida. b äußere Begrenzung des Dotters und zugleich innere Grenze der Zona. c Keimbläschen mit dem Keimflecke.

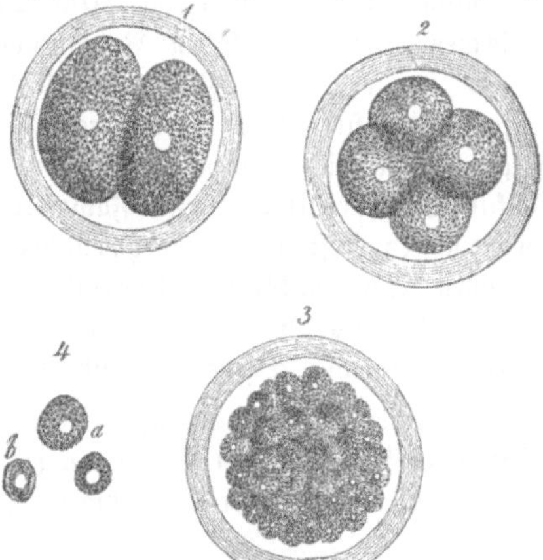

Fig. 5. Theilung des Säugethiereies, halbschematisch. 1 Die Dottermasse in zwei, 2 in vier Kugeln (Zellen) mit Kernen zerfallen. Bei 3 eine große Zahl gekörnter Kugeln. 4 a b einzelne Kugeln.

und selbständige Wesen hervorgehen, vereinigen sich die aus der Theilung — Furchung — des Wirbelthiereies (Fig. 5) hervorgehenden Protoplasmakörper zu bleibenden Colonien.

Ihre anfängliche anatomische und physiologische Identität verschwindet, es bildet sich bei zunehmender Anzahl rasch als Grundlage einer physiologischen Arbeitstheilung eine anatonische Verschiedenheit zwischen ihnen aus, und in der Folge sehen wir die eine Gruppe die Aufgaben des Nervensystems, eine andere die der Bewegungs- und Fortpflanzungsorgane, eine dritte die Functionen der Ernährung im weitesten Sinne übernehmen.

Wie den nackten Protoplasmakörper niedrigster Thiere, so können wir auch das befruchtete Wirbelthierei als einen einfachen animalen Organismus, oder als einen Urorganismus bezeichnen. Auch der erwachsene Körper des höchsten animalen Wesens, welcher aus fortgesetzter Theilung des Protoplasmaleibes des Eies hervorgegangen ist, läßt noch eine Zusammensetzung aus solchen einfachen animalen Organisationsformen erkennen, er erscheint gleichsam als eine Colonie einfacher Organismen, bei welchen aber in Folge weitgehender Arbeitstheilung nun wesentliche Form- und Bauverschiedenheiten hervortreten.

Man hat als Grundtypus der animalen Organisation die sogenannte Zelle als Urorganismus angesprochen. Man pflegt das Ei der Säugethiere als eine Zelle, als Urzelle zu bezeichnen, und zu lehren, daß auch der erwachsene Organismus aus Zellen aufgebaut erscheine, welche trotz ihrer Einordnung in den Bauplan des Gesammtorganismus doch noch eine gewisse Sonderexistenz, ein Eigenleben führen. Die Zelle

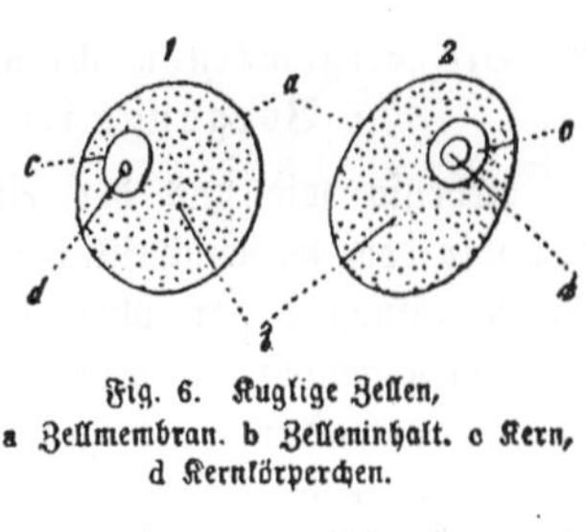

Fig. 6. Kuglige Zellen, a Zellmembran. b Zelleninhalt. c Kern, d Kernkörperchen.

(Fig. 6) pflegte man als ein mikroskopisches Bläschen mit einer Hülle, Zellhaut oder Zellmembran und einem, von dieser Membran eingeschlossenen, halbflüssigen, körnigen Inhalt: Zellinhalt oder Protoplasma, mit einem ebenfalls aus Protoplasma bestehenden Kern: Zellkern mit Kernkörperchen, zu definiren. Diese Definition hat sich in ihrer Allgemeinheit nicht halten lassen. Der animale einfachste Organismus ist, wie wir sahen, nichts als ein undifferenzirtes Protoplasmaklümpchen. Auch das befruchtete Ei stellt sich zunächst, abgesehen von seiner der Zellhaut nicht entsprechenden Hülle, als ein solches dar. (Fig. 3.) Es ist schon ein Zeichen höherer Entwickelung, wenn sich als erstes Organ in dem Protoplasma ein kernartiges Gebilde als Mittelpunkt der physiologischen Thätigkeit ausscheidet, und wenn dann als festerer Abschluß gegen die Außenwelt an dem Urorganismus noch ein weiteres Organ, eine Umhüllungshaut, eine wahre Zellmembran auftritt. (Fig. 4.)

Wenn also auch die neuere Physiologie an der sog. Zellentheorie festhält, so vergißt sie dabei doch nicht, daß die Bezeichnung Zelle, welche dem Wortlaute nach wenigstens eine Einschließung des Protoplasmas in eine Membran voraussetzt, für die allereinfachste Form des animalen Lebens eine ungeeignete sei; daß die „einfachsten Zellen" nichts anderes sind als hüllen- und kernlose Protoplasmaklümpchen.

3. Die allgemeinen chemischen und physikalischen Vorgänge im Protoplasma.

Ebenso wie uns der einfachste animale Organismus, den wir dem wissenschaftlichen Sprachgebrauche nach mit den Einschränkungen der oben gegebenen Definition als Zelle bezeichnen wollen, als anatomischer Grundtypus aller thierischen Formbildungen entgegentritt; ebenso wie wir damit anatomisch eine bestimmte Einheitlichkeit des Bauprincips im gesammten Reiche des thierischen Lebens gefunden haben, zeigt sich auch eine vollkommene Uebereinstimmung in Beziehung auf die chemische Zusammensetzung des Stoffes, an welchen das animale Leben geknüpft erscheint, und in Beziehung auf die Kräfte, welche wir in ihm in Thätigkeit sehen.

Wir finden das animale Leben gebunden an eine bestimmte Mischung chemischer Stoffe, welcher wir bei dem niedrigststehenden wie bei dem höchstentwickelten thierischen Organismus ebenso wie im Körper des Menschen begegnen. Wir bezeichnen diese Stoffmischung auch chemisch als **Protoplasma**. Eiweißstoffe in verschiedenen Modificationen und primären Umwandlungen, hochzusammgengesetzte phosphorhaltige Substanzen (Lecithin ꝛc.), wahre Fette, mehrere Zuckerarten, gummi- und stärkemehlähnliche Stoffe (Kohlehydrate) und eine Reihe anderer meist krystallisirbarer sog. Extractivstoffe, unter denen Milchsäure (Fleischmilchsäure) und die stickstoffhaltigen Zersetzungsproducte der Eiweißkörper: Kreatin, Kreatinin, Harnsäure, Harnstoff und andere, namentlich noch Fermentstoffe, zu erwähnen sind, werden speciell als organische Bestandtheile des animalen Protoplasmas bezeichnet. Unter ihnen stehen die Eiweißstoffe an Wichtigkeit und Menge obenan. Sie fehlen im Protoplasma niemals, während es oft nicht gelingt, die ganze Reihe der übrigen ebengenannten Stoffe nachzuweisen.

Auch anorgnische Bestandtheile finden wir im Protoplasma. Es sind vorwiegend phosphorsaures Kali und Natron und phosphorsaurer Kalk und Magnesia, dann Verbindung derselben Metalle (Kalium, Natrium, Calcium ꝛc.) mit Schwefelsäure und Chlor u. a. Auch ein schweres Metall darf nicht fehlen: Eisen. Alle diese Stoffe sind in gegenseitiger Verbindung im lebenden Protoplasma gequollen und gelöst in Wasser, welches stets die Hauptmasse des belebten Stoffes ausmacht, und welches auch Gase: Sauerstoff, Kohlensäure und Stickstoff, enthält.

Auch die Zellen und Zellenabkömmlinge, welche den Organismus des Menschen aufbauen, bestehen der Hauptmasse nach aus Protoplasma. Im Zellinhalt aller Zellen wiegen wie gesagt quantitativ, abgesehen vom Wasser, stets die charakteristischen Eiweißstoffe vor. Die physiologische Verschiedenheit der Zellen der verschiedenen Organe spricht sich vor allem in einer verschiedenen Quantität jener obengenannten, in allen Zellen in geringeren Mengen vorkommenden chemischen Stoffe aus. Das Protoplasma der Nervenzellen besteht wie das der Muskelzellen vorwiegend aus Eiweiß, aber während in dem letzteren die erwähnten hochzusammengesetzten phosphorhaltigen Stoffe und die Fette quantitativ zurücktreten, finden sich gerade diese Stoffgruppen in relativ großer Menge in den Nervenzellen und den von ihnen ausgehenden Nervenfasern. In allen Zellen enthält das Protoplasma Fermentstoffe, Gährungsstoffe, welche den inneren Stoffumsatz vermitteln und wie im Protoplasma der Wurzelfüßer eine Art von Verdauung bedingen. In dem Zelleninhalt der eigentlichen Verdauungsorgane treten diese Fermentstoffe als besonders wirksam und bedeutungsvoll auch bezüglich ihres quantitativen Verhältnisses hervor, und merkwürdiger Weise ist meist in dem Protoplasma der Zellen eines Organes der eine, in dem eines anderen ein anderer Fermentstoff in größerer Menge vertreten, wodurch die verschiedene functionelle Bedeutung der Verdauungsorgane bedingt wird. Die zu Organen vereinigten Zellen finden sich sehr regelmäßig von Zellhäuten — Zellmembranen — umschlossen, und eine eigenthümliche Verbindungssubstanz der einzelnen Zellen unter einander ist bald nur sehr gering, bald mächtiger entwickelt. Diese Kittsubstanz oder Zwischenzellensubstanz (Fig. 7) besteht wie die Zellhäute selbst aus dem veränderten, verdichteten Protoplasma der Außenpartien der Zellen. Die Eiweißkörper des Protoplasma nehmen hieran vor allem Theil. Sie verlieren zunächst ihre halbflüssige Beweglichkeit, die sie im jugendlichen Protoplasma besitzen, und gehen in der Folge auch eine chemische Metamorphose ein, wodurch aus ihnen der Hauptmasse nach in der Mehrzahl der Organe die gewöhnliche leimgebende, in einigen die knorpelleimgebende Substanz entsteht. Endlich schreitet die Härtung und Umwandlung bis zur Bildung der sog. „elastischen Substanz" fort, welche den stärksten chemischen Lösungsmitteln zu widerstehen vermag. Namentlich an der Oberfläche des Körpers bildet sich aus der Umwandlung des Protoplasmas der Oberhautzellen die sog. Hornsubstanz, aus welcher auch die Haare und Nägel bestehen.

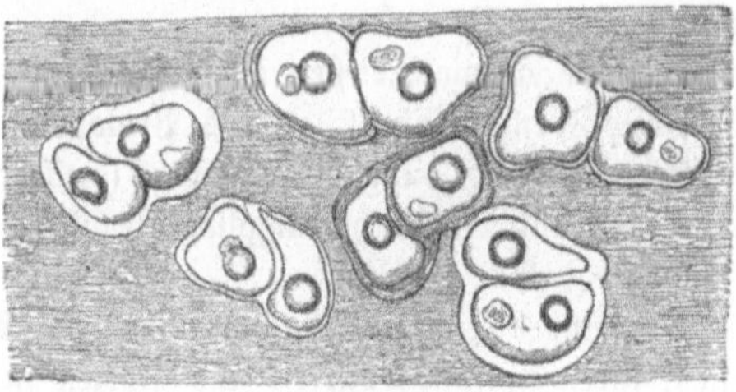

Fig. 7.
Knorpelzellen in Zwischenzellensubstanz eingebettet, 250 mal vergrößert. Vom Menschen.

Aber nicht nur ein einheitliches Bauprincip im gesammten Reiche der animalen Organismen haben wir zu constatiren, nicht nur sind die Stoffe die gleichen, an welchen alles animale Leben zum Ausdruck kommt; auch die Kraftquelle, aus welcher die Summe der mechanischen animalen Leistungen entspringt, ist eine einheitliche.

Die mechanische Thätigkeit, die Kraftentwickelung der thierischen Lebewesen und aller ihrer Organe beruht im Wesentlichen auf dem regelmäßigen Fortgang organischer Oxydations-vorgänge. Die Verbindung verbrennlicher Substanzen mit Sauerstoff, die Verbrennung oder Oxydation, welche uns in der unbelebten Natur als eine so energische Ursache von Bewegungen und Kraftleistungen entgegentritt, erscheint auch in den animalen Wesen in der eigenthümlichen Modification dieses Vorganges, welcher durch die lebendige Organisation bedingt wird (Gährung mit Sauerstoffaufnahme), als die letzte Ursache aller Bewegungserscheinungen, aller Leistungen mechanischer und chemischer Arbeit, aller Wärme- und Electricitätsentwickelung, welche wir an ihnen wahrnehmen.

Wie einfach erscheinen uns im Lichte der eben dargestellten Erfahrungen die Verhältnisse, auf welche es bei Beurtheilung der physiologischen Vorgänge der animalen Organismen im Allgemeinen vorzugsweise ankommt.

Wir sehen das animale Leben an eine bestimmte, aber denkbar einfachste Form geknüpft, an das Protoplasmaklümpchen, das sich durch Ausbildung eines Kernes (Zellkernes) im Innern und einer äußeren Umhüllungsschichte (Zellmembran) zu einer wahren Zelle gestaltet.

Wir haben eine bestimmte Stoffmischung vor allem aus Eiweißstoffen, ihren Umsatzproducten und Salzen in Wasser gequollen und gelöst bestehend — das Protoplasma —, welches sich in seinem wesentlichen Verhalten in jeder animalen Zelle als dasselbe zeigt, welches durch Aufnahme von Nährstoffen aus der Umgebung wächst und seinen Bestand erhält.

Die Krafterzeugung, welche das animale Leben charakterisirt, beruht überall auf organischer Verbrennung, Oxydation des belebten organischen Stoffes, welche durch Sauerstoffaufnahme (Athmung) aus den umgebenden Medien — Luft oder Wasser — unterhalten und bedingt wird. So lange das animale Leben an die betreffende Stoffgruppe geknüpft ist, findet dieser organische Verbrennungsproceß fortwährend statt. Diesem Oxydationsvorgange innerhalb des belebten Stoffes entstammen die lebendigen Kräfte des Organismus: Wärme, Elektricität, mechanische Bewegung und eine große Anzahl chemischer Wirkungen, welche wir im Protoplasma sich abspielen sehen.

Diese ununterbrochene Verbrennung und Zersetzung der belebten Substanz im Lebensvorgange bedingt eine beständige Abnahme des Lebensstoffes. Der letztere muß durch Ernährung von außen wieder neu zugeführt werden, aber auch die aus der Verbrennung und Zersetzung gebildeten Producte, welche, wie wir in der Folge noch näher ins Auge zu fassen haben, fast alle eine direct schädliche, giftige Einwirkung auf den Organismus ausüben, müssen aus dem Körper ausgeworfen, entfernt werden.

Während aber für das einfachste animale Leben das Protoplasma als solches alle die nothwendigen Functionen allein übernimmt und vollständig erfüllt, sehen wir bei den höher und am höchsten organisirten animalen Wesen eine wachsende Zahl differenzirter Organe auftreten und nothwendig werden, welche nach dem Princip der Theilung der Arbeit die Einzelfunctionen für die Gesammtheit des Organismus übernehmen.

Trotzdem bleibt auch im Gesammtkörper jeder Zelle, aus welcher sich derselbe aufbaut, ihr selbständiges individuelles Leben gewahrt. Obwohl die Zellen im Haushalte des Gesammtorganismus die verschiedensten Arbeiten zu verrichten haben, besitzt das Protoplasma jeder von ihnen doch noch die Fähigkeit der selbständigen Bewegung und Reizbarkeit, der Nahrungs- und Gasaufnahme, Verdauung und Stoffabgabe, der Fortpflanzung durch Theilung, sodaß sie sich in dieser Beziehung immer noch wie die Urzelle des Eies oder im Grunde wie der einfache animale Organismus verhalten, von dessen Lebensbeschreibung wir bei unseren Betrachtungen ausgegangen sind.

4. Nerven- und Circulationssystem.

Der einfachste animale Körper, aus einem undifferenzirten Klümpchen thierischen Protoplasmas bestehend, bedarf aller jener Einrichtungen nicht, welche erforderlich sind, um eine größere Colonie einfacher Organismen, als welche uns zunächst ein entwickelteres Thierwesen erscheint, zu einer höheren Einheit, zu einem wahren Individuum zusammenzufassen.

Es sind vor allem zwei Organsysteme, in welchen die Einheit und Untheilbarkeit, die Individualität des Menschenleibes und des Leibes aller höheren Thiere sich ausspricht: Nervensystem und Gefäßsystem.

Während bei dem im Wasser lebenden einfachen Organismus von jeder Oberflächenstelle aus der Gesammtleib erregt werden kann, während bei ihm die fortwährende, strömende Bewegung des Protoplasmas genügt, um, unter der Mitwirkung von Diffusionsvorgängen, den Stoffaustausch zwischen dem einfachen Körper und dem umgebenden flüssigen Medium zu unterhalten, bedarf es bei höher gesteigerter Organisation für die gleichen Zwecke specieller Organe und Organgruppen.

Obwohl jede einzelne Zelle, aus welcher sich der Gesammtleib aufgebaut hat, in ihrem Protoplasma noch eine gewisse Reizbarkeit, eine Fähigkeit der Reaction gegen äußere Einwirkungen besitzt, so stammt doch schon aus den ersten Stadien der Entwickelung des Körpers des Menschen und der höheren Thiere eine anatomisch-physiologische Zellendifferenzirung, welche jene Zellen, die sich durch Reizbarkeit vor allen anderen auszeichnen, zu einer eigenen Zellengemeinschaft vereinigt. Sie bilden sich in der Folge zu jenen Organen um, die wir als Nervensystem im Allgemeinen bezeichnen. Sie werden zum Centralnervensystem, Gehirn und Rückenmark, und zu den peripherischen Nervenknoten und -Fasern und deren sensiblen und motorischen Endorganen. Die Centralorgane des Nervensystems liegen, wie es scheinen könnte im Widerspruch mit ihrer Lebensaufgabe, im Innern des Organismus, beim Menschen in eine feste Knochenhülle, Schädelkapsel und Wirbelsäule, eingeschlossen und damit scheinbar möglichst verwahrt vor allen jenen äußeren Einwirkungen, für deren Auffassung und Verarbeitung sie gerade organisirt sein sollen. Aber dieser Abschluß ist nur ein theilweiser und scheinbarer.

Ueberall sehen wir das Leben und seine Aeußerungen an das Vorhandensein und die Thätigkeiten einfacher animaler Organisationstypen, an Zellen geknüpft. Im Nervensystem sind es die Nervenzellen, welche die Hauptfunctionen des Nervensystems übernehmen. Wir könnten uns denken, daß das einfachste Nervensystem aus einer einzigen typischen Nervenzelle bestehen könnte. (Fig. 8.) Wir können uns ihren Bau und ihre Verrichtungen verständlich machen, wenn wir uns wieder an den einfachen Sarkodeleib der nackten Wurzelfüßer erinnern. Dieser vermittelt seine Verbindungen mit der Außenwelt durch das Ausstrecken seiner zum Theil langen, feinen, vielverzweigten fadenförmigen Fortsätze, Scheinfüße. Denken wir uns im Innern eines höher organisirten Thieres einen derartigen einfachsten Organismus, welche bis an die Oberflächengrenzen des Gesammtleibes und an alle einzelnen Organe desselben seine Protoplasmafäden aussendet, so haben wir damit ein Bild des einfachst gedachten Centralnervensystems.

Die Centralnervenzelle sendet wirklich aus ihrem Protoplasmaleibe eine Anzahl von langen Fäden ab, welche zur Körperperipherie und zu den Organen verlaufen. Aber bei einem höher organisirten Thiere oder bei dem Menschen finden sich, namentlich zum Nervenapparate vereinigt, außerordentlich zahlreiche derartige Nervenzellen, welche nicht nur zur Peripherie und allen Organen ihre langen Ausläufer, die Nervenfasern, senden, sondern welche auch unter einander durch analoge Ausläufer in Verbindung treten und damit die anatomische und functionelle Einheit des Nervensystems begründen.

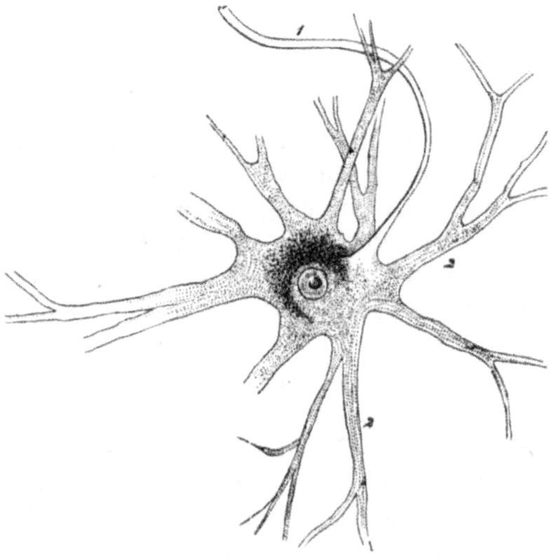

Fig. 8. Nervenzelle aus den Vorderhörnern des Rückenmarkes.
1. Achsencylinderfortsatz. 2 2 Protoplasmafortsätze, 300 mal vergrößert.

Indem die Ausläufer der Nervenzellen, die Nervenfasern, in den Sinnesorganen der Körperperipherie so endigen, daß sie von äußeren Einwirkungen, von Reizen der Außenwelt, getroffen und in physiologischer Weise erregt werden können, unterliegen durch ihre Vermittelung auch die im Innern des

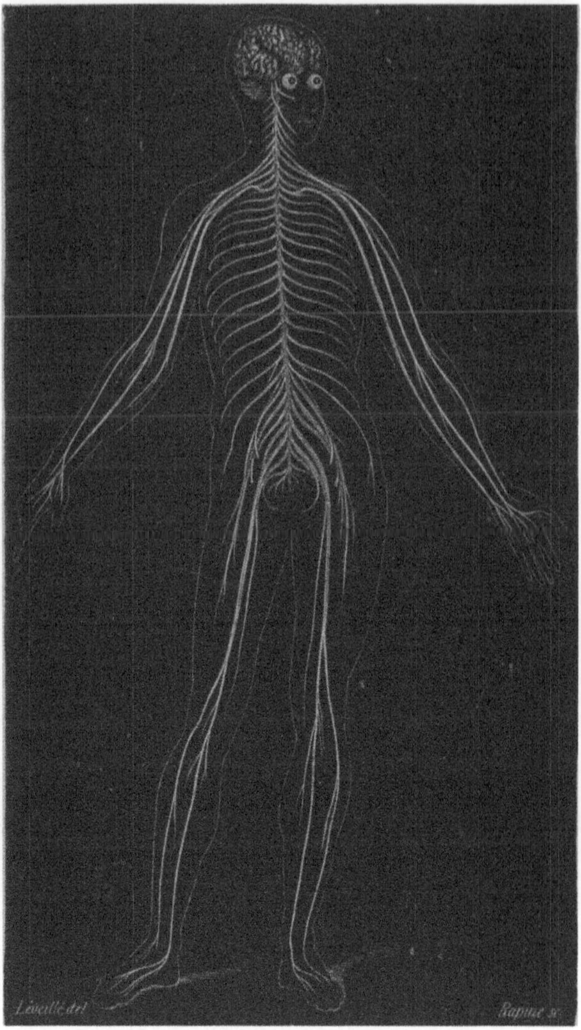

Fig. 9. Das Nervensystem.

Körpers gelegenen Nervenzellen einzeln und in ihrer Gesammtheit dem Einfluß äußerer Reize. Indem die Nervenfasern mit allen den verschiedenen Organen des Gesammtleibes in Verbindung treten, können auch diese durch ihre Vermittelung an den Veränderungen theilnehmen, jedes in seiner specifischen Weise, welche der von außen her gesetzte Reizzustand in ihm bedingt.

Betrachten wir Gehirn und Rückenmark, welche uns nun als ein Netzwerk zahlloser, unter einander verbundener Nervenzellen erscheinen, als ein einheitliches Organ, so sehen wir durch die von ihm ausgehenden Nervenfasern, die sich, oft zu vielen Tausenden, zu einem dickeren Nervenstamme vereinigen, die Oberfläche des Körpers mit ihren unzähligen specifischen Einrichtungen zur Aufnahme von äußeren Reizen — die Sinnesorgane —, sowie jedes einzelne innere Organ und jedes kleinste Organtheilchen mit dem nervösen Centralorgane verknüpft, sodaß dadurch die anatomische und physiologische Möglichkeit gegeben ist, daß der Gesammtkörper äußeren Einflüssen gegenüber als ein Ganzes arbeitet und fühlt. (Fig. 9.)

Wir finden bei dem Menschen und den ihm nächststehenden Thierklassen eine fast noch vollkommener als die des Nervensystems erscheinende Centralisation in Beziehung auf den Flüssigkeits- und Gasverkehr der einzelnen Organe unter einander und mit der Außenwelt.

Dieser Verkehr wird durch die Circulationsorgane und ihren Säfte-Inhalt unterhalten.

Die niedersten bleibenden Circulationseinrichtungen haben wir schon oben erwähnt. Es sind „contractile" mit Flüssigkeit gefüllte Hohlräume im Protoplasma, contractile Vacuolen. Indem sich das Protoplasma des einfachen Körpers zusammenzieht, preßt es den Inhalt der Vacuolen in seine Molecularzwischenräume; wenn sich die Vacuolen bei der Erschlaffung des Protoplasmas wieder erweitern, saugen sie umgekehrt Flüssigkeit aus den molecularen Zwischenräumen in sich ein und bringen auf diese Weise einen rascheren Ortswechsel der Flüssigkeiten von außen nach innen und

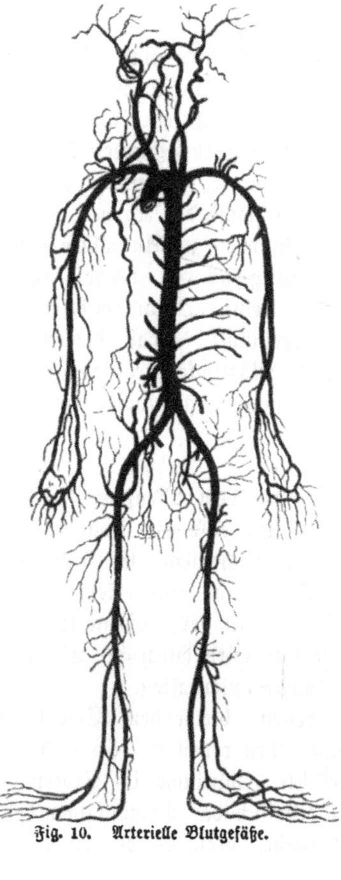

Fig. 10. Arterielle Blutgefäße.

eine Steigerung der Diffusionsvorgänge innerhalb des Körpers selbst und zwischen ihm und der Außenwelt hervor.

Auch unser Herz ist ein ähnlicher, freilich weit complicirter gebauter Pumpapparat, welcher die Ernährungsflüssigkeit des Blutes, die in dem ganzen Körper in dem feinverzweigten Hohlnetze der Blutgefäße enthalten ist, durch Zusammenziehung und wechselnde Ausdehnung in beständiger strömender Bewegung erhält. (Fig. 10.)

Der einfache Organismus der nackten Wurzelfüßer hat an seiner Oberfläche durch das Medium, in welchem er lebt, durch das Wasser des Meeres, beständig Gelegenheit zu Stoffverkehr mit der Außenwelt. Den Zellen des Menschenleibes muß dieses Medium ersetzt werden, durch eine Flüssigkeit, in welcher sie fortwährend gebadet sind. Ihr Lebensmedium ist das Blut. Auch bei dem höchsten Organismus beruht das Leben der Einzelorgane, der Zellen, auf einem Verkehr mit der umgebenden Flüssigkeit, wie bei dem einfachsten Wasserthiere. Der Mensch trägt aber im Blute das Meer gleichsam in seinem Körper mit sich umher, von welchem seine Zellen umspült und genährt werden.

Keine vegetirende Zelle des Gesammtorganismus kann nur einen kurzen Augenblick den regelmäßigen Stoffaustausch mit dieser Lebensflüssigkeit entbehren. Durch beständige strömende Bewegung des Blutes muß der Verkehr zwischen ihm und jeder einzelnen Zelle auf einer gewissen Höhe der Energie erhalten werden, wenn das Leben ungestört seinen Fortgang nehmen soll.

Der Flüssigkeitsverkehr ist bei höheren Thieren wesentlich im Gefäßsystem centralisirt, die Bewegung des Blutes und aller sonstigen Ernährungsflüssigkeiten des Körpers von der Bewegung des Herzens abhängig. Daher sehen wir bei ihnen das Leben aller Organe und alle ihre Verrichtungen bedingt von einer normalen Versorgung mit Blut, und das

Herz erscheint uns als der eigentliche vegetative Lebensmittelpunkt des gesammten Körpers.

Das Herz sendet seine Gefäße in die Organe hinein, um jedem ihrer Theile den Lebenssaft zuströmen zu lassen, um sie theilnehmen zu lassen an dem Medium, durch welches der Gesammtorganismus mit der Außenwelt in Stoffaustausch tritt. (Fig. 10.)

Das Blut ist aber keine einfache Flüssigkeit. Wie wir einen zu einem Organ vereinigten Theil der Zellen, welche den Gesammtorganismus zusammensetzen, das Nervensystem, für den Gesammtorganismus die Functionen der Reizbarkeit ausüben sehen, zu welcher primär alle Zellen befähigt sind, so sehen wir auch einen andern, ebenfalls aus zahllosen in eine flüssige Zwischensubstanz eingebetteten Zellen bestehenden Theil des Organismus, das Blut, als ein flüssiges Organ die wesentlichsten Aufgaben der Stoffbewegung für den Gesammtkörper übernehmen.

Wie das Nervensystem, so streckt auch das Circulationssystem seine Verbindungsfäden, die Blutgefäße, von seinem Centrum, dem Herzen, nach allen Theilen des Körpers aus und verknüpft sie damit zu einer höheren, in sich ruhenden Einheit.

Kapitel II.

Zur Geschichte der Anatomie und Physiologie des Herzens und des Blutes.

1. Blut und Seele.

Oeffnet man zwischen dem zweiten und dritten Tage der Bebrütung das Ei eines Huhnes, so bemerkt man bei sorgfältiger Betrachtung der ersten Körperanlage des Küchleins, die noch so gut wie keine Aehnlichkeit mit dem künftigen Thiere zeigt, mit freiem Auge ein kleines Pünktchen, welches sich durch seine glänzende, gelbröthliche Farbe von der Umgebung unterscheidet. Das Pünktchen ist in Bewegung, es verändert seinen Ort, indem es in regelmäßigen kurzen Pausen immer die gleiche kleine Strecke nach vorwärts und rückwärts, auf und ab zu hüpfen scheint. Diese Bewegungen folgen sich anfänglich langsam, am Ende des zweiten Brüttages schon etwa vierzigmal in der Minute.

Das ist es, was Aristoteles, der Begründer einer auf exacter Beobachtung beruhenden Entwickelungsgeschichte der animalen Wesen, als στίγμη κινουμένη, seine Ueberseßer Punctum saliens: hüpfender Punkt bezeichneten. Es ist die erste Anlage des mit Blut gefüllten Herzens, welches in dieser frühen Zeit der Entwickelung jene rhythmischen Bewegungen schon begonnen hat, die erst mit dem Tode des Gesammtorganismus endigen sollen. Das Herz ist das erste bleibende Organ, welches dem unbewaffneten Auge bei der Entwickelung des Körpers höherer Thiere sichtbar wird und seine Lebensthätigkeit in der Körperanlage unverkennbar bekundet. Wir können uns daher nicht wundern, wenn die einfache Naturbetrachtung der Alten das Herz auch als das wichtigste Organ des animalen Leibes ansprach.

Das Herz führt gleichsam ein Sonderleben innerhalb unseres Körpers. Wir spüren seine Lebensthätigkeit, seine Wirkungen auf uns, ohne daß wir selbst im Stande wären, willkürlich sein Klopfen zu beeinflussen, wie wir das doch bei den anderen Organen vermögen, deren Bewegung uns im normalen Leben bewußt wird.

Aristoteles nennt das Herz ein Thier im Thiere, es sei zuerst thätig und sterbe zuletzt. Es ist ihm der Sitz der lebenden Seele, deren Kräfte er hier vereinigt fand. Das Herz erscheint ihm als der Quell des Lebens. Von ihm gehen die Kräfte aus, welche das vegetative Leben: Ernährung und Wachsthum beherrschen; das Herz sei aber auch das Centrum der willkürlichen Bewegung und Empfindung, der Sitz unserer Gefühle von Lust und Schmerz.

Aristoteles selbst bezieht die Lebensenergie des Herzens noch weiter zurück auf das Blut. Das Blut, welches im Herzen noch vor dem übrigen Leibe entstehe, sei selbst die Ursache der Herz- und Gefäßthätigkeit.

Das Blut war es also eigentlich, welches als der Sitz der animalen Seele erschien, oder geradezu als diese animale Seele selbst. So lehrt das jüdische Gesetz, daß des Leibes Leben im Blute sei, und die Blutceremonien des Opferdienstes beruhen im Grunde auf analogen Anschauungen. Kritias bezeichnete des Blut als Seele. Pythagoras nannte das Blut eine Nahrung der Seele.

Aber das Blut selbst erhält das Lebensprincip ursprünglich aus der äußeren Luft, nach der Lehre der Pythagoräer aus dem Aether, aus dem allgemeinen Quell der Wärme und des Lebens. In der Athmung dringt der belebende Lufthauch aus der Lunge „vermittelst eigener Kanäle" in das Herz und vertheilt sich von hier aus mit dem Blute durch den ganzen Körper.

Die rothe Farbe des Blutes stammt nach Plato von dem dem Blute inwohnenden „lebendigen Feuer", dem Aether. Der Aether ist wie die Seele voll erkennender Kraft; unsere Seele ist nur ein Theil der Gesammtseele des Weltalls, des Aethers, welcher Seelensubstanz und Seelenbewegung vereinigt darstellt.

Aristoteles und das griechische Alterthum haben durch das ganze Mittelalter hindurch die naturwissenschaftliche Lehre beherrscht. Die populären Anschauungen und Meinungen über das Herz und das Blut, eine ungezählte Menge unserer sprüchwörtlichen Sentenzen beruhen noch heute auf jenen Lehren, welche dem Blute nicht nur eine physische, sondern auch eine psychische Bedeutung zuerkennen.

2. Das Herz als Centralorgan der Empfindung und Bewegung.

Das Herz erschien als der Mittelpunkt des gesammten animalen Lebens. Was wir heute über die Bedeutung des Centralnervensystems, des Gehirns und Rückenmarks aussagen, lehrte Aristoteles und mit ihm fast die gesammte Wissenschaft bis auf Galen von dem Herzen. Vor allem sollte das Herz der Sitz des Empfindungsvermögens und der Ausgangspunkt der willkürlichen Bewegungen sein. Die physikalische Auffassung dieser Verhältnisse war bis ins Feine und Einzelne ausgebildet und wir werden zu der Anerkennung genöthigt, daß die Theorie in jener Zeit, trotzdem daß sie auf einem, wie wir jetzt wissen, vollkommen unhaltbaren

Grund aufgebaut war, in einer Anzahl von Beziehungen den Vergleich mit unseren modernen naturwissenschaftlichen Lehren kaum zu scheuen braucht.

Erst seit Galen's Experimentalforschungen an lebenden Thieren sind die Nerven in ihrem anatomischen und physiologischen Wesen genauer erkannt; das hinderte aber nicht, daß der gleiche Begriff Nerve, den auch wir heute noch mit diesem Worte verbinden, als die nächste Ursache der Bewegung des animalen Körpers, die Quelle seiner Kraft und Empfindung, schon Aristoteles und dem früheren Alterthum bekannt war; man suchte die Ursache der wichtigsten Lebensvorgänge nur in anderen Organen als wir.

Das Wort νεῦρον hat sich, durch das lateinische Idiom in nervus, Nerve umgebildet, in alle modernen Sprachen eingebürgert. Es bedeutet zunächst eine aus verschiedenen Stoffen bereitete Schnur, eine Saite. Es bezeichnet die Bogensehne, durch deren Spannung der Bogen nicht nur gebeugt wird, sondern die ihm auch seine Kraft ertheilt. Es bezeichnet die Saite der Lyra, deren schwingende, zitternde Bewegung Harmonien hervorruft, deren zu Sinnengenuß oder Thätigkeit stimmende Wirkungen auf das menschliche Empfindungsvermögen das Alterthum poetisch mit diesem Empfindungsvermögen selbst vergleicht.

Wenn wir spielend an den durchschnittenen Sehnen des Fußes eines geschlachteten Thieres, eines Vogels ziehen, so erstaunen wir über die Bewegungen, welche wir dadurch in den Zehen hervorrufen können. Das Anspannen und Nachlassen der Sehnen scheint der natürlichen Phantasie das todte Glied neu zu beleben. Derartige Beobachtungen entgingen auch dem frühesten Alterthum nicht, und auch die spätere, wissenschaftlich ausgebildete Anatomie (Galen) kommt auf dieses Grundexperiment zurück. Der Versuch schien das Geheimniß der in den lebenden Wesen wirkenden

Kräfte wenigstens zum Theil zu enthüllen. Bewegungen des Thier- und Menschenkörpers können durch mechanischen Zug an saitenartigen Gebilden — „Nerven“ — von dem Beobachter hervorgerufen werden; was war natürlicher, als daß man diese Beobachtung verallgemeinerte und sie auf alle Bewegungen der Glieder des thierischen und menschlichen Körpers übertrug.

Es entstand die Lehre, daß Organe, welche in ihrem Aussehen und mechanischen Verhalten den Saiten, den Bogensehnen entsprechen — die man wie diese als neura, „Nerven“ bezeichnete —, die Glieder in ähnlicher Weise beugen, wie sie den Bogen beugen; daß ihre Bewegung den Gliedern die Kraft ertheile, wie die Bogensehne dem Bogen. Unser Begriff „nervig“ lehrt in seiner directen und übertragenen Bedeutung, daß auch wir noch in diesem Sinne die Worte Nerve und Spannkraft der Glieder gleichbedeutend gebrauchen.

Das frühere Alterthum, sich anschließend an die Lehren des Aristoteles, verstand also unter „Nerven“ das, was wir seit Galen als Sehnen und Bänder bezeichnen.

Man baute Marionetten mit beweglichen Gliedern, denen man durch passend angebrachte, über Rollen hingehende Schnüre (neura = Nerven) eine das Leben nachahmende Bewegung zu ertheilen verstand. Die Erfindung solcher Marionetten reicht weit in das griechische Alterthum zurück, und ihre Bezeichnung als neurospasta, durch Nerven gespannte Gebilde, eine Bezeichnung, die nach der herrschenden Anschauung auch auf den menschlichen Körper paßte, beweist, daß man sie und ihre Bewegungen direct als Nachahmung animaler, willkürlich bewegter Körper auffaßte. Der sterbende Sokrates spottet darüber, daß für Anaxagoras der Mensch in seinen willkürlichen Handlungen nur eine solche Marionette sei.

Aber wer ist in den lebenden, sich bewegenden Organismen der Spanner der Bogensehne, der aus dem Bogen doch erst die in ihm schlummernde Kraft zu wecken versteht; wer ist der hinter den Kulissen versteckte Marionettenspieler, der neurospastes, der Nervenspanner, welcher die Glieder willkürlich spannt und entlastet?

Die animale Bewegung hängt mit dem Gesammtleben innig zusammen, sie erscheint neben der thierischen Wärme als sein erster und wichtigster Ausdruck, sie muß daher mit dem primum movens des Lebens direct verknüpft sein, von ihm entspringen.

Ebenso wie die heutige Anatomie und Physiologie die Nerven mit dem Centralorgan der Empfindung und Bewegung in Verbindung bringt, so that das auch die Aristotelische Wissenschaft; aber Centralorgan der Empfindung und Bewegung, das primum movens ist ihr, wie wir hörten, nicht das Gehirn, sondern das mit selbständiger Beweglichkeit, mit eigenem Leben ausgestattete Herz.

Nach Aristoteles sollen nicht nur die Blutgefäße, sondern auch die Sehnen oder wie er sagt die „Nerven" mit dem Herzen in directer Verbindung stehen. Die „Nerven" (= Sehnen), sagt er in seiner Naturgeschichte der Thiere, entspringen aus dem Herzen, welches in seinen Kammern voller kleiner „Nerven" ist. An einer anderen Stelle sagt er: das Herz besitzt eine Menge „Nerven", denn von ihm gehen die Bewegungen (der Glieder) aus, welche auf Anziehen und Nachlassen beruhen. Die zahlreichen, feinen Sehnenfäden im Innern der Herzkammer spielen hier eine ganz analoge Rolle, wie sie die moderne Physiologie den Nervenfasern in der Substanz des Gehirns und Rückenmarks zuspricht. Dabei wirkt das Herz, das Thier im Thiere, bei der Hervorbringung der „Nervenbewegungen" wie ein selbständiges lebendes Wesen. Es erschien unter allen inneren Organen am meisten geeignet, Bewegungen in den „Nerven" und von diesen aus in dem künstlich gegliederten Bau des

Knochengerüstes hervorzubringen. Das Herz, ein selbständig lebendes, sich selbst und durch die mit ihm verknüpften „Nerven" die Glieder des Gesammtleibes bewegendes „Thier", erschien als die Centralursache aller animalen Thätigkeit.

Auch unsere Sprache, unsere naive Naturanschauung hat sich bekanntlich von dieser Vorstellung über die Bedeutung des Herzens noch nicht frei gemacht. Unseren Dichtern, unseren Jungfrauen und Jünglingen wird das Herz der Mittelpunkt des Lebens bleiben. Der hüpfende Lebenspunkt im bebrüteten Ei, das Herz als Kern des sich bildenden lebenden Wesens: das punctum saliens und primum movens ist noch unvergessen.

Aber nicht nur die willkürliche Bewegung, auch die Empfindung hat nach Aristoteles ihren Mittelpunkt im Herzen.

Die sinnlichen Eindrücke entstehen für ihn wie für unsere heutige Naturwissenschaft aus äußeren Bewegungen, welche auf den Centralsitz der Empfindung durch bestimmte Leitungsorgane übertragen werden. Das Empfinden soll auf einer Veränderung, welche ein äußeres Empfindbares in dem Empfindenden erregt, beruhen. Das Herz ist für diese Anschauung das Centralorgan der Empfindung, das Sinnorgan der Sinnesorgane, in ihm können die Bewegungen für alle Sinnesorgane geschehen. Wer denkt hiebei nicht an die durch die Empfindungsnerven durch Einwirkungen von außen her angeregten Bewegungen im Innern des Gehirns, welche unsere heutige Wissenschaft lehrt?

Aber bei Aristoteles sind es nicht unsere Empfindungsnerven, welche die äußeren Anstöße auf das Centralsinnesorgan übertragen. Er schreibt diese Verrichtung den Blutgefäßen und dem in diesen enthaltenen Blute zu. Die Blutgefäße, welche sich durch den ganzen Körper verbreiten, setzen alle Organe in unmittelbare Verbindung mit dem

Centralsitz der Empfindung, mit dem Herzen. Es ist Aristoteles' Verdienst, den Zusammenhang der Blutgefäße mit dem Herzen aufgefunden zu haben, während seine Vorgänger ihren Ursprung in anderen Körperorganen, namentlich mehrere im Gehirne, behauptet hatten. In passiven Bewegungen des Blutes, welche an einigen Stellen seiner Werke mit den Bewegungen der Wasserwellen verglichen werden, angeregt durch äußere Anstöße, wird der mechanische Vorgang der Erregung gesucht, welcher von der Peripherie zum Centrum (dem Herzen) geleitet, dort je nach dem verschiedenen äußeren Reize (äußeren Anstoß) verschiedene, bestimmte Bewegungen hervorruft. An keiner Stelle tritt uns diese Anschauung klarer entgegen, als dort, wo über die Entstehung der Träume gehandelt wird. In der Ruhe des Schlafes vermag das Centralsinnesorgan auch noch die zarten Wellenkräuselungen im Blute aufzufassen, welche von Anstößen, die aus der Außenwelt stammend im wachen Zustande aufgenommen wurden, in den äußeren Sinnesorganen — in dem in ihnen enthaltenen Blute — zurückgeblieben sind.

Bewegung und Empfindung, beide vom Herzen ausgehend, sich auf das Herz als auf ihren Centralpunkt beziehend, würden nach der eben vorgetragenen Lehre durch verschiedene Organe vermittelt werden: die einen durch die „Nerven" = Sehnen, die anderen durch die Blutgefäße. Aristoteles gibt Andeutungen, daß ihm die Verschiedenheit dieser Organe, deren Zusammenhang mit dem Herzen und unter einander er überdies ausdrücklich hervorhebt, keine absolute schien. Namentlich die feineren Zweige der großen Körperschlagader, der Aorta, schienen ihm direct in Sehnen = „Nerven" überzugehen, welche wie andere Sehnen an Knochen endigend, diese zu bewegen vermöchten. So versuchte er systematisirend der aus der Beobachtung stammenden Schwierigkeit zu entgehen, daß es unmöglich war, den

Ursprung aller „Nerven“ = Sehnen aus dem Herzen abzuleiten. Galen berichtet uns, daß dieselbe Meinung in der Folge, namentlich von Praxagoras direct und im Allgemeinen ausgesprochen und vertreten wurde, wodurch das Herz — ganz analog der heutigen Lehre vom Centralnervensystem — anatomisch als Ursprung aller empfindenden und bewegenden Organe des thierischen und menschlichen Körpers erschien.

Die Blutgefäße sind es also, welche den Sinnesorganen ihre Fähigkeit der Empfindungsvermittelung ertheilen sollen. Nur dadurch, daß die Sinnesorgane mit dem Herzen durch die Blutgefäße verknüpft seien, und nur so lange als diese Verbindung statthabe, können die Bewegungen der Außenwelt diesem Centralsinnesorgan zugeleitet, in diesem der Vorgang der Empfindung erregt werden. Aristoteles kannte die Sehnerven, er erklärt sie aber ausdrücklich für Kanäle oder Gefäße und berichtet, daß bei dem Menschen mit ihrer Durchschneidung, in Folge von Verwundungen in der Schläfengegend, die Fähigkeit der Lichtempfindung verschwinde: es sei den an dieser Stelle verwundeten Kriegern, als verlösche eine Lampe.

Es bedarf keiner weiteren Auseinandersetzung, um die hohe physikalische Ausbildung der Theorie der Empfindung in den Aristotelischen Lehren anschaulich zu machen. In „Wellen des Nervenäthers“ suchte bis zum Ende des 4ten Jahrzehnts unseres Jahrhunderts die Physiologie den Erregungsvorgang der Empfindung. Man hielt die Nerven für Röhren, den Blutgefäßen analog, mit einer zarten Flüssigkeit, dem Nervenäther oder Nervengeiste, gefüllt. Die Aristotelische Lehre war im Grunde noch erhalten, nur von einer Organgruppe auf eine andere übertragen, deren Organisation man sich aber ganz analog der von unserem Altmeister angesprochenen vorstellen zu müssen glaubte. Schon

Galen hatte eine ähnliche Bewegung des „Nervengeistes“ zwischen Gehirn und Nerven angenommen, wie er sie zwischen Herz und Blutgefäßen für das Blut statuirte. Und wem wäre die feine Ausbildung dieser Anschauungen nicht bekannt, welche Cartesius im Anschluß an die Entdeckung des Blutkreislaufs in die Wissenschaft einbürgerte.

Erst aus dem Jahre 1848 stammt die Entdeckung Emil du Bois-Reymond's, welcher das Leben der Nerven an elektrische Kräfte geknüpft fand und die bis dahin herrschenden „Nervengeister“ definitiv in die historische Rüstkammer unserer Wissenschaft verbannte. Aber er lehrte uns, daß die äußeren, Empfindung vermittelnden Anstöße gewisse Bewegungen innerhalb der Nerven, Veränderungen in den elektromotorischen Wirkungen der Nerven, hervorrufen, welche als eine mechanische Bewegung die Wirkung der äußeren Anstöße dem Centralsinnesorgan der modernen Wissenschaft, dem Gehirne, zuleiten, um in ihm selbst wieder specifische Bewegungen auszulösen. Und dieser mechanische Vorgang pflanzt sich wirklich — wie es Aristoteles angenommen — als eine Wellenbewegung durch das Leitungsorgan von der Peripherie zum Centrum fort.

3. Aristoteles und Galen über die Blutbewegung.

Den Anschauungen des Alterthums lag der gemeinsame Irrthum zu Grunde, daß die Bewegungen des Blutes in den Adern — Arterien und Venen — eine nach der gleichen Richtung vor sich gehende sei. Aristoteles fand zwar den Unterschied in dem Bau der gröberen Arterien und der Venen auf; die Aorta und ihre Verzweigungen sind ihm aber — wenigstens in den ächten Schriften — ebensogut Blutadern wie die Hohlvenen. Man würde sich jedoch irren, wenn man glauben wollte, die Alten hätten nicht ein Ausströmen des Blutes aus dem Herzen in die Blutgefäße und durch diese in die Organe, und umgekehrt von den Organen wieder zurück zum Herzen angenommen. Der Unterschied zwischen ihrer und unserer Lehre ist der, daß nach der Annahme der Aristotelischen und Galen'schen Physiologie die Bewegung des Blutes vom Herzen zu den Organen und rückläufig von diesen wieder zum Herzen in den gleichen Blutbahnen stattfinden sollte.

Um die Anschauungen des Alterthums über die Blutbewegung zu verstehen, haben wir uns an ein nun freilich als irrig erkanntes Aristotelisches Axiom zu erinnern, wonach das Herz der wärmste Körpertheil sein sollte, eine Lehre, welche bis tief herein in die neuere Zeit Geltung behauptete. „Das Herz ist der heimathliche Herd, auf welchem verwahrt wie in fester Burg das Feuer des Lebens ernährt wird". „Von ihm, dem heißesten Theil des Leibes, geht die Wärme aus", welche ein „Haupterforderniß ist für das wichtigste Geschäft der Seele: zu ernähren und zu bewegen". Das Blut wird im Herzen selbst gebildet aus den Flüssigkeiten, die aus der Nahrung zuströmen; daß das Herz die Bildungsstätte des Blutes sei (was nur für die erste Embryonalperiode zutrifft), wird sinnreich daraus abgeleitet, daß schon in ersten der Anlage des Herzens bei dem sich entwickelnden Organismus, noch vor der sichtbaren Ausbildung der Adern, Blut vorhanden ist. Die dem Herzen zuströmenden kälteren Flüssigkeiten sollen nach der alten Lehre durch die Herzwärme erhitzt, endlich zum Sieden und Verdampfen gebracht werden. Das im Herzen erhitzte Blut, eine Art Blutdampf, strömt durch die Blutgefäße in die äußeren Körperorgane, die alle kälter sind als das Herz, welche das Blut also alle abkühlen müssen. Vor allem aber statuirt Aristoteles bei den höheren animalen Wesen zwei Hauptabkühlungsorgane für das im Herzen erhitzte Blut: die Lungen (resp. Kiemen) und das Gehirn, welches letztere von allen Organen des

Körpers das kälteste sei. Das abgekühlte und wieder verdichtete Blut strömt dann in denselben Bahnen, in denen es sich vom Herzen gegen die Peripherie bewegte, wieder zu dem Herzen zurück. „Wie also das mittelst der Sonnenwärme verdunstende Feuchte (Wasser), wenn es in die obere Region (Atmosphäre) aufgestiegen ist, wegen der Kälte derselben abgekühlt wird und geronnen wiederum als Wasser herunterfällt“, so kehrt der nicht zur Ausscheidung gekommene Theil des Blutes aus den angenommenen Abkühlungsorganen wieder zu dem Herzen zurück und „kühlt das Warme (das Herz selbst) ab“. In den peripherischen, abkühlenden Organen findet dabei eine Verminderung der Blutmenge statt, da ein Theil der „Ausdampfung“ zur Ausscheidung — „zum Abgang“ — bestimmt ist, ein anderer Theil in den Organen als Nahrungsmaterial zurückgehalten wird. Pulsation des Herzens und Blutbewegung stammen aus der gleichen Ursache. Die theils aus der Nahrung, theils aus den Abkühlungsorganen dem Herzen zuströmende kalte Flüssigkeit bringt — als Wirkung der Kälte — in dem Herzen eine Verkleinerung, Zusammenziehung hervor; durch die „dem Herzen eigenthümliche Wärme“ wird aber sofort die in dasselbe eingeströmte Flüssigkeit erwärmt, sie dehnt sich und damit das Herz selbst aus; endlich kocht sie über, das Ausströmen des gleichsam dampfförmigen Blutes in die abkühlende Körperperipherie beginnt wieder, von wo es zum Theil erkältet und verdichtet zu dem Herzen zurückströmt, dieses wieder erkältet und dadurch zusammenzieht. Das ist die Ursache der rhythmischen Herzbewegungen. Bei dem Eintreiben des im Herzen erhitzten Blutes in die Adern werden auch diese ausgedehnt: „alle Adern pflegen zugleich mit einander zu pulsiren, weil sie an das Herz befestigt sind. Dieses bewegt sich aber immer; folglich auch jene und zugleich mit einander, weil es *sich* bewegt“.

Auch die Athembewegungen des Brustkorbes werden in einer, nach dem Ebengesagten leicht verständlichen Weise von diesem „Aufkochen" des Blutes im Herzen abgeleitet.

Aristoteles selbst hält die Wärme des Herzens für „eingeboren", von dem Erzeuger auf das Erzeugte übertragen, während, wie oben angedeutet, andere Philosophen in einer unseren Anschauungen mehr conformen Weise die Herz- und Blutwärme aus der Atmosphäre, dem Aether, unter Vermittelung der Athmung ableiteten.

In den ächten Schriften des Aristoteles finden wir keine sicheren Andeutungen, daß er, abgesehen von der verschiedenen Dicke der Wandungen der Aorta und ihrer Verzweigungen, einen Unterschied zwischen den beiden Hauptgruppen der Blutgefäße, Arterien und Venen, erkannt hätte. Charakteristisch und das Verständniß der später zur Geltung gekommenen Anschauungen erleichternd ist es, daß Aristoteles lediglich die Luftröhre als Arterie (ἀρτηρία, lufthaltiges Gefäß) bezeichnet. In einem späteren, fälschlich mit dem Namen des Altmeisters geschmückten Werke finden wir dagegen Venen und Arterien unterschieden, ihren Verlauf neben einander wenigstens zum Theil beschrieben und die so lange herrschend gebliebene Ansicht ausgesprochen, daß alle Arterien — wie die große Arterie: die Luftröhre — nicht Blut, sondern Luft oder „Geist" enthalten. Erasistratus baute, wie uns Galen erzählt, diese Lehre weiter aus, und die Galen'sche Schule selbst, welche nur die Arterien aus dem Herzen, die Venen aber aus der Leber entspringen ließ, nahm an, daß die Arterien zwar nicht reine Luft, aber ein feineres, reineres, luftartigeres Blut als die Venen enthalten.

Diese Lehrmeinungen sind deswegen besonders beachtenswerth, weil sie einen später vielbestrittenen Unterschied zwischen arteriellem und venösem Blute statuirten. Die Meinung stand um so fester, da die bewundertsten Lehrer des Mittelalters aus dem Alterthum sich direct für diese Unterscheidung ausgesprochen hatten. So lesen wir in dem Werke Cicero's über die Natur der Götter, daß die Luft aus den Lungen in das Blut übertrete und durch die Schlagadern im Körper verbreitet werde, während nur die Blutadern (Venen) Blut enthalten sollten. Rufus bezeichnet die rechte Herzkammer als Blutkammer, die linke geradezu als Luftkammer. Auch Galen selbst machte zwischen den beiden Blutarten einen Unterschied, obwohl er sich so entschieden gegen die Lehre des Erasistratus erklärt. Er lehrte, daß das Schlagaderblut zwar aus dem Blutaderblute entstünde, indem es durch Poren in der Scheidewand des Herzens aus der rechten in die linke Kammer durchschwitze; es würde aber vom Geiste oder der Luft, die es von der Lunge bekäme, geschwängert und dadurch gelbroth und hell an Farbe, während das Blutaderblut (Venenblut) dunkelroth gefärbt sei. Er behauptete weiter ebenso mit Recht, daß das Schlagaderblut allein im Stande sei, den Organen eines belebten Körpers das Leben zu erhalten. Das Blutaderblut besäße diese Eigenschaft nicht, es diene lediglich „zur Ernährung" der Körpertheile. Auch Aretäus beschrieb das Blut in den Schlagadern zum Unterschiede von dem Venenblute als gelbröthlich und dünnflüssiger.

4. Die Entdeckung des Blutkreislaufs.

Aus kleinen Anfängen zuerst schüchtern auftretend und durch die höchsten Autoritäten nicht nur nicht unterstützt, sondern mit mehr oder weniger Heftigkeit bekämpft und zeitweilig vollkommen unterdrückt, sehen wir endlich eine neue Meinung über den Blutlauf in den Gefäßen sich herausbilden.

Galen hatte die Klappeneinrichtungen in dem Herzen näher beschrieben. An der Mündung jeder Vorkammer in ihre Herzkammer fand man die schlauch- oder segelförmigen Klappen (Fig. 12), welche den freien Blutlauf nur von der Vorkammer in die Kammer gestatten. An dem Eingang der

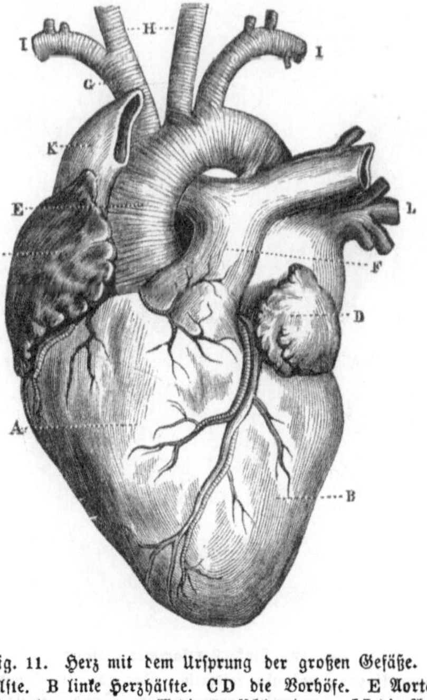

Fig. 11. Herz mit dem Ursprung der großen Gefäße.
A rechte Herzhälfte. B linke Herzhälfte. CD die Vorhöfe. E Aorta. F Lungenschlagader. G Arteria anonyma. H die Kopfschlagadern. II die Armschlagadern, hier A. subclavia genannt. K Obere Hohlvene. L Lungenvenen.

beiden großen aus den Herzkammern entspringenden Schlagadern — die große Körperschlagader (Arteria Aorta) und die Lungenschlagader (Arteria Pulmonalis) — waren die merkwürdigen taschenförmigen Hautventile (Fig. 12, 13) bekannt, welche der Blutbewegung in der Richtung vom Herzen weg kein Hinderniß in den Weg legen, in dem sie hiebei durch den Blutstrom an die Arterienwand angepreßt werden, während das zum Herzen rückströmende Blut diese kleinen „Fallthüren" zuschlägt, verschließt. Im Lichte der Entdeckung des

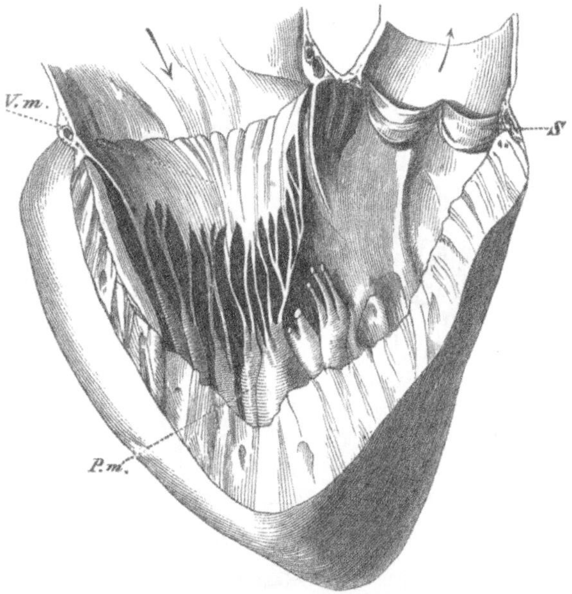

Fig. 12. Linke Herzkammer geöffnet.
V. m. eine Segelklappe, valvula mitralis, über ihr die Wand des Vorhofes. P. m. Papillarmuskeln. S valvulae semilunares, Taschenventile an der Aorta.

wahren Verhältnisses des Blutkreislaufs erscheint es uns beinahe unverständlich, wie man nicht schon aus der Stellung und Functionirung der Herzklappen den wahren Vorgang der Blutbewegung hatte ableiten und erkennen müssen.

Diese Klappen oder „Fallthüren", nach der Benennung der älteren Anatomen, an der Mündungsstelle der großen Arterien im Herzen gestatteten offenbar vorzugsweise die Bewegung des Blutes vom Herzen weg in die Organe des Körpers hinein, wie eine solche Bewegung allgemein angenommen war. Einen absoluten Verschluß nach rückwärts sollten sie aber nicht darstellen, eine falsche Annahme, die noch in der Mitte des vorigen Jahrhunderts von berühmten Autoritäten entschiedene Vertretung fand.

Fig. 13.
Die Taschenventile an der Aorta während des Verschlusses. Die Kammer ist abgesperrt.
1 die Kranzschlagader des Herzens. 2 die Kammerwand.

Auch in den Venen sollte, wie wir oben sahen, der Hauptblutstrom vom Herzen weg in die Körperperipherie statthaben.

Da wurden nun zuerst sehr vereinzelt Stimmen laut, welche von anatomischen Einrichtungen in den Venen, die den Herzklappen am Eingange der großen Arterien ähnlich gebaut sein sollten, berichteten. Diese Venenklappen sollten so gestellt sein, daß sie sich dem Strome des Blutes aus den größeren Stämmen der Venen in ihre Verzweigungen entgegensetzten. Es ging daraus hervor, daß das Venenblut nicht vom Herzen weg aus den großen Venen in die Verzweigungen derselben fließen könne, wie bisher die allgemein geltende Annahme gewesen, sondern nur in der umgekehrten Richtung von den Zweigen in die Stämme und zum Herzen. (Fig. 14.)

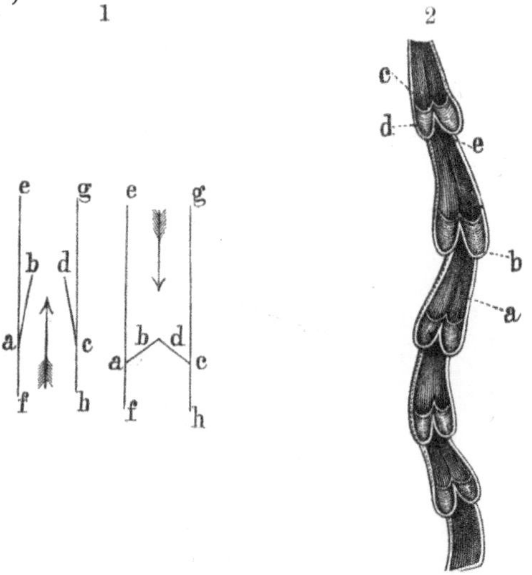

Fig. 14. 1. Schema der Venenklappen a b, d c und ihrer Wirkung auf den Blutstrom, dessen Richtung durch den Pfeil angedeutet ist.

Fig. 14. 2. Ein Lymphgefäß der Länge nach aufgeschnitten, um die den Venenklappen ähnlichen Klappen zu zeigen.

Der erste unter den anatomischen Autoritäten, welcher von dem Vorhandensein der Venenklappen Bericht erstattete, war der berühmte Anatom Vesal (geb. zu Brüssel 1514, gest. 1564). Ihm hatte nach A. von Haller's Angabe Joh. Bapt. Cannan zu Regensburg gemeldet, „daß sich am Anfange der ungepaarten Adern, der Blutadern, die nach den Nieren gehen, und der Blutadern, die sich neben dem erhabenen Theile des heiligen Beines einander begegnen, gewisse Häute befänden, dergleichen an der Mündung der Schlagadern am Herzen wären". Ein Schüler Cannan's: Amatus Lusitanus, ein Jude, lehrte schon im Jahre 1547 mit aller Entschiedenheit, daß diese von Cannan entdeckten Fallthüren den Rückfluß des Blutes aus den Venenstämmen in die Zweige vollständig verhinderten.

Aber es fehlte viel, daß sich diese neue Entdeckung, welche mit den Anschauungen des Alterthums über die Blutbewegung so vollkommen unvereinbar war, sich sofort hätte Bahn brechen und Anerkennung verschaffen können. Selbst Vesal, dessen erfolgreiches Streben es doch war, von den traditionellen Lehren unbeeinflußt selbständig neue wissenschaftliche Bahnen zu wandeln, nahm in der Folge seine erste Anerkennung der wichtigen Entdeckung zurück. Und nachdem Männer wie Fallopius (Schüler Vesal's und Nachfolger desselben als Professor der Anatomie und Chirurgie zu Padua, geb. 1523, gest. 1562) und Eustachius (Professor zu Rom, gest. 1574) nicht ohne Heftigkeit sich gegen die Angabe Cannan's ausgesprochen hatten, schien der Angriff gegen die altgeheiligten Lehrmeinungen wieder vollkommen beseitigt.

Aber die Wahrheit konnte nicht dauernd unterdrückt werden. Eustachius selbst fand die Klappe der Kranzvene am Herzen auf und eine zweite, ähnliche anatomische Einrichtung, welche noch seinen Namen führt, am Eingange der rechten Herzkammer.

Wie tief damals die Abneigung gegen die Behandlung dieser principiell doch so wichtigen Verhältnisse war, geht daraus hervor, daß der berühmte Schüler des Fallopius, Hieron. Fabricius ab Aquapendente, der die Venenklappen schon im Jahre 1574 wieder entdeckt hatte, erst viele Jahre später, im Jahre 1603, seine Entdeckung in einem prächtigen Werke mit Zeichnungen erläutert bekannt machte.

Es erscheint geradezu unbegreiflich und als ein Beweis der vollkommen verblendenden Macht des Autoritätenglaubens, daß Fabricius nicht selbst die Entdeckung des Blutkreislaufs gemacht hat. Er bildet richtig an einem Arme, um welchen ein Schnürband gelegt ist, die Venen gegen die Hand zu angeschwollen ab, wodurch die Stellen der Venenklappen deutlich hervortreten, ohne nur auf den Gedanken zu kommen, daß diese Anschwellung unmöglich wäre, wenn das Blut vom Herzen aus in den Venen gegen die Körperperipherie gerichtet strömen würde. Das Schnürband hätte ja das vom Herzen kommende Blut zwischen Herzen und der Abschnürungsstelle und nicht jenseits derselben anstauen müssen. Aber das Anschwellen der Venen jenseits des Schnürbandes war seit den ältesten Zeiten eine von tausend Aderlässen jedem Arzte ablosut geläufige Erscheinung; wie alles Gewöhnliche, Alltägliche war sie niemals als etwas Wunderbares oder Absonderliches erschienen und gab auch jetzt nicht Veranlassung zu tieferem Nachdenken. Aber noch weit merkwürdiger ist es, daß Fabricius ein für den wahren Lauf des Blutes in den Venen absolut beweisendes Experiment, das er anstellte, nicht in seiner wahren Tragweite erkannte. Er hatte durch den Versuch an dem Arme eines lebenden Menschen gefunden, daß sich das angestaute Blut in den Venen in der Richtung gegen das Herz leicht wegstreichen lasse, daß man durch einen Druck in dieser Richtung die Vene leicht und vollkommen entleeren könne. In der Richtung des Drucks gegen die Hand zu fand er dagegen diese Entleerung durch die Klappen der Venen gehindert, das Blut staute sich in den Klappen und „trieb sie in kleine Knötchen auf“. Er gibt selbst an, daß es gerade dieser Versuch gewesen sei, der ihn zur Wiederentdeckung der Venenklappen geführt habe. Er glaubte aber in ihnen nur ein relatives, kein absolutes Hinderniß der Bewegung des Blutes vom

Herzen aus in die Venenverzweigungen erkennen zu müssen. Sie sollten, namentlich bei der Muskelthätigkeit, den venösen Blutstrom verzögern; für den Nutzen dieser hypothetischen Verzögerung des Blutstromes hatte er selbstgeschaffene physiologische Gründe der Zweckmäßigkeit bereit.

So war die Entdeckung des wahren Blutkreislaufs vollkommen vorbereitet.

Die Herzklappen bewiesen, daß das Blut in den großen Arterien nur in der Richtung vom Herzen weg in die Organe strömen könne; wie „Fallthüren" schlagen sie zu, wenn das Blut in den Arterien eine rücklaufende Strömung versuchen will. Umgekehrt sind „kleine Fallthüren", den Arterienklappen analog gebaut, aber in umgekehrter Richtung wirkend, in den Venen des Körpers in relativ großer Anzahl angebracht, welche dem Venenblute einen freien Lauf aus den Zweigen in die Stämme und von diesen in das Herz gestatten, sich der umgekehrt gerichteten Bewegung aber, welche man so lange als unumstößliches Axiom gelehrt hatte, widersetzen. Die Richtung des Blutstromes in den beiden Gefäßbahnen, in dem arteriellen und venösen Systeme, ist eine entgegengesetzte: in den Arterien vom Herzen und den Stämmen gegen die Zweige, in den Venen von den Zweigen gegen die Stämme und das Herz gerichtet.

Immerhin fehlte noch ein nothwendiges Mittelglied zur Vervollständigung der Entdeckung: die Erkenntniß des ununterbrochenen Zusammenhangs der arteriellen und venösen Blutbahn, des unmittelbaren Uebergangs beider Systeme in einander in den feinsten Gefäßverzweigungen, während man bisher angenommen hatte, daß die beiden Blutadern nur durch die fälschlich angenommenen Poren der Herzscheidewand mit einander communiciren sollten. Aristoteles hatte gelehrt, daß die feinsten Blutgefäße keine Höhlung mehr in sich enthalten, der Blutraum also in den zartesten Gefäßen blind endige. Analoge Anschauungen behaupteten theils immer noch ihre Geltung, theils nahm man an, daß das Blut in Gewebslücken der Organe ergossen und von hier wieder aufgesaugt werde.

Diese Schwierigkeiten machen es verständlich, wie auch der Entdecker der Blutcirculation, Wilhelm Harvey aus Falkston (geb. 1578, gest. 1657), sich so lange mit seiner großen Entdeckung trug, ehe er sie bekannt zu machen wagte. Das Studium der Venenklappen, welche dem Venenblute die Bewegung nur in der Richtung zum Herzen gestatten, war es, wovon auch er ausging. Durch zahlreiche physiologische Versuche, namentlich durch Gefäßunterbindungen an lebenden Thieren, suchte er den Nachweis des directen Zusammenhangs der arteriellen und venösen Blutbahn festzustellen. Endlich, nach siebenzehnjährigem Studium seiner Sache sicher geworden, trat er im Jahre 1619 mit seiner fertigen Lehre des gesammten Blutkreislaufs hervor. In der bescheidensten Weise theilte er zuerst in einer chirurgischen Vorlesung seine große Entdeckung mit.

Das Blut strömt von der linken Herzkammer durch die große Schlagader, die Arteria Aorta, und ihre Verzweigungen vom Herzen zu den Organen; von hier kehrt es in den Venen rückläufig zum Herzen zurück und gelangt zunächst in die rechte Vorkammer und von da in die rechte Herzkammer. Dieser Weg des Blutes von der linken Kammer zur rechten Kammer des Herzens wird als großer Kreislauf bezeichnet, aber der Kreis ist hier noch nicht wirklich in sich geschlossen. Aus der rechten Kammer strömt das Blut durch die Lungenschlagader, Arteria Pulmonalis, in die Lungen und kommt von hier durch die Lungenvenen zu dem linken Vorhof und zur linken Herzkammer zurück, wo wir den Ausgangspunkt der Kreisbewegung setzten. Der Weg des Blutes

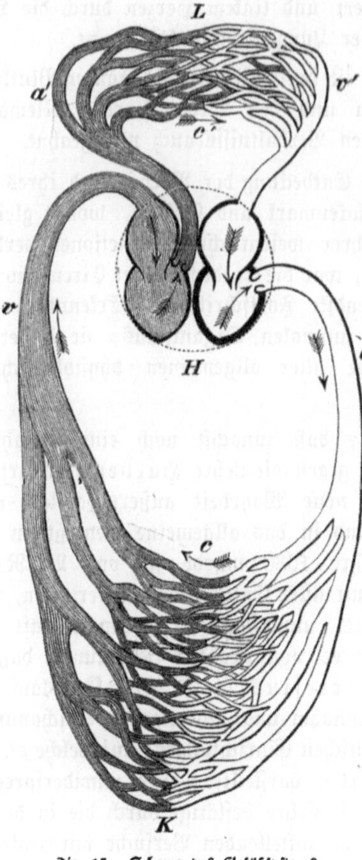

Fig. 15. Schema des Gefäßsystems.

H die beiden Herzhälften mit ihren Klappenvorrichtungen. a die Verästelung der großen Körperschlagader Aorta. c das Capillarnetz, das in allen Organen des Körpers K durch dieses Hauptgefäß gefüllt wird. v die großen Körpervenen. a' die Lungenschlagader, c' das Capillarnetz der Lunge. Lv' die Lungenvene. — Die Pfeile zeigen die Richtung des Blutstroms innerhalb des Gefäßzirkels an. Die weiße Hälfte der Gefäßbahn führt arterielles, hellrothes, die dunkle Hälfte venöses, dunkelrothes Blut.

zwischen rechtem und linkem Herzen durch die Lungen wird als kleiner oder Lungenkreislauf benannt.

Harvey ist der Entdecker des ganzen Blutkreislaufs bei dem Menschen und den Wirbelthieren. Niemand hat vor ihm die wahren Verhältnisse auch nur geahnt.

Seit der Entdeckung der Nerven und ihres Zusammenhangs mit Rückenmark und Gehirn, womit gleichzeitig eine Feststellung ihrer wesentlichsten Functionen verbunden war, durch Galen, war die Entdeckung der Circulation des Blutes der weittragendste Fortschritt der Erkenntniß der Lebensvorgänge im animalen Organismus, sie bildet seitdem die Hauptgrundlage aller allgemeinen physiologischen Betrachtungen.

.Trotzdem, daß zunächst noch eine Anzahl namhafter Gelehrten sich gegen die Lehre Harvey's erklärten, bürgerte sich doch die neue Wahrheit außerordentlich rasch in die Wissenschaft und in das allgemeine Bewußtsein ein. Schon seit dem Jahre 1630 wurde sie von W. Rollfink in Deutschland mit aller Entschiedenheit vertreten, und für ihre Einführung als unumstößliche Errungenschaft der Naturforschung war es von größter Bedeutung, daß ein Mann wie Ren. Cartesius (1637) den Kreislauf des Blutes rückhaltslos annahm und aus eigener Anschauung die wichtigsten anatomischen Einrichtungen, auf welche er sich gründet, in seinen Werken darstellte. Und unwidersprechlich wurde schon damals die Lehre bestätigt durch die in der Folge noch im Einzelnen darzustellenden Versuche mit Einsprützung von Arzeneiflüssigkeiten in die Venen und mit Ueberleitung von Blut aus den Blutgefäßen eines Thieres in die eines andern (Bluttransfusion), Experimente, welche namentlich durch englische Aerzte gegen die Mitte des 17ten Jahrhunderts in Aufschwung kamen.

Es fehlte nur noch, daß man den Uebergang des Blutes aus den Arterien in die Anfänge der Venen direct für das Auge zur Anschauung brachte.

Auch dieser letzte Beweis wurde wenige Jahre nach dem Tode des Entdeckers des Kreislaufs geführt.

Die neuentdeckte Kunst der optischen Vergrößerung durch kugelig geschliffene Gläser wurde sofort auf dieses wichtigste Problem angewendet. Schon im Jahre 1661 veröffentlichte Marcellus Malpighius (Marcello Malpighi geb. 1628, gest. 1694) Versuche, welche er an der Lunge und dem Gekröse von Fröschen zum optischen Nachweis des Blutkreislaufs angestellt hatte. Er sah an diesen für die Beobachtung besonders günstigen Objecten direct, wie sich das Blut aus den feinsten Verzweigungen der Schlagadern vermittelst directer Verbindungen in die Anfänge der Venenverzweigung ergoß und wie es „gleichsam mit umgekehrtem Strome durch die Schlagadern in die Blutadern zurücktrat". Völlig klargelegt wurden die betreffenden Verhältnisse durch den berühmtesten Mikroskopiker des 17ten Jahrhunderts, Anton van Leeuwenhoek, der ebenso geschickt war im Schleifen optischer Gläser wie in Beobachtungen mit denselben.

Man hatte bis dahin noch vielfach vermuthet, und es war das auch anfänglich Leeuwenhoek's Meinung gewesen, daß die Blutadern nicht eigentliche Fortsätze der Schlagadern wären und direct in diese übergehen, sondern daß die Blutadern das Blut aus feinen Gewebshohlräumen, Gewebslücken, in sich einschluckten, in welche es von den Schlagadern ausgegossen worden sei. Im Jahre 1688 beobachtete Leeuwenhoek zuerst an einer Kaulquappe, später an verschiedenen Thieren mit durchsichtiger Haut, „daß sich das Blut vom Herzen durch die Schlagadern bis zu ihren äußeren Enden und von da durch die Blutadern wieder zum Herzen bewegt". Er sah mit aller Deutlichkeit, daß sich die Schlagadern in eine Anzahl feinster Zweige — Haargefäße oder Kapillaren — verästelten, die alle wieder in einer einzigen kleinen Blutader zusammenliefen, und verfolgte mit aller Entschiedenheit die entgegengesetzte Richtung des Blutstromes in beiden Adersystemen. Leeuwenhoek muß sonach als Entdecker des wichtigen, bis dahin vollkommen unbekannten Abschnitts der Gefäßbahn: des Haar- oder Capillargefäßsystemes bezeichnet werden. Er brachte damit die Entdeckung des Blutkreislaufs erst zu ihrem wahren Abschluß.

Uebrigens verging noch eine lange Zeit, ehe seine Lehre vollkommen zur unbestrittenen Geltung gelangte: „daß die Blutadern so viel Blut bekämen, als ihnen die Schlagadern zuführten", mit anderen Worten, daß das gesammte im Kreislauf sich bewegende Blut das Kapillargefäßsystem durchlaufen müßte, und daß zwischen Venen und Arterien überall die Verbindung durch Kapillargefäße hergestellt sei.

Man glaubte auch noch in der Folge vielfach annehmen zu müssen, daß in zahlreichen Körperorganen das Arterienblut in Gewebslücken ergossen würde, und daß umgekehrt an verschiedenen Stellen Blutadernetze existirten, ohne daß ihr Anfang irgendwo mit Schlagadern in Verbindung stünde. Es behauptet z. B. noch Albert von Haller, der berühmteste Physiologe und Anatom aus der Mitte des 18ten Jahrhunderts, daß im Gekröse der Frösche ein derartiges mit Arterien nicht im Zusammenhang stehendes Venennetz sich fände.

Man stellte sich diese hypothetischen, jetzt überall als unrichtig nachgewiesenen Venenanfänge in den Gewebslücken etwa so vor, wie die neuere Anatomie den Anfang der Lymphgefäße beschreibt, die ja auch einen Theil des gesammten Gefäßsystemes ausmachen. Wir werden erst in der Folge das Lymphgefäßsystem, das zwar im offenen Zusammenhang mit dem Venensysteme steht, doch einen functionell getrennten Abschnitt der gesammten Kreislaufsorgane darstellt, eingehender zu betrachten haben.

Wilhelm Cowper beobachtete den mikroskopischen Kreislauf zuerst an dem Gekröse junger (neugeborener) warmblütiger Thiere (an Hunden und Katzen), und er scheint es auch gewesen zu sein, welcher an der Schwimmhaut des Froschfußes das Normalobject für die mikroskopische Beobachtung des Blutkreislaufes auffand. Die Säftebewegung in wirbellosen Thieren beschrieb, wie A. von Haller berichtet, zuerst Heinrich Baker, welcher dieselbe an Heuschrecken, Spinnen und Wanzen untersuchte.

Es ging der Entdeckung Harvey's wie allen großen Entdeckungen, welche man zuerst zu belachen, dann zu widerlegen und schließlich als etwas längst Bekanntes zu beweisen versucht.

Es ist ja ganz sicher, daß die Entdeckung des wahren Blutlaufs nach der Auffindung der Venenklappen nur eine Frage der Zeit war. Sie war auf das Vollkommenste vorbereitet, und es bedurfte außer der genauen Kenntniß der anatomischen Verhältnisse nur eines natürlichen, in den spanischen Stiefeln der Lehrmeinungen nicht gefesselten Verstandes, um das erlösende Wort auszusprechen. Aber wir dürfen nicht vergessen, daß es in jener Zeit noch ein persönliches Wagstück war, den durch das Ansehen der gesammten Wissenschaft geheiligten Aristotelischen Naturanschauungen entgegenzutreten. Und es ist immerhin charakteristisch, wenn man erzählt, daß Harvey insoweit wenigstens zum Märtyrer seines Evangeliums geworden sei, daß er in Folge seiner medicinischen Neuerungen das Vertrauen des Publikums und damit seine ärztliche Praxis eingebüßt habe. A. von Haller erzählt, daß Helfreich Dietrich im Jahre 1622, ehe ihm die Entdeckung Harvey's bekannt geworden war, seine Gedanken von dem Blutumlaufe einem der angesehensten Anatomen jener Zeit, Casp. Hoffmann, eröffnet habe, „er sei aber durch den frostigen Scherz dieses Gelehrten abgeschreckt worden und habe daher die Sache liegen lassen“. Noch im Jahre 1649 suchte derselbe Hoffmann die neue Lehre durch eine in Paris und später auch iu London erschienene wissenschaftlich werthlose Streitschrift zu widerlegen. Der heftigste Gegner Harvey's war Jean Riolanus (Professor der Anatomie zu Paris, geb. 1577, gest. 1657), „der zu derselben Zeit sowohl nach anderer, als nach seinem eigenen Urtheil der vornehmste unter den Zergliederern war“ (Haller), welcher, nicht mehr im Stande, sein Auge der Wahrheit zu verschließen, durch einige willkürliche und vollkommen unrichtige Abänderungen an der Lehre Harvey's sich selbst den Ruhm der großen Entdeckung zuzueignen suchte. Noch im zweiten Jahrzehnt des 18ten Jahrhunderts traten entschiedene Gegner offen gegen die Lehre von der Blutcirculation auf. Erst bis gegen die Mitte desselben Jahrhunderts hatte sie sich definitiv Bahn gebrochen, sodaß A. von Haller aussprechen konnte: „Heut zu Tage wird dieser große Umlauf, wenn nicht vielleicht noch einige freche Widersacher heimlich verborgen stecken, durchgängig von allen Aerzten und Naturkundigen als ein erwiesener Lehrsatz angenommen, den man füglich als einen Forderungs- oder Heischesatz ansehen könnte“.

Endlich verstummten auch die Versuche, die Harvey'sche Entdeckung schon in den Schriften des griechischen Alterthums oder in der Bibel ausgesprochen finden zu wollen. Araber, Perser und selbst chinesische Autoritäten hatte man in diesem Prioritätsstreit umsonst ins Treffen geführt.

In auffallendster Weise bestätigte es sich aber auch bei diesem größten Fortschritt, der die organische Naturwissenschaft einer neuen Epoche entgegenführte, daß durch falsche aus der neuen, imponirenden Entdeckung gezogene Consequenzen, durch Ueberschätzung der Tragweite des Neugewonnenen gleichzeitig ein Rückschritt in Betreff altgewußter Wahrheiten eintrat, welcher hier mehr als anderthalb Jahrhunderte zu seiner dauernden Ueberwindung in Anspruch nahm.

Dieser Rückschritt zeigt sich in unserem Falle in Beziehung auf die physiologische Chemie des Blutes.

5. Zur Entwickelungsgeschichte der Lehre von der chemischen Zusammensetzung des Blutes.

Das griechische Alterthum hatte in dem Blute das eigentliche Nährmaterial für die Organe, für den Gesammtkörper der animalen Organismen erkannt. Gleichzeitig sollte das Blut der Träger der eigentlich lebenerhaltenden oder lebenbedingenden Stoffe und Kräfte sein, welche, wie wir sahen, durch die Athmung aus der Region des Aethers dem Blute zuströmen sollten.

Wie diese Lehre in der Galen'schen Schule ausgestaltet wurde, haben wir schon oben erwähnt; eine Veränderung der Sätze Galen's war bis zur Zeit Harvey's im Großen und Ganzen nicht eingetreten. Wir können das am besten aus den Entgegnungen erhärten, welche die Entdeckung des Blutkreislaufs hervorrief.

Fortunius Licetus glaubte die von Harvey gefundene Thatsache dadurch entkräften zu können, daß er eine andere Art des Blutlaufes behauptete. Das Blut ströme in den Venen (Blutadern) nach den äußersten Enden; dort würde ein Theil desselben zur Nahrung verwendet, der Rest zum Herzen wieder zurückgeführt. Die gleiche Richtung sollten in den Arterien (Schlagadern) „die Lebensgeister" nehmen. Seine Anschauungen stimmen, wie wir sehen, vollkommen mit denen des griechischen Alterthums, vor allem mit denen Galen's überein.

Wir würden Unrecht thun, wenn wir einige theoretische Schwierigkeiten ganz übersähen, welche der Einführung der Lehre Harvey's entgegenstanden.

Wenn das Blut im Körper aus den Arterien in die Venen durch einen regelmäßigen und überaus raschen Kreislauf übergeführt wird, wie sollten sich da noch die Unterschiede festhalten und erklären lassen, welche man zwischen dem Blute der beiden Gefäßsysteme erkannt hatte oder wenigstens erkannt zu haben glaubte? Das Blut in den Blutadern und das Blut in den Schlagadern ist nach der Harvey'schen Entdeckung eines und dasselbe; damit schien die Anerkennung durchgreifender Differenzen zwischen beiden Blutarten unmöglich zu werden; man verfehlte auch nicht, sofort den falschen Schluß zu ziehen, daß das Blut in beiden Gefäßsystemen vollkommen identisch sei.

Gerade das war ein Hauptpunkt, an welchem die Gegner des neuen Dogmas ihren Widerspruch einsetzten und mit Fug und Recht einsetzen konnten. Das ist andererseits der Grund, warum es mehr als drei halber Jahrhunderte bedurfte, ehe es möglich war, den Fortschritt in der Erkenntniß, welchen die Entdeckung der Blutcirculation gebracht hatte, in richtiger Weise zu verwerthen.

A. von Haller, die größte physiologische Autorität des verflossenen Jahrhunderts, — dessen Werke uns besonders darum so interessant sind, weil sie uns die Summe der physiologischen Kenntnisse darbieten bis hart an die Grenze des neuen Aufschwungs der Naturwissenschaften in Folge der bahnbrechenden Entdeckungen namentlich auf dem Gebiete der Chemie am Ende des 18ten Jahrhunderts — lehrt noch direct, daß das Blut in den Schlagadern sich von dem Blute der Blutadern nicht unterscheide.

„In den Schlagadern und in den Blutadern befindet sich einerlei Blut, und es gestattet der bewiesene Umlauf des

Blutes nicht, einen Unterschied zwischen ihnen zu machen, weil kein anderes Blut in die Schlagadern gelangt, als das, welches das Herz aus den Blutadern empfängt. Trotzdem ließen sich doch die Aerzte eine uralte und widersprechende Meinung gefallen, welche einen willkürlichen Satz zum Vater hatte, und die es auch heute noch nicht weiter als bis zum Rang einer Hypothese gebracht hat. Die Alten nahmen nämlich in den Schlagadern und Blutadern einen Lebenssaft von verschiedener Art an." „Als Harvey den Kreislauf des Blutes entdeckt hatte, konnte dieser Unterschied von zweierlei Blut, der so lange behauptet worden war, keinen Bestand weiter haben. Denn es befindet sich nicht nur ebendasselbe Blut in den Schlagadern, welches kurz zuvor in den Blutadern lief, sondern es verursacht auch noch außerdem die heftige Strömung des umlaufenden Blutes, daß ebendasselbe Blut, welches vor noch nicht völlig einer Minute in der Blutader war und durch die Lungenschlagader heraufgetrieben wurde, nun aus der Schlagader ausgegossen wird. Aus diesem Grunde lehrte Harvey, mit den ersten Bestätigern des Blutumlaufs beinahe einstimmig, es sei das Schlagaderblut von dem in den Blutadern befindlichen Blute entweder sehr wenig oder in gar nichts verschieden; sie gestatten weder einen Unterschied in der Farbe, noch in der Dichtigkeit, noch in den ursprünglichen Theilen, in welche sich das Blut auflösen läßt."

Das ist der große Irrthum, welcher fälschlich, von Harvey selbst zuerst, als nothwendiges Postulat seiner Entdeckung aufgestellt wurde und diese Entdeckung in ihrer wissenschaftlichen Bedeutung auf so lange Zeit herabdrückte.

Es scheint nicht unwichtig, hier darauf hinzudeuten, welche Gefahr in der einseitigen Verwerthung großer neugewonnener Thatsachen ruht. Wir haben schon an einem anderen Orte die Aufmerksamkeit darauf gelenkt, daß eine

Reihe von noch heute allgemeingültigen scheinbaren Axiomen der Naturwissenschaft wie z. B. die Lehre von den ohne stoffliches Substrat in die Ferne wirkenden Kräften u. a. m. ihren Ursprung und ihre Begründung falschen Consequenzen verdanken, die man aus epochemachenden Entdeckungen ziehen zu müssen glaubte.

Die von Harvey eingebürgerte Lehre der Identität beider Blutarten hat sich freilich niemals eine absolute Geltung verschaffen können.

Schon bald nach Harvey's Zeit tauchte die richtige alte Lehre in neuer Gestalt wieder auf. Lower (1631 bis 1691) und nach ihm eine Anzahl guter Forscher lehrten, daß das Blut der Schlagadern hell und schön von Farbe, das Blut in den Blutadern aber von trüberer Farbe sei. Ziemlich allgemein wurde angenommen, daß der Unterschied in der Farbe der beiden Blutarten von der Luft herrühre, welche das Blut in den Lungen verändere. Lower hatte gefunden, daß venöses, dunkles Blut durch Einblasen von Luft auch ohne Mitwirkung der Lunge eine neue arterielle Röthe erhalte; hingegen fließe das Blut bei erstickten Thieren ebenso dunkelfarbig aus den Arterien aus wie aus den Venen. Johann Mayow, einer der Hauptvertreter dieser Anschauungen, war der erste, welcher Unterschiede im Gasgehalt der beiden Blutarten behauptete, lange ehe man den Unterschied der Gasarten selbst aufgefunden hatte. Er hatte gefunden, daß im luftleeren Raume das Schlagaderblut „gewaltig koche" oder Blasen aufwerfe, während diese Erscheinung bei dem Blute der Blutadern langsamer erfolge. Man nahm an, daß bei der Athmung in der Lunge ein „Luftnitrum", eine Art luftiges, gasartiges Alkali, sich dem Blute zumische.

Es war dabei sofort klar, daß die Farbenveränderung des Blutes in den zwischen Arterien und Venen eingeschobenen Haargefäßnetzen stattfinden müsse. Das Blut, welches bei seinem Laufe durch die Haargefäße der Organe seine Farbe verändert, d. h. sein „Luftnitrum“ abgegeben hat, mußte, ehe es wieder in die Arterien des großen Kreislaufes eintreten konnte, durch die Lungen den Weg nehmen, um hier im Verkehr mit der eingeathmeten Luft das „luftige Alkali“ und damit seine Farbe wieder zu erhalten.

Wir sehen, wie nahe diese Anschauungen den wahren Sachverhalt streiften, und doch war es der neuen Autoritätsgläubigkeit gegenüber unmöglich, sie zu einer allgemeineren Annahme zu bringen. Dazu bedurfte es des genaueren Einblicks in die chemischen Stoffvorgänge im lebenden Körper, welcher erst am Ende des 18ten Jahrhunderts, begründet auf die Erneuerung der gesammten chemischen Wissenschaft, gewonnen werden konnte.

Die Auffindung des Sauerstoffs durch Priestley, für welche man als Datum den 1. August 1774 anzuführen pflegt, gab den Anstoß zur Reformirung der gesammten chemischen Anschauungen durch Lavoisier. Sie lehrte auch das Wesen der Athmung, des Verkehrs des Blutes mit der atmosphärischen Luft in den Lungen im Anschluß an die neugefundene Theorie der Verbrennung, und bezeichnet damit den Anbruch einer neuen Aera in der physiologischen Wissenschaft. Die Aufnahme von Sauerstoff, die Abgabe von Kohlensäure und Wasserdampf bei der Athmung wurde zunächst zur Erklärung der Erzeugung der animalen Wärme verwerthet. Indem man die wichtigste der Kräfteerzeugungen im animalen Organismus — die Wärmebildung — als einen physikalischen in seinen Grundursachen aus natürlichen Kräften erklärten Vorgang erkannte, war der Weg gebahnt zur Ausbildung einer allgemeinen Physik des Organismus, das heißt zu einer wahrhaft exacten Physiologie.

Die Entdeckung des Blutkreislaufs vervollständigt durch die Entdeckung des wahren chemischen Vorgangs bei der Athmung bildet den Angelpunkt, um welchen sich die Fortschritte der allgemeinen Physiologie bis in die Neuzeit gedreht haben. Harvey, Priestley und Lavoisier sind Namen, welche wir direct mit denen unserer großen Altmeister Aristoteles und Galen zusammenstellen dürfen.

6. Die Entdeckung der Blutkörperchen.

Emil du Bois-Reymond hat darauf hingewiesen, wie der Gedanke, daß die zusammengesetzten Bildungen des thierischen Organismus aus gleichartigen belebten Urtheilchen beständen oder wenigstens aus solchen sich herleiten ließen, der eigentliche Grundgedanke der modernen Zellentheorie, zuerst in einem unverkennbaren Zusammenhang mit den anerkannten Sätzen philosophischer Lehrmeinung und zwar speciell mit der Leibniz'schen „Monadentheorie" ausgesprochen wurde. Mit einem gewissen Rechte können wir behaupten, daß es schon weit früher Anhänger der Zellentheorie gab, ehe die animalen und pflanzlichen Urorganismen, die Zellen, wirklich entdeckt waren. Die wissenschaftliche Reife hat unsere moderne Zellenlehre erhalten durch die Untersuchungen Schwann's, deren Resultate er im Jahre 1839 in der Schrift: „Mikroskopische Untersuchungen über die Uebereinstimmung in der Structur und dem Wachsthum der Thiere und Pflanzen" veröffentlichte. Aber schon im Anfange des Jahrhunderts (1805 und 1808) erklärte Oken, daß Thiere und Pflanzen aus Urtheilchen bestünden, deren Grundform das Bläschen sei. „Der erste Uebergang des Unorganischen in das Organische ist die Verwandlung in ein Bläschen.... Thiere und Pflanzen sind durchaus nichts anderes als ein vielfach verzweigtes oder wiederholtes Bläschen." Andere nicht weniger berühmte Naturforscher schlossen sich ebenfalls ohne anatomischen Beweis dieser Lehre an.

Wir finden einen derartigen Zusammenhang exact-wissenschaftlicher Entdeckungen mit den gerade herrschenden philosophischen Lehrmeinungen, die man dann gleichsam als unbewußte Vorahnungen des wahren Sachverhalts ansehen könnte, nicht ganz selten. Aehnlich wie durch die Leibniz'sche Lehre die Entdeckung der Zellen in Pflanze und Thier, war auch schon die Entdeckung der in einigen thierischen Flüssigkeiten sich findenden specifischen mikroskopischen Körperchen durch die Modephilosophen der Entdeckungszeit angeregt.

Nach der Lehre des Cartesius, dessen System damals die philosophischen und naturwissenschaftlichen Kreise beherrschte, sollten sich die Unterschiede der verschiedenen Körper aus Verschiedenheiten in der Größe und Gestalt ihrer Moleküle erklären. Man stellte sich die letzteren kugelig, oval oder stäbchenförmig, spiralig gewunden, hakig oder zackig ꝛc. vor. Die charakteristische Beweglichkeit der luftartigen und wässerig-flüssigen Substanzen führte man meist, wie es schon das griechische Alterthum gethan, auf kugelig gestaltete Grundtheilchen zurück.

Es unterliegt keinem Zweifel, daß man an die ersten mikroskopischen Untersuchungen vielfach mit dem Gedanken herantrat, diese Gebilde der speculativen Vorstellung, die verschieden gestaltigen, verschieden beweglichen Grundpartikelchen der Substanzen nun beobachten zu können.

Die mikroskopische Entdeckung der beweglichen Spermatozoiden im Sperma, die Auffindung der Blutkörperchen im Blute, die der Chylus- und Lymphkörperchen in den betreffenden Säften wurde zunächst in diesem Sinne gedeutet, nicht weniger von den Entdeckern, als von den Zeitgenossen, welchen derartige Untersuchungen selbst versagt waren, die aber mit um so größeren Erwartungen und lebhafterem Erstaunen eine neue Welt durch die optische Vergrößerung sich erschließen sahen.

Der Entdecker der Blutkörperchen ist der uns schon bekannte berühmte Bürger zu Delft Anton van Leeuwenhoek.

Er selbst erzählt uns, daß er zuerst am 15. August des Jahres 1673 mit dem Mikroskop im Blute „rothe Kügelchen“ gesehen habe.

Vielfach hatte dieser vortreffliche Beobachter Gelegenheit, seine Entdeckung bei der Betrachtung des Blutlaufs mit Hülfe seiner Vergrößerungsgläser zu bestätigen. Er sah in den zarten Blutgefäßen in einer durchsichtigen Flüssigkeit, im Blutplasma oder wie die alte Physiolgie sich ausdrückte im „Salzwasser des Blutes“, die kleinen röthlichgelben Körperchen in größter Anzahl rollen.

Das lebende Blut besteht nach diesen vollkommen exacten Wahrnehmungen aus einer farblosen, durchsichtigen Flüssigkeit (Blutplasma), in welcher mikroskopisch-kleine rothe Körperchen von rundlicher Gestalt (rothe Blutkörperchen) in außerordentlich großer Anzahl umherschwimmen. Die rothe Farbe des Blutes ist lediglich von der Farbe dieser Blutkörperchen bedingt.

Schon Leeuwenhoek bemerkte einen Unterschied in der Form der rothen Blutkörperchen bei dem Menschen mit den in Europa bekannteren Säugethieren einerseits und bei den Vögeln, Fischen, Reptilien und Amphibien andererseits. Im Blute der ersteren sollten die Blutkörperchen rothe Kügelchen sein, in dem der zweiten Gruppe beschreibt er sie richtig von flach-eirunder Gestalt. Die wahre, linsenförmige Gestalt der Blutkörperchen des Menschen und der überwiegenden Mehrzahl der Säugethiere wurde erst in der Mitte des 18ten Jahrhunderts sicher constatirt. Auch die Größenunterschiede der Blutkörperchen verschiedener Thiere, welche der Entdecker geleugnet hatte, wurden erst später, namentlich von Cowper festgestellt.

Leeuwenhoek ist auch der Entdecker der von ihm so genannten „Chyluskörperchen“, welche die moderne Wissenschaft vorwiegend als Lymphkörperchen zu bezeichnen pflegt.

Von „weißen Blutkörperchen“ redete nach A. von Haller's Bericht zuerst Johann Bonhomme, von „farblosen“ Heinrich Baker.

Wie gesagt, hatten die meisten Aerzte im Zusammenhang mit der herrschenden philosophischen Lehrmeinung schon bisher angenommen, daß die thierischen Säfte aus „kugeligen Grundtheilchen“ zusammengesetzt seien, nicht nur das Blut, sondern auch die gesammten Drüsenausscheidungen. Diese hypothetischen kugeligen Moleküle der Blutflüssigkeit, die man in allen Flüssigkeiten voraussetzte, schienen in den Blutkörperchen direct sichtbar geworden zu sein. Leeuwenhoek selbst aber glaubte in verschiedenen animalischen Säften mit Hülfe seines einfachen Mikroskopes noch kleinere Körnchen aufzufinden, welche er für sechsmal kleiner als die Blutkörperchen erklärte. Er war zunächst in der Milch und im Milchsaft (Chylus, s. unten) auf diese kleinsten Kügelchen (Fettkörnchen) aufmerksam geworden; später fand er „ähnliche“ auch im Trinkwasser und im Wein rc. auf. Diese schienen ihm die eigentlichen Grundtheilchen der Flüssigkeiten zu sein; erst indem sechs dieser kleinen Kügelchen zu einer Einheit zusammentreten, entstünden die „Blutkügelchen“, und diese könnten wieder zerspringen in dieselbe Anzahl der sie aufbauenden Grundtheilchen. Im Jahre 1680 hatte sich sein Auge noch weiter geschärft, er hatte noch kleinere Flüssigkeitskörnchen erkannt, und so behauptete er, daß ein „rothes Kügelchen“ im Menschenblute aus sechs kleinen Kügelchen bestünde, daß aber jedes von diesen sechsen wieder aus sechs kleineren runden Molekülen, und sogar diese äußerst kleinen Kügelchen noch einmal wieder aus sechs noch kleineren zusammengesetzt seien. Ein einziges rothes Kügelchen sollte sich also im menschlichen Blute aus 36 oder wohl sogar aus 216 kleinsten Kügelchen zusammenballen und unter Umständen wieder in die gleiche Anzahl kugeliger Urtheilchen zerspringen.

Am deutlichsten treten uns diese theoretischen Anschauungen aus der seinerzeit so berühmten Hypothese Boerhaave's entgegen. Er lehrte: „daß sich im Blute rothe Kügelchen befänden, die unter allen Bestandtheilen menschlicher Säfte die größten wären; daß diese Kügelchen (wie Leeuwenhoek gelehrt hatte) aus sechs kleineren (gelben) Salzwasserkügelchen (Salzwasser = Blutplasma) zusammengeschichtet wären, aus diesen entstünden und in sie wieder zerfielen. Ein solches „gelbes Salzwasserkügelchen“ oder ein Kügelchen zweiter Ordnung sei aus „hellen Fliéswasserkügelchen“ (Flieswasser = Lymphe) zusammengesetzt und zerfalle wieder in diese; folglich seien in einem „rothen Kügelchen“ nicht nur sechs „Salzwasserkügelchen“, sondern auch noch weitere sechs und dreißig „Flieswasserkügelchen“ zu einem Ganzen zusammengeballt. Keineswegs sei aber damit die Grenze der Theilbarkeit der Kügelchen erreicht, nur die mangelnde Schärfe des Gesichtssinnes lasse eine weitere Unterscheidung nicht mehr zu. Auch die Flieswasserkügelchen bestünden wieder aus kleineren, aber unsichtbaren Kügelchen. — Unter allen Kügelchen seien aber die letzten und zartesten diejenigen, woraus jenes hypothetische „flüssige Wesen“ bestehe, welches unter dem Namen der „Lebensgeister“ bekannt ist. Eine jede Ordnung von Kügelchen hätte ihre eigenen Gefäße und zwar wie das Blut sowohl von der Art der Schlagadern, wie von der der Blutadern; es gäbe also auch besondere „Schlagadern und Blutadern“

sowohl für das Salzwasser, als für das Flieswasser, ebenso auch für die (zarteste aller organischen Flüssigkeiten), die (in Nerven und Gehirn sich bewegenden) „Lebensgeister" — Geistgefäße, „Vasa spiritualia".

Die organische Materie, die Grundlage der animalen Bildungen, wenigstens aller ihrer Säfte, war also nach der Lehre Boerhaave's eine einheitliche, welche sich, analog der Cartesianischen Hypothese von dem Unterschiede der Materie überhaupt, nur durch die Größe ihrer gleichgestaltig gedachten (kugeligen) Grundtheilchen unterscheiden sollten. Die „Lebensgeister" waren nichts anderes als verfeinertes Blut, das Blut war vergröberter Lebensgeist, die beiden übrigen wichtigsten Körpersäfte — Blutplasma und Lymphe, Salzwasser und Flieswasser — bildeten Etappen auf dem Wege der Körperwerdung des „Spiritus".

Die bedeutensten Aerzte bekannten sich zu der Boerhaave'schen Lehre, welche ihren Einfluß in den wichtigsten Problemen der Physiologie und Pathologie, ja sogar in der Heilungslehre geltend machte.

Ehe wir diese Betrachtung schließen, haben wir noch eine realistischere Anschauung über die Blutkörperchen zu erwähnen. Die immerhin verbreitetste Ansicht über die Natur der rothen Blutkörperchen war die, daß sie Blasen einer elastischen Luft seien, umgeben von einer aus Blutroth bestehenden Hülle. Namentlich die Schule der „mathematischen Aerzte", vor allem Bernoulli, hielt diese Annahme fest, welche erst durch A. von Haller's Experimente widerlegt wurde. Immerhin bleibt diese Meinung von einem Luftgehalt der Blutkörperchen interessant, da sie, freilich in ganz anderer Weise, von der modernen Wissenschaft, welche die rothen Blutkörperchen als Träger des Sauerstoffs im Blute erkannte, gewissermaßen wieder erneuert wurde.

Kapitel III.

Die Zusammensetzung des normalen Blutes.

1. Die Blutkörperchen.

Unter den Gefahren, welche das Leben der Reisenden unter den Tropen bedrohen, erregt unser besonderes Grauen der heimtückisch aus verstecktem Hinterhalt abgeschnellte Giftpfeil der Indianer. Eine geringfügige Verwundung mit dem Giftpfeil, durch welche nur eine sehr geringe Quantität Pfeilgift in das Blut und durch die Blutcirculation zu den nervösen Organen gelangt, genügt, um das Leben des Menschen unrettbar zu vernichten. Der von dem Giftpfeil geritzte Indianer legt sich mit stoischer Ruhe zu Boden, um den unausbleiblichen Tod zu erwarten.

Die ärztliche Kunst hat sich heftiger Gifte bemächtigt, um sie in richtiger Gabe als Gegengifte und Arzeneimittel zu verwenden; in der Hand des erfahrenen Arztes werden Gifte zu den wichtigsten Heilmitteln. Vor allem aber hat die Physiologie, die Wissenschaft, welche sich mit dem Studium der Verrichtungen der Organe und des Gesammtkörpers der Menschen und Thiere beschäftigt, die Giftwirkungen zu einem ganz besonderen Gegenstand ihrer Aufmerksamkeit gemacht, und zahlreiche, wichtige Entdeckungen über die Verrichtungen der einzelnen Organe sind diesem Zweige des Gesammtstudiums zu verdanken.

Das Pfeilgift der südamerikanischen Wilden, das Curare oder Urari, wurde vielfach zu physiologischen Experimenten mit Glück verwerthet. Seine Wirkungen auf den lebenden thierischen Organismus bestehen zunächst in einer Lähmung im Gebiete des Nervensystems. Das vergiftete Thier verliert zuerst die Herrschaft über seine Bewegungsnerven, es verliert die Fähigkeit, sich willkürlich zu bewegen, obwohl die Muskeln selbst ihre Reizbarkeit noch nicht eingebüßt haben. Vergiften wir durch eine kleine Hautwunde einen Frosch mit Curare, so wird er nach kurzer Zeit bewegungslos, er erscheint todt; aber sein Herz schlägt noch, und die Blutcirculation nimmt in den alten Bahnen ihren ungestörten Fortgang. Ein solches Thier kann man nun widerstandslos zur Beobachtung unter das Mikroskop bringen, um an der durchsichtigen Schwimmhaut zwischen den Zehen seiner Hinterfüße den Blutlauf durch die Gefäße zu betrachten.

Die Beobachtung des Blutlaufs war eine der ersten Leistungen der mikroskopischen Beobachtung, sie bleibt für immer eine der interessantesten Aufgaben der beschreibenden und lehrenden Physiologie. Wir beobachten hier ja nicht nur die Form der Organe und Organtheile, wir sehen direct in das rege Getriebe des thierischen Lebens hinein, wir sehen das Leben eine seiner wichtigsten Aeußerungen vor unseren erstaunten Blicken abspielen.

Der durchsichtige Theil des animalen Körpers, welchen wir zur Beobachtung des Blutlaufs unter dem Mikroskope betrachten, zeigt sich uns von zahlreichen feineren und feinsten Kanälen durchzogen. Es sind die Blutgefäße. Ein arterielles Stämmchen sehen wir sich auflösen in zahlreiche verzweigte, mit den Zweigen sich unter einander verbindende Haargefäße, welche wie ein Netz mit engen Maschen das Organ durchsetzen. Die feinen Zweige der Kapillaren treten wieder zu stärkeren Aestchen zusammen, von denen mehrere zu einem Stämmchen sich verbinden. In ganz analoger Weise, wie sich ein arterielles Gefäß in seine Kapillarzweige auflöst, geht aus dem Kapillarnetz durch Wiedervereinigung der Haargefäße zu Gefäßästchen und Stämmchen die Vene, und zwar meist zwei solche, hervor, welche ihren Verlauf dann beiderseits neben der Arterie hin nehmen.

Alle diese Kanälchen werden unserem Auge dadurch deutlich, daß ein Strom ganz eigenthümlicher Art sich durch sie bewegt.

Wir sehen kleine rundliche, gelbröthliche Körperchen — die rothen Blutkörperchen — dicht gedrängt durch die Blutgefäße fortrollen in den einzelnen Abschnitten des Gefäßsystems in sehr verschiedener Anzahl und mit sehr verschiedener Geschwindigkeit.

In dem einen, größeren Gefäße schießt z. B. ein Strom mit großer Raschheit in der Richtung gegen die Kapillarendverzweigung zu. Die Geschwindigkeit ist so groß, daß wir nur mit größter Aufmerksamkeit die einzelnen in dem Strome schwimmenden Blutkörperchen erkennen können; es ist ein arterielles Gefäßchen, welches das Blut vom Herzen zu den Organen in das Kapillarnetz hineinführt. Neben ihm verläuft ein ziemlich gleichweites Gefäß, in welchem wir das Blut viel langsamer und in entgegengesetzter Richtung fließen sehen; es ist eine Vene. Auch die Farbe des Inhalts beider Gefäße ist deutlich verschieden. In der kleinen Arterie ist das Blut hell gelbröthlich, in der Vene dunkler, mehr blauroth. Aber vor allem wunderbar ist die Blutbewegung in dem Netze der Haargefäße. Während in den kleinen Venen und Arterien ein relativ rasch bewegter, dicht gedrängter Zug neben und über einander hinrollender Blutkörperchen sichtbar wird, schieben sich durch die feinsten Haargefäße die Blutkörperchen einzeln langsam hinter einander. Die Gefäßchen sind eben noch weit genug, um ein Blutkörperchen nach dem anderen passiren zu lassen. Sowie die Blutströmchen der Kapillaren wieder zu weiteren Venenanfängen zusammenfließen, wird auch die Bewegung wieder eine etwas raschere, wenn sie auch keineswegs die Geschwindigkeit in den Arterien erreicht.

Da wir wissen, daß das Blut, das sich in den Gefäßen bewegt, eine Flüssigkeit ist, so haben wir uns das beschriebene Bild so zu erklären, daß im Blute in einer farblosen, durchsichtigen, für das Mikroskop daher für sich allein nicht erkennbaren Flüssigkeit — dem Plasma des Blutes — außerordentlich zahlreiche mikroskopische Körperchen, im Allgemeinen von rundlicher Gestalt, — die rothen Blutkörperchen — sich befinden, welche dem Blute seine specifische Farbe ertheilen. Bei der mikroskopischen Beobachtung können wir daher nur die Blutkörperchen, nicht die Flüssigkeit selbst sich bewegen sehen, da die Blutflüssigkeit, in der die Körperchen schwimmen, durchsichtig und farblos ist. So erklärt sich die auffallende Erscheinung, als bewegten sich in den Blutgefäßen nur feste Körnchen, etwa wie Sandkörnchen durch die Röhre der Sanduhr laufen.

Bei der Beobachtung der Blutbewegung in etwas weiteren Gefäßchen, in welchen eine größere Anzahl neben und über einander gedrängter Blutkörperchen hinströmen, sehen wir, daß nicht nur in den verschiedenen Gefäßabschnitten sich ein Unterschied in der Geschwindigkeit der Bewegung der Körperchen zu erkennen gibt. Bei sorgfältiger Beobachtung läßt sich auch innerhalb des einzelnen Gefäßes selbst in den verschiedenen Schichten des durchströmenden Blutes eine verschiedene Geschwindigkeit nachweisen. Wir bemerken dann, daß in der Mitte des Gefäßes, dessen Wandungen sich durch ein etwas verschiedenes Lichtbrechungsvermögen von der durchsichtigen Blutflüssigkeit unterscheiden lassen, die rothen Blutkörperchen zusammengedrängt zu einem mehr oder weniger dicken rothen Faden sich rasch bewegen, am raschesten die in der Mitte dieses rothen Fadens selbstströmenden. Zwischen dem Strome der rothen Blutkörperchen, welcher in der Axe des Gefäßes hinfließt, und der Gefäßwand befindet sich eine Schichte farbloser Blutflüssigkeit. Wir könnten uns ihre Bewegungen nicht sichtbar machen, wenn nicht in

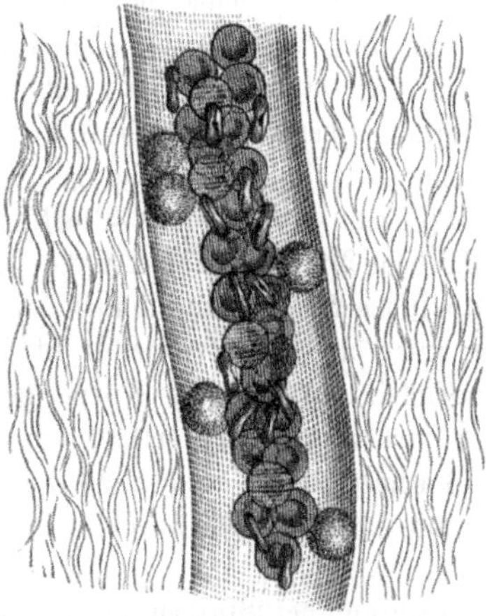

Fig. 16.
Ein kleines Gefäß mit den schwimmenden Blutkörperchen gefüllt. In der Mitte des Stromes die rothen platten Scheibchen die rothen, am Rande die weißen Blutkörperchen.

dieser Plasmaschichte kugelige Körperchen, etwas größer wie die rothen Blutkörperchen, aber vollkommen farblos, scheinbar träge hinrollten. Es sind das die weißen oder farblosen Blutkörperchen, welche normal in sehr viel geringerer Anzahl sich im Blute befinden als ihre gefärbten Namens- und Geschlechtsvettern. Ihre verschiedene Größe, ihr verschiedenes specifisches Gewicht, (die weißen Blutkörperchen sind relativ leichter als die rothen) verhindern es, daß sie sich mit den letzteren während der raschen Bewegung im Blutkreislaufe vermischen. Wir sehen ein analoges Verhältniß eintreten, wenn wir Sand von verschiedener Feinheit des Korns etwa auf einem Teller schütteln, wobei auch sofort eine Trennung der Theilchen nach Größe und specifischem Gewicht erfolgt.

Die Physik der Blutbewegung lehrt uns, daß die Verschiedenheit in der Bewegung der centralen und der Randschichten, die wir in den Blutgefäßen direct mit den Augen beobachten können, ein Phänomen ist, welches nothwendig eintreten muß, wenn Flüssigkeiten mit einer gewissen Anziehung (Adhäsion) zu den Gefäßwänden sich durch Röhren bewegen.

Die bisher mitgetheilten Betrachtungen des Blutlaufs mit Hülfe des Mikroskops haben uns schon wesentliche Aufschlüsse über die Constitution des Blutes geliefert:

Das Blut ist keine homogene, gleichmäßige Lösung, wie es frisch mit bloßem Auge betrachtet erscheint. Es besteht im Zustande des Lebens in Wahrheit aus einer durchsichtigen klaren, fast farblosen Flüssigkeit, in welcher zahlreiche rundliche, mikroskopische Körperchen schwimmen. Die Mehrzahl derselben ist röthlichgelb gefärbt, in Masse vereinigt ist ihre Farbe dunkelblutroth. Sie sind es, welche allein die rothe Blutfarbe bedingen. In weit geringer Anzahl finden sich im Blute die weißen, farblosen Körperchen.

Um die Blutkörperchen ihrem Baue nach näher zu studiren, müssen wir das Blut in Ruhe und dünnster Schichte untersuchen, um möglichst starke mikroskopische Vergrößerungen anwenden zu können.

Ein Tröpfchen Blut, welches sich der Mikroskopiker durch einen Nadelstich aus einer Fingerwunde selbst entzieht, genügt, um die wesentlichsten Beobachtungen auszuführen.

Beobachten wir zuerst die Formverhältnisse der rothen Blutkörperchen.

Sie erscheinen, wo sie in dünnen Blutschichten vereinzelt zur Wahrnehmung kommen, im Menschenblute als flache runde Scheibchen mit abgerundetem Rande, von beiden Flachseiten her tellerförmig eingedrückt: es sind biconcave rundliche Scheibchen, etwa von der Gestalt (runder) biconcaver Brillengläser, wie sie Kurzsichtige zu tragen pflegen. Sehen wir sie nicht von der breiten Fläche, sondern auf den Rand gestellt, so erscheinen sie uns, da ihr Dickendurchmesser gegen die Breitendurchmesser wesentlich zurückbleibt, als oben und unten abgerundete Stäbchen. Der concave Eindruck beider Flachseiten spricht sich in einer leichten biscuitförmigen Einschnürung in der Mitte dieser scheinbaren Stäbchen aus.

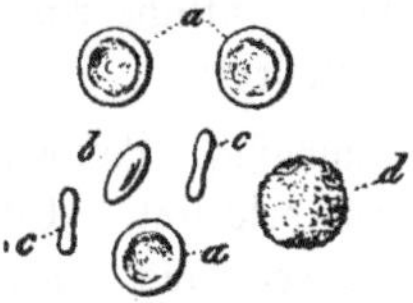

Fig. 17. Blutzellen des Menschen: a a von oben, b halb, c c ganz von der Seite gesehen. d ein weißes Blutkörperchen.

Das gleiche Bild erhalten wir von den rothen Blutkörperchen, wenn wir nicht Menschenblut, sondern Blut von Säugethieren der Betrachtung unterwerfen. Nur das Blut der Lama's, Alpaka's und Kameele macht davon eine Ausnahme; in ihm sind die rothen Blutscheibchen nämlich nicht rund, sondern oval. Merkwürdiger Weise ist die ovale Form der rothen Blutkörperchen bei allen sonstigen Wirbelthierklassen die typische. Vögel, Fische, Reptilien und Amphibien haben ovale Blutkörperchen; nur bei sehr niedrig stehenden Fischen, den Cyclostomen, findet sich die kreisrunde Form der Blutscheibchen wieder wie bei der Mehrzahl der Säugethiere.

In dem Blutstropfen, der uns zur Untersuchung vorliegt, können wir nun sofort außer der Form der rothen Blutkörperchen ihre Größe bestimmen. Im Allgemeinen ist der Größenunterschied zwischen den rothen Blutkörperchen des Menschen und der Säugethiere auffallend gering. Der Breitendurchmesser der menschlichen Blutkörperchen beträgt im Mittel nach den sorgfältigsten Messungen 0,0077 Millimeter (= mm), ihr Dickendurchmesser dagegen nur 0,0019 mm. Bei den meisten Säugethieren sind sie etwas kleiner, beim Elephanten sollen sie etwas größer sein. Die ovalen rothen Blutkörperchen der Vögel sind in ihrem Längendurchmesser etwas größer als die des Menschen: 0,0174 mm, der Breitendurchmesser 0,0145 mm Noch breiter und länger sind die der

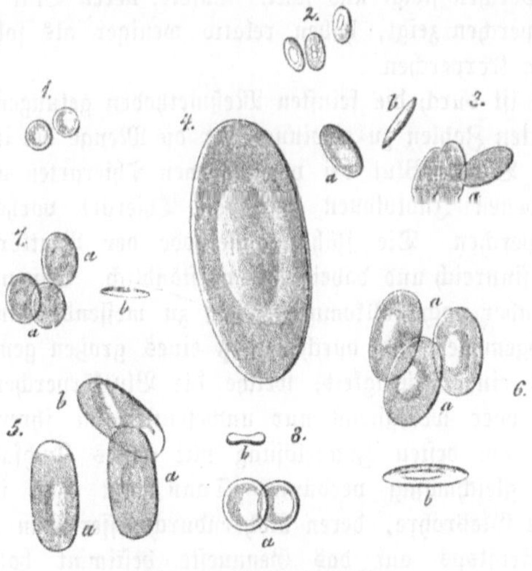

Fig. 18. Farbige Blutzellen
1. vom Menschen, 2. vom Kameel, 3. der Taube, 4. des Proteus, 5. des Wassersalamanders, 6. des Frosches, 7. von Cobitis, 8. des Ammocoetes. Bei a Ansichten von der Fläche; bei b die seitlichen.

Reptilien, und bei Fröschen sind sie im Mittel 0,01''' oder etwas über 0,02 mm lang. Beim Olm, Proteus anguinus, dem merkwürdigen durchsichtigen Froschlurch der Höhlen im Karstgebirge Krains, namentlich in dem Bache der Adels=

berger Höhle lebend, sind sie am größten, ihre Länge erreicht 0,056 mm, sodaß sie einem scharfen Auge als glänzende gelbröthliche Pünktchen sichtbar werden. Fig. 18 gibt besser als alle Zahlen einen Ueberblick über diese verschiedenen Größenverhältnisse.

Wenn wir mikroskopisch das Blut verschiedener Thiere betrachten, so lehrt uns der erste Blick, daß ganz correspondirend mit den Größenverhältnissen der Blutkörperchen auch die Anzahl der in einem Blutstropfen vorhandenen rothen Blutkörperchen steigt und fällt. Thiere, deren Blut größere Blutkörperchen zeigt, haben relativ weniger als solche mit kleineren Körperchen.

Es ist durch die feinsten Meßmethoden gelungen, auch die exacten Zahlen zu gewinnen für die Menge der in einem gleichen Volum Blut bei verschiedenen Thierarten und bei verschiedenen Individuen derselben Thierart vorhandenen Blutkörperchen. Die Zählungsmethode der Blutkörperchen ist sehr sinnreich und dabei leicht verständlich. Eine möglichst kleine, aber noch vollkommen scharf zu messende Blutmenge wird abgemessen und durch Zusatz eines großen gemessenen Volums einer Flüssigkeit, welche die Blutkörperchen nicht zerstört oder wenigstens nur unwesentlich in ihrer Form alterirt (am besten Zuckerlösung mit etwas Kochsalz vermischt), gleichmäßig verdünnt. Dann läßt man in eine kapillare Glasröhre, deren Röhrendurchmesser man mittelst des Mikroskops auf das Genaueste bestimmt hat, eine kleine Menge dieser Blutmischung aufsteigen, deren Länge im Kapillarrohr man ebenfalls unter dem Mikroskope bestimmt; aus Länge und Weite der Röhre wird das Volum der aufgesogenen bluthaltigen Flüssigkeit berechnet. Da man das Verhältniß der Flüssigkeitszumischung zu der anfänglich gemessenen Blutprobe genau kennt, so weiß man dadurch auch, wie viel unverdünntes Blut in dem nun abgemessenen

Minimalvolum der Blutflüssigkeit enthalten ist. Der Inhalt der Glaskapillare wird dann auf ein Glasblättchen (Objectträger) entleert, mittelst einer Nadelspitze mit einem Tröpfchen Gummilösung vermischt und zu einem länglichen Streifen ausgezogen, welcher sogleich erstarrt und die meist etwas zackig gewordenen Blutkörperchen wie eine Sternkarte eingeschlossen enthält. Das Präparat wird mit einem in viele gleichmäßige Quadrate getheilten Glasmikrometer bedeckt und nun die rel. wenig zahlreichen Blutkörperchen der einzelnen Quadrate der Reihe nach wirklich gezählt.

Auf diese Art konnte bestimmt werden, daß in 1 Kubikmillimeter Menschenblut, und zwar von kräftigen Männern stammend, nahezu 5 Millionen rothe Blutkörperchen (und 14000 farblose Blutkörperchen, also 1 : 350) enthalten sind. Frauenblut soll im gleichen Volumen etwa ½ Millionen rothe Blutkörperchen weniger enthalten.

Man darf, wie wir später sehen werden, annehmen, daß ein erwachsener Mann im Ganzen etwa 10 Pfund Blut in seinem Körper beherbergt, mit einem specifischen Gewichte, welches sich von dem des Wassers nur sehr wenig unterscheidet (es beträgt genau 1,055, wenn wir das specifische Gewicht des Wassers = 1 setzen). In dieser Gesammtblutmenge sind also etwa 250 Tausend-Millionen (Milliarden) rothe Blutkörperchen enthalten. Welcker, dem die Physiologie so zahlreiche sinnvolle Messungen, namentlich in Beziehung auf die Verhältnisse des Blutes, verdankt, hat aus der bekannten Gestalt der Blutkörperchen unter Zugrundelegung der exactesten Bestimmungen ihrer einzelnen Dimensionen das Volum eines rothen Blutkörperchens zu 0,00000072217 Kubikmillimeter, sein Gewicht zu 0,00008 Milligramm und seine Oberfläche zu 0,000128 □ Millimeter bestimmt. Nehmen wir das Gesammtvolumen des Blutes in einem erwachsenen Menschen mit Welcker nur zu 4400

Cubikcentimeter an, so berechnet sich die Gesammtflächen-ausdehnung aller darin enthaltenen rothen Blutkörperchen auf 2816 □Meter! Eine kolossale Größe, welche uns in ihrer ganzen Bedeutung für die Lebensaufgaben des Blutes erst bei der Darlegung des Athmungsvorgangs in den Lungen entgegentreten wird.

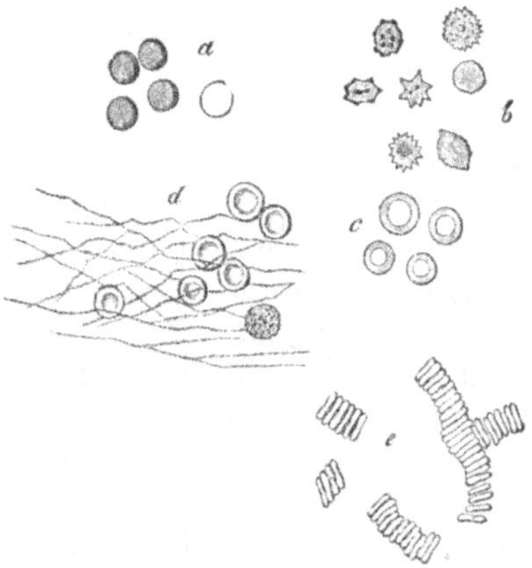

Fig. 19. Menschliche Blutzellen:
a unter Wassereinwirkung gequollen, b in verdunstetem Blute geschrumpft, c auf-getrocknet, d in geronnenem Blute, e geldrollenartig an einander gelagert.

In unserem zur Beobachtung verwendeten Blutströpfchen schwimmen, wenn wir es sofort nach seiner Entleerung mikroskopisch untersuchen, die rothen Blutkörperchen frei umher mit ihrer oben beschriebenen charakteristischen Gestalt. Nach einiger Zeit sehen wir in dem nach und nach absterbenden Blute einige wichtige Veränderungen eintreten. An den Rändern unseres Tröpfchens, wo sich eine Eintrocknung zuerst geltend macht, sehen wir die rothen Blutkörperchen durch einen eigenthümlichen Schrumpfungsproceß in ihrer Gestalt verzerrt werden, sie werden zackig, sternförmig Fig. 19 b. Dasselbe geschieht, wenn wir dem Blutströpfchen eine concentrirtere Salzlösung zugesetzt haben; umgekehrt quellen die rothen Körperchen zu Kugeln auf, wenn wir das Blut mit reinem Wasser verdünnen Fig. 19 a. In einem unvermischten Blutstropfen sehen wir bald in jenen Schichten, in welchen ihnen die freie Beweglichkeit durch Verdunstung und Eintrocknung nicht genommen ist, die einzelnen Blutkörperchen sich mit den Flachseiten an einander anlegen, sodaß dadurch geldrollenähnliche Conglomerate Fig. 19 e entstehen. Gleichzeitig treten faserige Bildungen zwischen den Körperchen in der Blutflüssigkeit auf, welche die Blutkörperchen endlich in ein zartes Netzwerk feiner Fasern — Blutfaserstoff — einschließen Fig. 19 d. Nach der Ausscheidung des Faserstoffs bemerken wir, daß der Blutstropfen seinen Charakter als Flüssigkeit verloren hat. Wir können ihn dann z. B. mit einer Nadelspitze als Ganzes, als eine rothe Gallerte von dem Glasblättchen, auf dem wir ihn untersuchten, abheben. Das Blut ist geronnen; es ist durch die Ausscheidung des Faserstoffnetzes, welches, wie ein Badeschwamm Wasser, zunächst Blutflüssigkeit und Blutkörperchen gemeinschaftlich in sich einschließt, in eine festweiche Masse, in einen „Blutkuchen" verwandelt.

Deutlicher in die Augen fallend sind die Gerinnungsphänomene des Blutes an größeren frisch aus der Ader gelassenen Blutmengen zu beobachten. Haben wir das Blut in einem Glasgefäße aufgefangen, so nimmt mehr oder weniger rasch, nachdem das Blut dem Einflusse der lebenden Gefäßwandung entzogen ist, die ganze Masse die gallertige Beschaffenheit des Blutkuchens an, das Blut gerinnt in der Gestalt des Gefäßes, in welchem es sich befindet. Löst man mit einer Nadel den Rand des Blutkuchens von der Gefäßwand ab, so tritt rasch eine Zusammenziehung des Blutkuchens ein. Indem die rothe Gallerte immer mehr schrumpft, preßt sie eine klare, schwachgelblich gefärbte Flüssigkeit: das

Blutwasser, Serum aus sich heraus. Schließlich schwimmt der nun stark verkleinerte rothe Blutkuchen in einer größeren Menge des fast ungefärbten Blutwassers. Der geronnene Faserstoff hält aber auch dann noch alle Blutkörperchen in seinen Maschen fest.

Das Blut trennt sich, wie wir eben hörten, bei seiner Gerinnung in Blutkuchen und Blutwasser. Im ersteren haben wir alle Blutkörperchen, durch die Faserstoffgerinnung zusammengehalten und mit einem Reste des Blutwassers durchtränkt; das ausgepreßte Blutwasser erscheint dagegen frei von Blutkörperchen.

Nach dem Gesagten kann das Blutwasser oder Blutserum nicht identisch sein mit der Blutflüssigkeit, dem Blutplasma des lebenden Blutes, in welchem in den Blutgefäßen die Blutkörperchen schwimmen. In dem Blutplasma sind die Stoffe, welche sich als Faserstoff im absterbenden Blute ausscheiden, noch enthalten. Das Blutserum ist also Blutplasma ohne jene faserstoffbildenden Substanzen.

Bei manchen Entzündungskrankheiten tritt die Blutgerinnung im Menschenblute viel langsamer als normal ein. So lange die Aerzte derartige Krankheiten mit Aderlässen zu behandeln pflegten, hatte man häufig Gelegenheit diese Wahrnehmung zu machen. Merkwürdiger Weise hat das Blut der Pferde diese Eigenthümlichkeit, erst relativ spät zu gerinnen, immer auch bei vollkommener Gesundheit der geschlachteten Thiere. Lassen wir solches „entzündliches" Menschenblut oder Pferdeblut in hohen Glascylindern ohne jegliche Erschütterung gerinnen, so tritt noch vor der Ausscheidung des Faserstoffs eine Schichtentrennung der Blutflüssigkeit und der Blutkörperchen ein. Die rothen Blutkörperchen senken sich mehr und mehr zu Boden, auf der Oberfläche des vollkommen ruhig stehenden Blutes sammelt sich eine Schichte fast farbloser Blutflüssigkeit an. Diese freiwillige Trennung der wesentlichsten Blutbestandtheile gibt uns Gelegenheit zu mehrfachen wichtigen Bemerkungen. Zunächst wird daraus anschaulich, daß die sich senkenden rothen Blutkörperchen specifisch schwerer sind als die Blutflüssigkeit, in welcher sie untersinken. Wir sind dadurch in den Stand gesetzt, das specifische Gewicht der Flüssigkeit und der Körperchen gesondert zu bestimmen.

Oben wurde angegeben, daß das specifische Gewicht des Gesammtblutes im Mittel 1,055 beträgt, wenn wir das specifische Gewicht des Wassers = 1 setzen; das Blut ist also etwas schwerer als Wasser. Das specifische Gewicht des Gesammtblutes setzt sich aus den verschiedenen specifischen Gewichten des Blutplasmas und der Blutkörperchen zusammen. Das specifische Gewicht des Blutplasmas ist nur 1,027, das der rothen Blutkörperchen steigt auf 1,105.

Mit der Blutgerinnung ist, analog wie mit dem Uebergang aus dem flüssigen in den festen Aggregatzustand bei den meisten Stoffen, z. B. bei dem gefrierenden Wasser, eine geringe Wärmeentwickelung im Blute verbunden.

Die weißen oder farblosen Blutkörperchen finden sich im normalen Blute weit weniger zahlreich als die rothen.

Es wurde schon erwähnt, daß auf 1 weißes Blutkörperchen im normalen Menschenblute etwa 350 rothe Blutkörperchen treffen. Nach der Verdauung sind sie etwas zahlreicher. Im Blute einiger inneren Organe, z. B. in dem der Milz sind sie stets auffallend viel häufiger als im Gesammtblute. Im Milzblute kommt normal schon je 1 weißes auf 70 rothe Körperchen. In consumirenden Allgemeinkrankheiten, namentlich aber in der sog. Leukämie = Weißblütigkeit finden sie sich im Allgemeinen viel häufiger; die letztgenannte Krankheit hat ihren Namen daher, daß das Blut der Kranken oft schon auf je 7—20 rothe Körperchen

1 weißes enthält. In der Folge werden wir auf die verschiedene relative Anzahl der weißen Blutkörperchen im Blute verschiedener Organe als auf ein besonders wichtiges Moment zur Entscheidung der Grundfragen über die Bildung und die Bildungsstätten des Blutes zurückkommen müssen.

Die rothen Blutkörperchen scheinen in ihrem Bau einige nicht unwesentliche Differenzen zu zeigen von dem allgemeinen Schema der „Zelle“, die wir als Bauelement des animalen Körpers kennen gelernt haben. Sie stehen an der Grenze der eigentlichen Zellformen. Die weißen Blutkörperchen erweisen sich dagegen als wahre Zellen. Es sind kugelige, blasse Körperchen, ihr Durchmesser schwankt etwa zwischen 0,0054—0,012 mm. Sie sind also etwas größer als die rothen Blutkörperchen des Menschen. Sie bestehen aus einem feinkörnigen Zellenprotoplasma, in welchem ein Kern (hie und da auch mehrere) sichtbar wird.

In der Blutflüssigkeit der wirbellosen Thiere finden sich keine rothen Blutkörperchen, dagegen zahlreich farblose, welche sich den weißen Blutkörperchen des Menschen und der Wirbelthiere außerordentlich ähnlich verhalten.

Durch die Erfahrungen über die mikroskopische Zusammensetzung des Blutes wurden unsere Anschauungen über das Wesen und die Bedeutung desselben wesentlich andere, als sie vor diesen Entdeckungen waren. Das Alterthum hatte das Blut für eine einfache Flüssigkeit, für die Nährflüssigkeit der Organe gehalten. Nachdem wir nun erfahren haben, daß das Blut aus mehreren hundert Milliarden von Zellen und zellenähnlichen Gebilden besteht, welche eingebettet sind in eine flüssige Grundsubstanz, sind wir genöthigt, das Blut auch seinem mikroskopisch-anatomischen Baue nach an die Organe des Körpers direct anzureihen. Wie wir schon einleitend bemerkten, bestehen alle Organe des animalen Leibes mikroskopisch und functionell aus „Zellen“, eingebettet und zusammengehalten in einer mehr oder weniger massig entwickelten Grundsubstanz. Der Unterschied zwischen den anderen Organen und dem Blute besteht also anatomisch lediglich darin, daß bei den ersteren die Grundsubstanz mehr oder weniger fest ist, während sie im lebenden Blute flüssig erscheint. In Beziehung auf die Lebenserscheinungen macht das nur geringen Unterschied, und es wird daher mit vollem Rechte das Blut als ein flüssiges Organ bezeichnet.

Wie die übrigen Organe durch die Thätigkeiten ihrer sie zusammensetzenden Zellen gleichsam mit einem Sonderleben ausgestattet sind, so ist es auch das Blut; auch das Blut lebt. Die Gesammtthätigkeit des Organismus entspringt, wie wir hörten, aus den Einzelthätigkeiten seiner ihn aufbauenden Zellen. Die Zelle ist das einfache Lebenselement, aus deren Lebensarbeit alle Leistungen des Lebens im Gesammtorganismus und seinen Organen sich zusammensetzen. Die Summe der physiologischen Arbeitsleistung der Organe ist bedingt durch die Thätigkeit ihrer Zellen, mit der Anzahl dieser Lebensherde wird — wenn wir die Einzelleistung der Zellen uns vorläufig gleichgroß denken — die Gesammtleistung des Organs auf- und abwärts schwanken. Wenn wir also im Blute so zahlreiche Körper aus der Gruppe der anatomischen und physiologischen Elementarorganismen, Zellen, antreffen, so müssen wir auch im Blute von vornherein eine Summe von physiologischen Arbeitsleistungen vermuthen, welche den Einzelleistungen seiner Blutkörperchen äquivalent sein muß. Wirklich sehen wir auch im Blute ganz entsprechende chemische und physikalische Vorgänge eintreten, wie sie für das Leben der übrigen Organe charakteristisch erscheinen. Das Blut hat seine eigene Athmung, der Gewebsathmung der Organe analog, es verbraucht für sich Sauerstoff und gibt dafür Kohlensäure ab; es hat daher auch seine eigene Kräfteentwickelung, welche physiologisch in Bewegungserscheinungen seiner Zellen und in Wärmeentwickelung gipfelt. Seine Blutkörperchen nehmen Stoffe auf, geben solche ab in einem wahren Ernährungsvorgang; es fehlt ihnen nicht die Fähigkeit der Fortpflanzung und Vermehrung.

Immerhin erscheint es auffallend, daß die Stoffvorgänge im Blute und die übrigen, ein Einzelleben seiner zelligen Elemente bekundenden Erscheinungen weit hinter denen anderer Organe zurückstehen, mit welchen sich in Beziehung auf Zellenreichthum das Blut im Allgemeinen messen könnte. Es rührt das davon her, daß die Mehrzahl der rothen Blutkörperchen des erwachsenen Menschen einen Theil ihres individuellen Zellenlebens schon ausgespielt hat. Active Beweglichkeit und Fortpflanzung zeigen die typisch ausgebildeten rothen Blutkörperchen im normalen Verlaufe ihres Lebens wie es scheint nicht mehr, und gerade diese Vorgänge sind es, welche den chemischen Stoffverbrauch der Zelle vor allem steigern. Dadurch tritt der Gesammtstoffverbrauch im Blute selbst zum Zwecke seines Eigenlebens so sehr zurück, daß man fälschlich bis in die neueste Zeit herein einen solchen für das Blut vollkommen glaubte leugnen zu müssen.

Die wesentlich lebenden Organbestandtheile des Blutes sind seine weißen Blutzellen, und es ist von höchstem Interesse, ihr Einzelleben zu studiren.

Der einfache Leib der niedrigsten nackten Rhizopoden, der aus einem mit allen animalen Eigenschaften ausgestatteten Protoplasmaklümpchen besteht, treibt sein Wesen im Wasser, aus dem es die Summe seiner Nährsubstanzen bezieht. Das weiße Blutkörperchen oder besser gesagt die „weiße Blutzelle“ führt ihr Einzelleben in der Blutflüssigkeit, sie ist wie jener Rhizopode im Wesentlichen ein frei lebendes Protoplasmaklümpchen.

Im erkalteten Blute hat die weiße Blutzelle eine, wie

wir oben angegeben, kugelige Gestalt. Diese Form ist ihr aber nur in der Ruhe oder im Tode eigen. Erwärmen wir einen Tropfen Menschenblut, der lebende weiße Blutzellen enthält, auf die Normaltemperatur des lebenden Gesammtorganismus (37° C.), d. h. auf die eigene normale Lebenstemperatur der weißen Blutzellen, so sehen wir diese wie aus einem Winterschlaf erwachen. Wir bemerken, daß sie ganz wie der nackte Rhizopode ihre Körpergestalt, wenn auch langsamer, verändert. Sie streckt Fortsätze aus dem Protoplasmaleibe hervor, Scheinfüße, mit denen sie sich bewegt und festhaftet, die sie wie jener vollkommen selbständige Organismus auch als Organe zur Nahrungsergreifung verwendet. Wir können sehen, wie sie kleine im Blute schwimmende Körnchen mit ihren Protoplasmafortsätzen ergreift und, indem sie die Scheinfüße einzieht, in ihren Leib als Nährmaterial hereinpreßt. Man hat wahre Fütterungsversuche mit den weißen Blutkörperchen angestellt. Kleinste Karminkörnchen, die man dem Blute zugemischt hatte, sah man die weißen Blutkörperchen auf die angegebene Weise in sich aufnehmen, und die rothe Farbe der Körnchen gestattete es, ihre Aufnahme in den Protoplasmaleib der Zelle mit aller Sicherheit zu constatiren. (Fig. 20.) Etwa 1000 Millionen solcher weißer Blutkörperchen treiben ihr Lebensspiel in dem Blute eines Menschen. Hier tritt uns das individuelle Zellenleben innerhalb des Gesammtkörpers mit einer Deutlichkeit entgegen, welche nichts zu wünschen übrig läßt. Mit einer Art von Grauen sehen wir in unserem Körper, den wir doch durch unser Selbstbewußtsein als eine in sich geschlossene Einheit fühlen, selbständiges individuelles Leben in tausendfacher Anzahl sich abspielen, auf dessen Vorgänge wir nicht die leiseste Einwirkung auszuüben vermögen. Und ganz analog wie die Zellen des Blutes verhalten sich die Zellen aller unserer Organe, die Zellen der Bindesubstanzen, die Zellen der Drüsen, Muskeln und des Nervensystems. Die weißen Blutkörperchen haben sehr verwandte Formen, welche in anderen Säften des Körpers, in der Lymphe, im Chylus, wohnen. In den Gewebslücken aller Organe sehen wir ähnliche aus den Gefäßen ausgewanderte Zellen sich bewegen, welche zuerst in der durchsichtigen Hornhaut des Auges, in der sie sich bewegen und wandern, indem sie sich durch die Gewebslücken hindurchschieben, als sogenannte Wanderzellen der Beobachtung auffielen.

Die Betrachtung der Lebensbewegungen der weißen Blutkörperchen im Blute des Menschen setzt eine künstliche Erwärmung des Blutes voraus. Man könnte, scheinbar mit Recht, meinen, daß durch die bei der künstlichen Temperaturerhöhung gesetzten veränderten Lebensbedingungen das Blutkörperchen sich auch anders als in der Norm

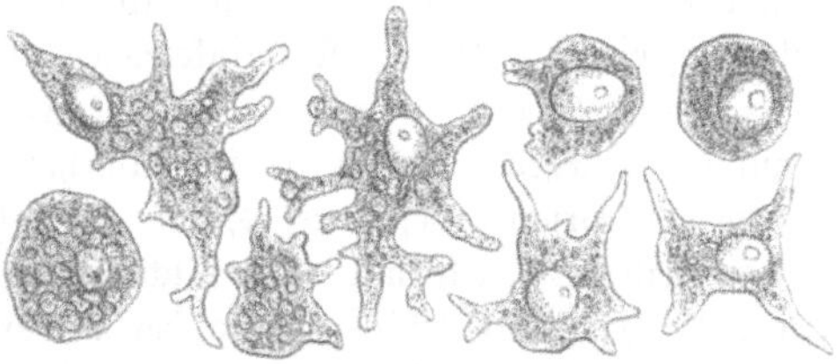

Fig. 20. Fressende weiße Blutkörperchen.

verhalten könne, daß seine Bewegungen nicht normale Lebensäußerungen, sondern Erscheinungen des Absterbens seien. Dieser Einwurf kann aber auf das Vollständigste beseitigt werden. Im Blute der wirbellosen, kaltblütigen Thiere, z. B. in dem der Schnecken finden sich, wie wir oben hörten, die gleichen oder ganz ähnliche farblose Blutzellen (Fig. 20.) Hier bedarf es keiner weiteren künstlichen Veranstaltungen, um die active Bewegung der Blutkörperchen zu sehen. Auch bei gewöhnlicher Zimmertemperatur sehen wir sie hier ihre Protoplasmafortsätze ausstrecken und einziehen, sich fortbewegen und Nahrung aufnehmen; ja an durchsichtigen Organen der lebenden Thiere kann man innerhalb des unverletzten Körpers selbst alle die merkwürdigen Lebensäußerungen sich abspielen sehen, welche uns einen so tiefen Blick in das eigentliche Wesen des Gesammtlebens des Menschen und der Thiere gestatten.

2. Die chemischen Bestandtheile des Blutes.

Durch das oben erwähnte Senkungsbestreben der Blutkörperchen im ruhig stehenden Blute, welches wir nicht nur im normalen Pferdeblute, sondern unter gewissen, auch experimentell zu verwirklichenden Bedingungen im Menschenblute sich geltend machen sehen, tritt schon vor der Gerinnung des aus der Ader gelassenen Blutes eine theilweise Sonderung des Blutplasmas von den Blutkörperchen ein. Es gelingt dann eine genügende Menge reinen Blutplasmas ohne Zumischung von Blutkörperchen von der Oberfläche des stehenden Blutes abzuheben, an welcher man eine chemische Analyse desselben auszuführen vermag. Es ist leicht verständlich, wie eine zweite Analyse des Gesammtblutes (Plasma + Blutkörperchen), wenn einmal chemische Zusammensetzung und Menge des Plasmas bekannt sind, die Daten liefert, um aus der Differenz der beiden Resultate die chemische Zusammensetzung der Blutkörperchen und die relativen Mengenverhältnisse von Plasma und Körperchen bestimmen zu können.

Auf diesem Wege wurden in neuerer Zeit sehr genaue chemische Untersuchungen des Blutes ausgeführt, deren die älteren Ergebnisse weit überragender Werth für die allgemeinen Fragen der Physiologie gerade darin begründet ist, daß sie die chemische Constitution von Blutkörperchen und Plasma gesondert darstellen. Die älteren Analysen behandelten das Blut entweder nur als Ganzes, oder ihre zum

Zwecke der chemischen Trennung der Plasmas von den Blutkörperchen angewendeten Methoden waren nicht scharf genug, um Resultate zu ergeben, welche sich an Sicherheit mit den neueren vergleichen könnten.

Das Blut ist die allgemeine Nährsubstanz der Organe des lebenden Körpers, es muß sonach alle Stoffe in sich enthalten, welche irgend ein Organ für seinen Aufbau und für die Erhaltung seines Lebens bedarf. Andererseits werden dem Blute alle in den Organen unbrauchbar gewordenen chemischen Atomgruppen, alle Zersetzungsproducte der Organe zugeführt, um sie den Ausscheidungsorganen zur Abführung aus dem Körper zu übergeben.

Die chemischen Stoffe, welche wir im Blute zu vermuthen haben, lassen sich daher wesentlich in drei Gruppen eintheilen. Zu der ersten Gruppe rechnen wir alle jene Substanzen, welche dem Organaufbau im weitesten Sinne des Wortes dienen. Wir zählen hieher auch alle diejenigen Stoffe, welche im Organleben zum Zwecke der Krafterzeugung verbraucht werden. In die zweite Gruppe vereinigen wir jene Stoffe, welche im Organleben ausgedient haben und, abgesehen von gewissen physiologischen Nebenwirkungen, zur Ausscheidung aus dem Organismus bestimmt sind. An dritter Stelle ist ein einziger, aber für die Erhaltung des Lebens unentbehrlichster Stoff zu nennen: der Sauerstoff, auf dessen Anwesenheit die Möglichkeit der organischen Oxydation und damit der Arbeitsleistung aller Organe beruht.

Von diesem Standpunkte aus werden uns die allgemeinen Resultate der chemischen Blutuntersuchung verständlich.

Der chemische Stoff, welcher in größter Menge im Blute enthalten ist, ist wie in allen Organen das Wasser. Das Blut ist normal das wasserreichste Organ, doch beträgt sein Wassergehalt nur wenige Procente mehr als der Wassergehalt des Fleisches oder des Gehirns. Ohne Wasser sind, wie wir sahen, alle Lebensbewegungen unmöglich. E. Bischoff hat den Wassergehalt aller Organe direct bestimmt und die Gesammtwassermenge, welche ein erwachsener Mann (Hingerichteter, 33 Jahre alt) in allen seinen Körperorganen besitzt; dieselben Untersuchungen stellte er auch an dem Körper eines gesunden, während der Geburt gestorbenen Kindes an.

Der Erwachsene wog im Ganzen 69 668 Gramm (= g); davon waren

Wasser: 40 709,4 g
feste Stoffe: 28 958,6 g

Das neugeborene Kind wog im Ganzen 2969 g; davon waren

Wasser: 1 971,4 g
feste Stoffe: 997,6 g

Der Körper des Menschen zeigt je nach dem Lebensalter danach folgenden Gesammtwassergehalt:

	Wasser:	feste Stoffe:
erwachsener Mann:	58,5 %	41,5 %
neugeborenes Kind:	66,4 %	33,6 %

Der Wassergehalt der einzelnen Organe ist ziemlich verschieden; ordnen wir die Organe aufsteigend nach der in ihnen enthaltenen Wassermenge, so erhalten wir folgende Reihen.

Körperorgane	Wassergehalt derselben	
	Erwachsener	neugeborenes Kind
Knochen	12,2 %	—
Fettgewebe	28,9 %	—
Leber	69,3 %	—
Haut	72,0 %	—
Gehirn	75,0 %	89,4 %
Fleisch (Muskeln)	75,7 %	81,8 %
Blut	**83,0 %**	**85,0 %**

In dem Blute selbst ist das Wasser wieder ganz verschieden je nach Körperchen und Plasma vertheilt.

In 1000 Theilen Gesammtbut fand nach der oben geschilderten Methode der getrennten Untersuchung Hoppe:

Plasma	673,8	pro Mille
Blutkörperchen . .	326,2	„ „

In 1000 Theilen Blutkörperchen:

Wasser	565,0
feste Stoffe	435,0

In 1000 Theilen Plasma:

Wasser	908,4
feste Stoffe	91,6

Faserstoff	10,1 %	
Albumin (Eiweißstoffe)	77,6 %	
Fette	1,2 %	
Extractivstoffe	4,0 %	
in Wasser lösliche anorganische Salze .	5,4	7,1 %
„ „ unlösliche „ „ .	1,7	

Neben dem Wasser sind als Bestandtheile des Blutes und als vor allem wichtige Nährstoffe die Blut-Eiweißstoffe zu erwähnen. Bekanntlich haben die allgemeinen Betrachtungen der Ernährungsgesetze gelehrt*), daß zu einer vollständigen Ernährung eines animalen Organismus theoretisch nur Wasser, Eiweiß und die später zu besprechenden Blutsalze erforderlich sind. In dem Blute kommen mehrere Eiweißmodificationen, Albuminate, vor. Vorwiegend sind die Eiweißmodificationen, welche man als Serumalbumin bezeichnet, außerdem in weit geringeren Mengen: Paraglobulin, Serumcaseïn (Natronalbuminat) und Peptone**).

---

*) Vgl. Die Ernährung des Menschen von dem gl. Verf. R. Oldenbourg. 1876. Naturkräfte Bd. 19.

**) S. unten bei Verdauung im Magen und Darmkanal.

Auch das Fibrin, der Stoff, welcher bei der Blutgerinnung sich in fester Form abscheidet, ist hier zu nennen. Er ist, oder wenigstens die Stoffe, aus welchen er sich bildet, in irgend einer Weise im lebenden Blute gelöst enthalten. Man war lange gewöhnt, den Stoff, aus welchem das geronnene Fibrin hervorgeht, den man sich im lebenden Blute einfach gelöst dachte, als „fibrinogene Substanz" zu benennen. In neuerer Zeit hat sich die Ansicht Bahn gebrochen, daß zur Bildung des Fibrins wenigstens zwei Stoffe zusammenwirken, sich chemisch verbinden müssen, eine „fibrinogene und eine fibrinoplastische" Substanz. Und die Vereinigung dieser beiden Stoffe soll erst unter der Einwirkung eines im lebenden Blute nicht vorhandenen Gerinnungsfermentes eintreten. Die Acten über diese Untersuchungen sind jedoch noch keineswegs als geschlossen zu betrachten. Die gesammte Fibrinmenge ist übrigens, trotz der augenfälligen Wirkungen, welche seine Ausscheidung hervorruft, nur eine relativ sehr geringe; sie beträgt noch nicht 2 Procent aller festen im Wasser des Blutes befindlichen Stoffe.

Die Chemie der Fibrinausscheidung war wie die Eigenschaften des Fibrins selbst seit den ältesten Zeiten ein Lieblingsthema der physiologischen Forschung, und doch ist hier noch immer so Vieles dunkel geblieben. Die alte Medicin spricht schon von der Blutgerinnung; Aristoteles widmet den „Fasern im Blute" eine nähere Betrachtung, in welcher er sie in eigenthümlicher, nur aus seiner Gesammttheorie der Blutphysiologie (Kapitel II) verständlicher Weise mit den Sehnenfasern („Nerven") zusammenbringt. Andere hatten dann, in Ueberbietung der Aristotelischen Andeutungen, den Blutfasern, welche man im lebenden Blute als präformirt annahm, eine active Fähigkeit der Verkürzung, eine wahre Contractilität, wie die moderne Physiologie den

Fleisch- oder Muskelfasern, zuschreiben wollen und ihnen einen wesentlichen Antheil an der willkürlichen Körperbewegung vindicirt. Aus der Blutgerinnung haben die Aerzte bis in die Neuzeit diagnostische und prognostische Momente in verschiedenen Krankheiten ableiten wollen. Besonders räthselhaft erschien es, warum normal nur in dem aus der Ader gelassenen Blute und nicht in der lebenden Ader selbst die Gerinnung eintritt. Zwar hatte man schon lange gefunden, daß unter bestimmten Umständen das Blut auch schon in der Ader des lebenden Körpers gerinnen könne. Zur Zeit Harvey's waren die durch Einsprützung chemischer Agentien in die Blutgefäße in diesen weithin eintretenden Gerinnungen mit als Beweis für die Richtigkeit der Harvey'schen Lehre vom Blutkreislaufe herbeigezogen worden, Versuche, welche in der neuesten Zeit vielfach Wiederholung gefunden haben. Staut sich längere Zeit das Blut in einem Blutgefäße, z. B. nach chirurgischer Unterbindung des Gefäßes in Folge von Verletzung desselben, so gerinnt an der Unterbindungsstelle das Blut ebenfalls. Jedes gröbere Hinderniß der Blutbewegung, z. B. Rauhigkeiten an den inneren Gefäßwänden oder an krankhaft veränderten Herzklappen, führt zu partieller Blutgerinnung an den betreffenden Stellen, und gar mancher jener plötzlichen Todesfälle, welche das Publikum gemeinschaftlich als „Schlagflüsse“ zu bezeichnen pflegt, wird dadurch hervorgerufen, daß ein solches z. B. an den kranken Herzklappen gebildetes, an ihnen nur lose anhaftendes, oft nur kleines Blutgerinnsel mit dem Blutstrome verschleppt wird und plötzlich eine zur Erhaltung des Lebens unentbehrliche Gefäßbahn etwa im Gehirn oder in der Lunge verstopft. Man pflegt die Hintanhaltung der Gerinnung des Blutes im lebenden Körper von einer räthselhaften Einwirkung der gesunden lebenden Herz- und Gefäßwand auf das Blut abzuleiten. Froschblut mit einem ausgeschnittenen pulsirenden Herzen — die Froschherzen pulsiren stundenlang nach der Trennung vom Körper fort, noch länger thun das Schildkrötenherzen — über Quecksilber abgesperrt gerinnt, so lange das Herz schlägt, nicht. Worin wir aber diese Einwirkung der lebenden Gefäßwand zu suchen haben, ist noch unerklärt. Wir wissen, daß die Fibrinausscheidung durch gewisse Zusätze zum Blut verzögert werden kann, z. B. durch Kohlensäure und andere schwache Säuren, durch Alkalien und alkalische Salze. Wir könnten also an eine von der lebenden Gefäßwand ausgehende derartige Stoffzumischung zum Blute denken. Umgekehrt wird die Gerinnung beschleunigt durch eine Erwärmung auf 55° und durch Zutritt von Luft. Die mechanische Bewegung, welche im Blute durch das pulsirende Herz unterhalten wird, scheint an der Verzögerung der Gerinnung dagegen keinen directen Antheil zu haben, wenigstens scheidet sich das Fibrin rascher aus, wenn wir das aus der Ader gelassene Blut schlagen oder quirlen. Das Fibrin hängt sich dann als eine zähe, faserige Masse an den Quirl an und wir können es auf diese Weise vollständig aus dem Blute entfernen. Das übrige Blut, das seine Lebenseigenschaften durch Trennung vom Fibrin keineswegs eingebüßt hat*), bleibt flüssig als sog. defibrinirtes Blut. Der an dem Quirl anhaftende Faserstoff kann dann durch Waschen mit viel Wasser von Blutfarbestoff vollkommen rein und weiß zur chemischen Analyse erhalten werden.

Auch aus den rothen Blutkörperchen hat man gewisse Eiweißstoffe reichlich erhalten; wir werden das Nähere aber erst bei der Besprechung des rothen Blutfarbestoffs richtig würdigen können.

Sehen wir zunächst von dem Blutfarbestoff noch ab, so sind alle hier bisher nicht besprochenen im Blute vor-

---

*) S. unten Bluttransfusion.

vorkommenden und sicher bestimmten organischen Stoffe in demselben nur in relativ sehr geringen Mengen enthalten; sie werden meist als Extractivstoffe zusammengefaßt.

Da sind zuerst zu nennen: wahre Fette und Verbindungen der Fettsäuren mit Alkalien, sog. Seifen, außerdem Cholesterin und das phosphorhaltige Lecithin. Außerdem findet sich Zucker im Blute, meist Traubenzucker. Alle diese Stoffe gehören unter die Gruppe der Nährstoffe des Blutes.

Unter den Extractivstoffen finden sich nun aber auch die Zersetzungsproducte der Gewebe, die sich im Stoffwechsel gebildet haben. Es ist eine Anzahl stickstoffhaltiger krystallisirbarer Substanzen, welche namentlich aus dem Zerfall des Eiweißes hervorgehen, im Blute nachgewiesen worden: Harnstoff, Kreatin, Hippursäure, Sarkin, Harnsäure (letztere in größerer Menge im Blute Gichtkranker). Unter den Zersetzungsproducten der Organe, wie die ebengenannten Stoffe einer unter Sauerstoffaufnahme erfolgenden Verbrennung der organischen Gewebsstoffe entstammend, nimmt eine besonders hervorragende Stelle die gasförmig im Blute enthaltene Kohlensäure ein.

Daß im Blute das chemische Agens der Verbrennung und Kraftleistung, der Sauerstoff enthalten sei, haben wir schon mehrfach erwähnt. Auch den zweiten Hauptbestandtheil der atmosphärischen Luft, den Stickstoff, kann man stets im Blute gelöst nachweisen; doch scheint es, als betheilige sich dieser durch seinen chemischen Indifferentismus ausgezeichnete Stoff nicht an den organischen Vorgängen. Seine Anwesenheit im Blute erscheint als nothwendige mechanische Folge seiner Allverbreitung in der Luft, aus welcher er in das Blut wie in jede andere mit der Luft in Berührung tretende Flüssigkeit nach dem Gesetze der Gasverbreitung (Diffusion) eindringen muß.

Ein für das Verständniß des Blutlebens vor allen anderen wichtiger Stoff ist der rothe *Blutfarbestoff*, das *Hämoglobin*, welcher im Blute normal nur in den rothen Blutkörperchen enthalten ist. Der rothe Muskelfarbestoff

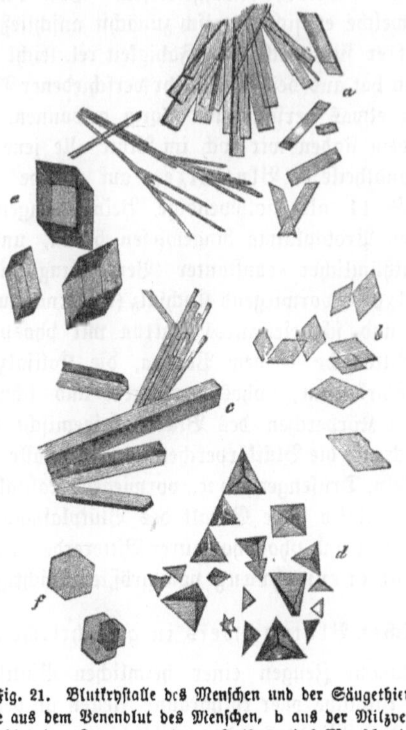

Fig. 21. Blutkrystalle des Menschen und der Säugethiere.
a Blutkrystalle aus dem Venenblut des Menschen, b aus der Milzvene, c Krystalle aus dem Herzblut der Katze, d aus der Halsvene des Meerschweinchens, e vom Hamster und f aus der Jugularis des Eichhörnchens.

scheint mit dem Blutfarbestoff vollkommen identisch zu sein. Wir werden in der Folge (Athmung) die Eigenschaften des Blutfarbestoffs auf das Genaueste zu untersuchen haben.

Hier genügt es, darauf hinzuweisen, daß er unter Einfluß gewisser chemischer Agentien in einen Eiweißstoff: Globulin, und in einen rothen, eisenhaltigen Farbstoff: Hämatin, zerfällt. Phosphor hat man als einen integrirenden Bestandtheil des Blutroths nachgewiesen. Von den Eiweißstoffen, an welche er sich chemisch zunächst anschließen würde, unterscheidet er sich durch seine Fähigkeit rel. leicht zu krystallisiren. Man hat aus dem Blute sehr verschiedener Thiere seine Krystalle in etwas verschiedener Form gewonnen. (Fig. 21.)

Außerdem finden wir noch im Blute alle jene anorganischen Bestandtheile: Blutsalze, auf welche wir oben Kapitel I S. 11 als nothwendige Beimischungen zu dem lebensfähigen Protoplasma hingewiesen haben, und zwar in ganz eigenthümlicher constanter Vertheilung, indem die Natronsalze — vorwiegend Kochsalz (Chlornatrium), phosphorsaures und schwefelsaures Natron mit phosphorsaurem Kalk und Bittererde — dem Plasma, die Kalisalze — vorwiegend Chlorkalium, phosphorsaures und schwefelsaures Kali — den Körperchen des Blutes beigemischt erscheinen.

Aehnlich wie die Blutkörperchen enthalten alle festen Organe: Muskeln, Drüsengewebe 2c., vorwiegend Kalisalze in ihrer Asche. Der relativ hohe Gehalt des Blutplasmas an phosphorsaurem Kalk und phosphorsaurer Bittererde ist namentlich für die Knochenernährung von größter Wichtigkeit.

3. Chemischer Blutnachweis in gerichtlichen Fällen.

Als stumme Zeugen einer heimlichen Blutthat treten gar oft nur röthliche oder rothbraune Flecken an den Kleidern und Wäsche des Mörders, oder röthlichbrauner, rostähnlicher Anflug an der Klinge oder dem Hefte des Mordinstrumentes oder auf dem Boden auf. Aber die Naturwissenschaft versteht die stumme Zeichensprache solcher Flecken.

Auch wenn versucht wurde, das verrätherische Blut aus

den Kleidern oder dem Fußboden oder von dem Messer abzuwaschen, bleibt doch gewöhnlich noch ein Rest des Blutfarbestoffs zurück, welcher genügt, um mit juridisch nicht anzufechtender Gewißheit den chemischen Nachweis des Blutes zu führen.

Unter der chemischen Einwirkung von Kochsalz und concentrirter Essigsäure verwandelt sich der rothe Blutfarbestoff, das Hämoglobin, in einen neuen, vollkommen charakteristischen, leicht krystallisirenden Farbstoff, das sogenannte Hämin (Fig. 22). Eine außerordentlich geringe Menge trockenen Blutes, oder mit trockenem Blute gefärbter Substanz reicht hin, um diese Häminprobe erfolgreich anstellen zu können. Sie ist es, welche vor allem zu gerichtlichen Zwecken verwendet wird. Das chemische Experiment wird mit Unterstützung des Mikroskopes ausgeführt; ist es richtig angestellt und enthielt die untersuchte Substanz wirklich Blutfarbestoff, so zeigen sich zwischen den farblosen Krystallen des Kochsalzes und des essigsauren Natrons kleine schwarze Krystalle von Hämin in größerer oder geringerer Anzahl. (Fig. 22.) Ihre Krystallform wird mikrometrisch bestimmt und damit der Nachweis des Blutes geliefert.

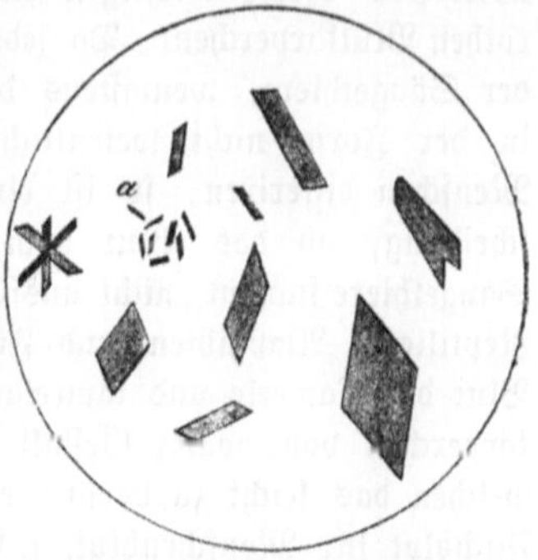

Fig. 22. Krystalle des Hämin.

Fig. 23. Hämin-Krystalle mit Kochsalz rc.

Schwieriger als auf Zeugen oder Holz ist der Nachweis, wenn Blut sich auf Eisen befindet, da sich dann stets Rost mit dem Blutfarbestoff mischt. Hier muß zunächst mit aller Vorsicht eine Trennung des Rostes von dem Blutreste durch Lösen in Wasser und Filtriren der Lösung erzielt werden. Dann gelingt die Häminprobe auch hier.

Hat der Sachverständige noch annähernd frisches Blut zur Untersuchung, so gibt in manchen Fällen auch das Mikroskop direct wichtigen Aufschluß durch Auffinden der rothen Blutkörperchen. Da jedoch die rothen Blutkörperchen der Säugethiere, wenigstens der in Europa einheimischen, in der Form nicht wesentlich von denen im Blute des Menschen differiren, so ist eine sichere mikroskopische Entscheidung, ob das Blut vom Menschen oder von einem Säugethiere stammt, nicht ausführbar. Das Blut der Vögel, Reptilien, Amphibien und Fische besitzt aber — wie das Blut der Kameele und kameelartigen Thiere — rothe Blutkörperchen von ovaler Gestalt. In gerichtlichen Fällen, in welchen das leicht zu verschaffende Hühner-, Tauben- oder Fischblut für Menschenblut, z. B. bei Krankheitssimulationen — für Bluthusten oder Blutbrechen oder für Menstrual- oder Hymenalblut — ausgegeben wird, kann also die mikroskopische Untersuchung von entscheidendem Werthe sein.

Auch ein optischer Nachweis des unveränderten Hämoglobins mittelst des Spectroskops — s. unten Blutfarbestoff und Athmung — ist bei frischem oder eingetrocknetem Blute öfters noch mit Schärfe ausführbar.

Der mikroskopische Nachweis der Blutkörperchen stößt noch darin auf eine gewisse Schwierigkeit, daß manche pflanzliche Gebilde, namentlich gewisse Fortpflanzungszellen niederer Pflanzen, einige Aehnlichkeit in Form und Farbe mit rothen Blutkörperchen zeigen können. Man fand in einer scheinbar stark von Blut gerötheten Erde den Blutkörperchen ähnliche gelbröthlich glänzende Körnchen, welche von einer Alge: porphyridium cruentum, herrührten.

Kapitel IV.

Bluttransfusion und Blutmenge.

I. Die Bluttransfusion.

1. Ihre ältere Geschichte.

Der Stein der Weisen, nach welchem das Mittelalter suchte, sollte die Erfüllung aller menschlichen Wünsche: Genuß und Genußfähigkeit gewähren; einerseits Gold, Reichthum als die Bedingung aller Lebensgenüsse, andererseits als Bedingung aller Genußfähigkeit: Vollkraft der Gesundheit, kräftige Jugend. Man wagte noch, sich — auch ohne Zusammenhang mit der Goldmacherkunst — mit der eingestandenen Hoffnung zu tragen, daß es der Naturforschung gelingen werde, Krankheit und Alter, vielleicht auch den Tod durch eine Universalmedicin aus der Welt zu schaffen.

Die Kräfte des Lebens schienen der damaligen Zeit im Blute vereinigt zu sein. Die körperlichen und zum Theil auch die seelischen Erscheinungen im normalen Leben, die Störungen der letzteren in krankhaften Zuständen sollte das Blut veranlassen. Schweres und leichtes, verdicktes und dünnes Blut, „gekochtes“ und „rohes“ erscheinen als die wichtigsten Ursachen gehobenen oder herabgedrückten somatischen und psychischen Befindens.

Uralt ist die Meinung, daß, da die Ursache der wechselnden Körperzustände im Blute zu suchen sei, die ärztliche Kunst vor allem darin bestehe, „gesundes Blut" dem Menschen zu erhalten, oder wiederherzustellen, wenn sich dasselbe irgendwie krankhaft verändert haben sollte. Das krankhaft veränderte Blut, welches als Ursache der Krankheiten der Organe und des Gesammtorganismus aufgefaßt wurde, mußte natürlich zunächst zur Vorbereitung der Heilung aus dem Körper entfernt werden. Ziemlich gegen alle krankhaften Affectionen schienen daher Aderlässe vor allen anderen medicinischen Eingriffen erstes Erforderniß.

Der Gedanke lag nahe, in analoger Weise, wie man mechanisch krankmachendes Blut aus dem kranken Körper entfernte, dafür gesundes Blut wieder in die Adern einzuführen.

Das „gesunde Blut" war eigentlich die gesuchte Universalmedicin.

Nicht nur Krankheiten müßten weichen, wenn es gelänge, dem Kranken solch gesundes Blut in genügender Menge an Stelle seines krankhaft veränderten beizubringen, auch die Leiden des Alters müßten verschwinden, wenn man dem Decrepiden kräftiges, frisches Blut eines Jungen in die Adern flößen könnte. Da auch die Temperamente von leichtem oder schwerem Blute abgeleitet wurden, so müßte eine passende Wahl des Blutes auch geistige Heiterkeit und Lebensfreude, ja wahrscheinlich im Allgemeinen auch geistige Gesundheit zurückbringen und erhalten können.

Wie sollte nun aber das gesunde Blut in den kranken Körper eingeführt werden?

Reynaldus erzählt in seinen Annalen eine merkwürdige Geschichte, welche Belina-Swiontkowski berichtet. Sie scheint zu beweisen, daß man sich zunächst mit der Hoffnung trug, daß das „gesunde Blut" vom Magen aus in dem kranken Körper wirksam werden könnte. Nach dieser Erzählung sollte im Jahre 1492 eine solche Kur an dem sterbenden Papst Innocenz VIII. versucht werden. Eine langwierige Krankheit hatte der Kunst der Aerzte gespottet, der Kranke lag in einer schlafähnlichen Erstarrung seit zwanzig Stunden, fast ohne Zeichen des Lebens. Da erbot sich ein „jüdischer Betrüger", die Gesundheit des Sterbenden wieder herzustellen. Er bereitete durch chemische Kunst aus frischem, jugendlichem Blute heilkräftige Tropfen, die dem Kranken gereicht werden sollten. Das Blut hatte er drei zehnjährigen Knaben entzogen, welche bald darauf starben. Als seine That bekannt wurde, entging er nur durch die Flucht der verdienten Todesstrafe.

Aber auch der Gedanke, Blut von einem Menschen direct in die Blutgefäße eines anderen überzuleiten, um denselben zu verjüngen, tritt uns schon aus früher Zeit entgegen.

Vielleicht nicht ganz mit Recht wird die Stelle aus dem VII. Buch der Verwandlungen des Ovid in dieser Richtung gedeutet. Dort verleitet Medea die Töchter des Pelias zum Vatermord unter dem Versprechen, den Vater wie Aeson zu verjüngen:

„Zückt doch, sprach sie, das Schwert und schöpft das veraltete Blut aus,
„daß ich frisch ihm erfülle mit Jünglingsblute die Adern."

Im Anfange des 17ten Jahrhunderts, noch vor dem Bekanntwerden der Entdeckung des Blutkreislaufs durch Harvey, finden wir in der Literatur die ersten sicheren Nachrichten über die Bluttransfusion und zwar zunächst zum Zwecke der vermeintlichen Verjüngung gealterter Personen. Im Jahre 1615 berichtet Andreas Libavius von einem Charlatan, dessen Namen er verschweigt: dieser rühme sich einer Verjüngungskunst durch Ueberleiten von Blut vermittelst silberner Röhren aus einem geöffneten Blutgefäß eines Menschen in irgend ein Blutgefäß eines anderen. Libavius gibt zugleich die erste Beschreibung einer Methode der Transfusion:

„Gesetzt man habe einen starken, gesunden, an geistigem Blute reichen Jüngling und einen kraftlosen, mageren, ausgemergelten, kaum noch athmenden Greis vor sich. Will nun der Arzt die Verjüngungskunst an letzterem ausüben, so lasse er sich silberne in einander passende Röhren machen; öffne dann die Arterie des Gesunden, bringe die eine (engere) Röhre in sie hinein und befestige sie darin; darauf öffne er auch die Arterie des Kranken und befestige in dieser die andere (weitere) Röhre. Diese beiden Röhren steckt man nun in einander und macht hiedurch, daß das warme und geistige arteriöse Blut des Gesunden in den Kranken überströmt, ihm die Quelle des Lebens mittheilt und alle Mattigkeit vertreibt."

Im Jahre 1628 erwähnt auch Johann Colle, ein Italiener aus Belluno, die Ueberleitung des Blutes aus einem jugendlichen in einen gealterten Körper als eines abenteuerlichen Heilvorschlags, den er mißbilligen zu müssen glaubte.

Als Harvey mit seiner großen Entdeckung hervortrat, erschien die Ueberleitung des Blutes von einem thierischen Organismus in einen anderen, durch eine geöffnete Vene, als ein Beweis des neuerkannten Blutkreislaufs. Wenn sich das fremde, in den verbluteten Körper durch eine geöffnete Vene eingeleitete Blut in alle Organe verbreitete, ohne sich in dem Theile, in welchen es zunächst kam, aufzustauen, so war es ja erwiesen, daß von der Vene aus das Blut zum Herzen und von da zu allen Arterien und Blutadern strömen könne. Für die Methode blieb man zunächst bei dem Vorschlage des Libavius stehen; während jener aber das Blut aus einer

Arterie des einen Körpers auch in eine Arterie des anderen, zu heilenden, einzuleiten vorgeschlagen hatte, sollte nun die Einleitung in eine Vene des Kranken und zwar in der Richtung des Blutlaufes dem Herzen zu bewerkstelligt werden.

Im Jahre 1657 begann der Engländer Thimotheus Clarke sich experimentell mit der Blutüberleitung bei Thieren zu beschäftigen. Die ersten Experimente mißlangen, da er versuchte, Blut aus einer Vene des einen direct in eine Vene des anderen Körpers einzuleiten, doch diente die Mittheilung derselben anderen Forschern als Anregung. So konnte am 20ten Juni des Jahres 1666 Richard Lower der königlichen Gesellschaft zu London (Royal philosophical Society) die Mittheilung machen von der ersten gelungenen Bluttransfusion, die er an zwei Hunden ausgeführt hatte. Am 14ten November führten die Herren Coxe und King in einer Sitzung der königlichen Gesellschaft die Bluttransfusion aus, indem es ihnen wirklich gelang, das Blut von Vene zu Vene überströmen zu lassen. Das Interesse an diesen Versuchen wurde dadurch aufs höchste gesteigert. Schon eine Woche später theilte Coxe der Gesellschaft die Resultate eines neuen Versuches mit, in welchem er zum ersten Male das Blut aus einer Arterie des einen Thieres in die Halsblutader (Vene) des anderen geleitet hatte. Er hatte ein Schaf fast vollkommen verbluten lassen, und es war ihm gelungen, demselben die nöthige Blutmenge und damit die Gesundheit wieder zu ertheilen. Die königliche Gesellschaft nahm diese Versuche mit der lebhaftesten Begeisterung auf, waren sie doch nicht nur eine werthvolle Bestätigung der Lehre vom Kreislauf, sie eröffneten der allgemeinen Meinung der Zeit nach zugleich die großartigsten Hoffnungen für Heilerfolge am Menschen. Schon am 12ten Decbr. 1666 wurden die Versuche vor der Gesellschaft sowohl im Geheimen als dann auch öffentlich wiederholt, King ließ das Blut eines Schafes in die Blutgefäße eines Hundes einströmen. Richard Lower berichtet von einem Versuche, in welchem es ihm gelang, so ziemlich alles Blut eines Hundes durch zweimalige Abzapfung und zweimalige Transfusion — aus zwei verschiedenen Thieren — zu vertauschen.

Dadurch war die neue Methode über das Stadium des Zweifels und des Geheimnisses erhoben. Zahlreiche Aerzte der verschiedenen Länder begannen von glücklich ausgeführtem Blutaustausch zwischen Thieren zu berichten.

Der Gedanke, mit welchem man an diese Versuche herangetreten, war, wie wir erwähnten, der gewesen, daß durch Erneuerung des Blutes wichtige physiologische Veränderungen in dem Organismus hervorgerufen, Krankheiten geheilt werden könnten.

Bald trafen von verschiedenen Seiten Nachrichten ein, daß sich diese große Hoffnung bewahrheitet habe. Namentlich die französischen Experimentatoren wollten die besten Erfolge nach dieser Richtung erlangt haben. Noch im Jahre 1666 führten Denis und Emmerz ihre ersten gelungenen Versuche an Hunden aus. Nur einige der Thiere gingen, wie sie annahmen an Fehlern bei der Ausführung der Transfusion, zu Grunde, die übrigen lebten mit ihrem neuen Blute frisch und munter und befanden sich theilweise besser als vorher. Ein alter tauber Hund sollte ein besseres Gehör und seine jugendliche Munterkeit zurückerlangt haben. Ein anderer ebenfalls alter Hund zeigte nach der Transfusion ein so lustiges Betragen, daß seine gealterten Kräfte wieder verjüngt schienen; ein dritter sollte durch das neue Blut rasch und vollkommen von einer Krankheit befreit worden sein. Einem Pferd, schon 26 Jahre alt, ertheilte das Blut von vier Lämmern neue Lebenskräfte. In Wien wollte man ebenfalls einem Hunde durch die Bluterneuerung seine verlorene Munterkeit wieder ertheilt haben. Auch in

Rom gelangen die Versuche. Von Griffoni wird berichtet, auch er habe einen alten Hund durch Transfusion mit Lammblut von seiner Taubheit geheilt.

Das große Arkanum schien gefunden: Alter und Krankheit, die Vernichter des Lebensgenusses, sollten nicht mehr zu fürchten sein. Die französischen Aerzte brannten vor Begierde, das Experiment auch an Menschen auszuführen. Gefährliche, eingewurzelte Krankheiten, das „schwere Gebrechen" selbst hoffte man mit dem Blute ausströmen und mit frischem Blute die Gesundheit zurückkehren lassen zu können! A. von Haller sagt: „es kam beinahe so weit, daß sie sich einbildeten, sie würden nun nicht mehr weit von der Unsterblichkeit entfernt bleiben."

Nur der vorsichtigere Clarke hatte, indem er den umgekehrten Weg des Experiments wie die Franzosen eingeschlagen, keine so günstigen Resultate. Wenn das Blut jugendfrischer Wesen die Gebrechen des Alters beseitigen konnte, so mußte man ja umgekehrt erwarten, daß das Blut von Altersschwachen in einen jugendlichen Organismus gebracht, diesen krank und schwach machen würde. Clarke ließ das Blut eines herabgekommenen, alten räudigen Hundes in die Vene eines gesunden Hundes, dem er sein Blut zuvor hatte ausfließen lassen, eintreten, und war höchlich überrascht, als der letztere gesund blieb.

Denis war der erste, welcher es wagte, die zwar noch neue, aber theoretisch schon scheinbar so fest begründete Heilmethode auf den Menschen anzuwenden. Ein junger Mann von etwa 16 Jahren, welcher schon monatelang an einem hartnäckigen Fieber gelitten hatte, war durch 20 Aderlässe, welche ihm die Aerzte nach und nach verordnet hatten, ganz blutleer — anämisch — geworden. Auch sein Geist hatte unter dieser Behandlung gelitten. Das Gedächtniß war beinahe verloren, er erschien stumpf, träge, immer schläfrig und fast blödsinnig. An ihm führten Denis und Emmerz am 15ten Juli 1667 die erste Transfusion mit Lammsblut aus. Der Kranke, welcher sofort nach der Operation zu Bett gebracht worden war, stand 5 Stunden danach auf, war heiterer als sonst und nach einigen Tagen erschien sein früherer Zustand sichtbar gebessert, der Geist war aufgeweckter, der Körper thätiger als vorher.

Durch diesen Erfolg ermuthigt bestimmte Denis einen gesunden, kräftigen Sänftenträger von 45 Jahren durch Geld, an sich die Blutvertauschung ausführen zu lassen. Auch hier wurde arterielles Lammsblut verwendet. Es entstand aus der Operation keinerlei Beschwerde, der Operirte war in der besten Laune, ging sofort nach der Operation ins Wirthshaus und stellte sich am folgenden Tage bei Denis mit der Bitte vor, ihn wieder zu verwenden, wenn die Operation wiederholt werden sollte.

Nun schien alles gewonnen.

Die großartigen Erfolge der Franzosen erweckten in England, von wo diese Methode ausgegangen war, den Wunsch, sie ebenfalls am Menschen experimentell zu erproben. Dazu fand sich noch in demselben Jahre Gelegenheit. Ein gutmüthiger, halbverrückter Mensch, Arthur Coga, 32 Jahre alt, Baccalaureus der Theologie „ein gelehrter Mann, dessen Gehirn ein wenig zu hitzig war“, bot sich für eine Guinee dem Dr. Lower zur Ausführung eines Transfusionsversuchs an. Vor der Royal Society wurde der Versuch von Lower und King am 27ten November 1667 in Gegenwart des Bischofs von Salisbury und einer zahlreichen und glänzenden Gesellschaft durch Ueberleiten von Lammsblut vollkommen glücklich ausgeführt. Coga selbst bestätigte in einem lateinischen Schreiben an die Gesellschaft sein normales körperliches Befinden nach der Operation. Auf seinen eigenen Wunsch wurde drei Wochen später die Transfusion an ihm wiederholt. Seine körperliche Gesundheit blieb auch diesmal ziemlich ungestört, aber die Hoffnung, daß sein Geisteszustand sich bessern würde, wollte sich nicht erfüllen.

In demselben Jahre kamen noch günstige Berichte über gelungene Bluttransfusion aus Italien. Riva hatte an drei Kranken die Transfusion ausgeübt, zweimal mit gutem Erfolg, der dritte Patient, ein Arzt in den letzten Stadien der Schwindsucht, war gestorben. Auch in Deutschland wurde (1667) von Kaufmann und Purmann an einem „Aussätzigen" die Transfusion ausgeführt. Nach drei Monaten soll er geheilt gewesen sein. Dagegen hatten sie schlechte Resultate bei zwei scorbutischen Soldaten.

Das Publikum hatte die Mittheilungen über das neue Heilverfahren, welches so ganz aus den innersten Ideen der Zeit hervorgegangen war, mit Begeisterung begrüßt. Aber fast eben so rasch schlug die günstige Meinung in ihr Gegentheil um. Schon im Anfang des Jahres 1668 sehen wir in Paris und noch in demselben Jahre in Rom die Transfusion von Thierblut in Menschen gesetzlich den Aerzten verboten. In Frankreich sollte die Heilmethode nur noch ausnahmsweise und zwar nur unter Zustimmung der Pariser medicinischen Facultät gestattet sein.

Es scheint, daß es weniger die zum Theil ungünstigen Resultate des Verfahrens gewesen sind, welche diesen plötzlichen Umschlag hervorgebracht haben. Denis hatte einige Patienten durch die Transfusion nicht vom Tode retten können; aber jener Baron Bond, Sohn des Premierministers in Schweden, welcher bald nach der Operation gestorben war, war schon vorher als hoffnungslos von den Aerzten aufgegeben — er litt an Darmverschlingung —; in einem zweiten Fall war ein Geisteskranker durch die Anwendung der Transfusion für längere Zeit gebessert worden, und Denis hatte Anlaß, den später unter verdächtigen Umständen plötzlich erfolgten Tod für eine Vergiftung zu halten. Aber es lag in dem für den Nichtarzt immer noch unheimlichen Heilverfahren, wie es von den Aerzten geübt wurde, selbst noch Etwas, was den philosophischen Anschauungen der Zeit doch nicht vollkommen entsprach. Die rasche Ueberhandnahme einer ungünstigen Stimmung mag freilich dabei, wie man damals annahm, auch nicht vollkommen ohne Zusammenhang gewesen sein mit einer gewissen Mißgunst, mit welcher die Aerzte der Pariser Facultät auf einen nicht in Paris graduirten Collegen (Denis) und seine in den Augen des Publikums so glänzenden Erfolge blickten. Gewiß ist, daß nicht ohne eine Art von Erbitterung noch im Jahre 1667 in zahlreichen Schriften die wahren und eingebildeten Nachtheile der Transfusion besprochen wurden. Es sei thöricht, von dem Blute eines Viehes Nutzen in den Adern eines Menschen zu erwarten, es sei dadurch vielmehr die Verderbniß edler Theile des menschlichen Körpers zu befürchten, es müsse den Menschen thierisch und dumm machen (G. Lamy). Ein Anderer (Martin de la Martinière) verdammte das Verfahren als ein barbarisches „aus der Schule des Teufels selbst gekommenes" und die, welche es ausführten als „wahre Henkersknechte, die man zu den Cannibalen und anderen menschenfressenden Nationen verbannen solle". Santinelli führte an, daß es gegen des Hippokrates Lehrsätze und selbst gegen Gottes Gebot streite, da in den Büchern Mosis „der Genuß des Blutes" verboten sei.

Was brauchte es weiter Zeugniß! Man klammerte sich an die vollkommen unzutreffende Meinung Perrault's, daß in allen als erfolgreich angeführten Transfusionen gar kein neues Blut in die Adern hinüber geflossen sei; die günstigen Wirkungen seien einzig von den dabei angewendeten Aderlässen abzuleiten. Claudius Tardi's Vorschlag, nur Menschenblut überzuleiten, erschien grausam und darum unausführbar.

In Frankreich und Italien war mit jenen oben erwähnten Verboten die Sache abgethan; aber auch in Deutschland und England schlug die anfängliche Begeisterung in Widerwillen um. Selbst der gutmüthige Baccalaureus Coga wollte nichts mehr von der Transfusion wissen, er lehnte den Wunsch der Royal Society ab, ihm noch ein drittes Mal Lammsblut einströmen zu lassen, und legte sich in der Folge den Namen bei: „Märtyrer der Royal Society“. Die Bluttransfusion verschwand wieder für Jahrhunderte aus dem ärztlichen Heilschatze. Man übte sie nur an Thieren als ein wichtiges physiologisches Experiment, namentlich zum Zwecke der Demonstration des Blutkreislaufs.

2. Neuere Anwendungen der Bluttransfusion zu Heilzwecken.

Sehen wir uns das physiologische Experiment bei Bluttransfusion an lebenden Thieren etwas näher an.

Man hat vielfach die Meinung ausgesprochen und sogar in großen gesetzgebenden Körpern ist sie laut geworden und hat Berücksichtigung gefunden, daß die physiologischen Versuche der Aerzte an lebenden Thieren, die sog. Vivisectionen, eitle, die Wissenschaft eben so wenig wie die speciellen Heilzwecke fördernde Grausamkeiten seien. Das ist ja unzweifelhaft, daß Versuche und Experimente an lebenden Wesen als grausam unbedingt verdammt und verpönt werden müßten, wenn sie wirklich nur aus einer sträflichen Neubegier der Experimentatoren geübt würden. Es ist das aber keineswegs der Fall. Wie mancher Frosch, „der stille Freund der Physiologen“, mußte geschlachtet werden, um die Gesetze des Galvanismus und dessen Bedeutung für das gesunde und kranke Leben zu erforschen; aber das Resultat für die Wissenschaft und Technik, die heilsamen Erfolge für die leidende Menschheit haben diese Blutopfer der Physiologie und Physik als nicht vergeblich geschlachtet, auch für den naturwissenschaftlichen Laien unwiderleglich erwiesen. Wo wären unsere Telegraphen und alle die unzählichen Apparate der elektrophysikalischen Technik? wie stünde es mit unserer Kenntniß des Lebens der Nerven und mit den ärztlichen Bemühungen, ihre gestörte Thätigkeit bei dem Menschen wieder zum Normalen zurückzuführen, wenn nicht Galvani jenes Grundexperiment angestellt hätte, indem er an dem Eisengitter seines Landhauses zur Beobachtung der elektrischen Gewitterwirkungen den präparirten Frosch befestigte? An dieses Experiment schlossen sich die weiteren Beobachtungen Galvani's selbst, dann die Volta's, Al. von Humboldt's, Emil du Bois-Reymond's an Fröschen zum Nachweis der Gesetze der Nervenelektricität, welche uns die Lebensbedingungen der Nerven enthüllten. Galvani's Froschversuche waren es, welche den Grund legten zur Entdeckung des Galvanismus, der Erzeugung dauernder elektrischer Ströme durch Flüssigkeiten und Metalle, wodurch eine weitergehende Anwendung der Elektricität in Medicin und Technik erst ermöglicht wurde.

Aber nicht weniger in die Augen springend sind die praktischen Erfolge der gewiß grausam erscheinenden physiologischen Experimente über Bluttransfusion bei lebenden Thieren. Wie viele Menschenleben konnten schon gerettet werden in Anwendung der durch dieses Experiment an Thieren gewonnenen wissenschaftlichen Erfahrungen! Und zwar sind es gerade kleine, dem Nichteingeweihten vielleicht sogar kleinlich erscheinende Fortschritte der Technik der Bluttransfusion, die nur aus zahlreich angestellten Experimenten abgeleitet werden konnten, welche den Erfolg für den Menschen, den das 17 te Jahrhundert so energisch, aber wie wir sahen resultatlos erstrebte, dem 19 ten Jahrhundert endlich darboten.

Das Experiment blieb unsicher in seinen Wirkungen, so lange man das Blut direct von einem Thiere in die Blutgefäße des anderen einströmen ließ. Das Herz als der treibende Motor des überzuleitenden Blutes erschien aber unentbehrlich, so lange man glaubte, daß das Blut seine belebenden Wirkungen nur im absolut lebensfrischen Zustande ausüben könne. Das Blut gerinnt aus der Ader gelassen sehr rasch, geronnenes Blut erschien abgestorben und daher für die physiologischen Zwecke der Bluttransfusion nicht zu verwenden.

Im Jahre 1821 fanden Dumas und Prévost, daß Blut, welches man durch Schlagen oder Quirlen vollständig von seinem Faserstoff befreit hatte, defibrinirtes Blut (s. oben S. 89), mit gutem Erfolg bei der Transfusion Verwendung finden könne; von Bischoff veröffentlichte im Jahre 1835 und 1838 die Resultate seiner Bluttransfusionsversuche an Thieren. Er konnte die Angaben der beiden französischen Forscher bestätigen und feststellen, daß die rothen Blutkörperchen das belebende Princip im Blute darstellen. Damit waren die Grundlagen einer sicheren Technik der Bluttransfusion gewonnen. Man befreit durch Schlagen das Blut von seinem Faserstoff auf das sorgfältigste, sodaß keine Gerinnsel mehr in ihm vorhanden sind, welche eingesprützt lebenswichtige Blutgefäße etwa im Gehirn oder in der Lunge verstopfen und dadurch den Tod herbeiführen könnten. Das defibrinirte Blut kann dann in eine Sprütze eingefaßt und in eine geöffnete Vene vollkommen gefahrlos eingesprützt werden. Aus den von Bischoff'schen Experimenten hatte sich weiter ergeben, daß bei der Transfusion Blut desselben Thieres oder derselben Thierart am besten wirkt.

Wir öffnen bei einem Hunde eine größere Blutader, Vene, und fangen das ausströmende Blut sorgfältig auf. Das ausgeflossene Blut wird durch Schlagen (Quirlen) von seinem Faserstoff befreit, durch ein dichtes Leintuch geseiht und das auf diese Weise „defibrinirte“ Blut in einem Glase, welches in Wasser von der Temperatur des Blutes (36—37° C.) gestellt wird, warm gehalten. Nach einiger Zeit bemerken wir an dem Thiere die Zeichen der beginnenden Verblutung: Unruhe, schließlich Krämpfe, der Herzschlag wird schwächer und schwächer, die Athmung hört auf, — das Thier erscheint verendet. Inzwischen hat der Experimentator das defibrinirte Blut in eine Sprütze gefaßt und preßt es nun langsam wieder in die blutleeren Gefäße ein. Der Herzschlag kehrt zurück, dann die Athmung, das Thier macht zuerst zuckende, dann regelmäßige Bewegungen. Die kleine Wunde wird verbunden und das vorhin todt scheinende Thier ist und bleibt wieder vollkommen lebensfrisch und munter.

Diese Beobachtungen waren es, welche die richtige und Hauptindication der Blutübertragung für den Menschen lehrten. Wenn wir das durch Verblutung schon scheinbar entflohene Leben durch Neuzufuhr von Blut in die leeren Gefäße bei Thieren wieder zurückrufen können, so muß dasselbe Wunder auch bei verbluteten Menschen gelingen.

Die Physiologen, welche sich mit dem Experimente der Transfusion beschäftigten, hatten wohl niemals den Gedanken aufgegeben, daß einst noch ein wichtiger Gewinn für das Menschengeschlecht ihren Bemühungen entwachsen werde.

Unter den die Heilkunst ausübenden Aerzten versuchte aber zuerst der berühmte Hufeland, die Aufmerksamkeit der Praktiker diesem Heilverfahren wieder zuzuwenden. Er forderte die Aerzte zu Versuchen auf, ob man nicht auch beim Menschen die Folgen der Verblutung durch Neueinfuhr von Blut, durch Transfusion, beseitigen, den Organismus wieder beleben könne.

James Blundell war es vorbehalten, die Transfusion, nachdem sie fast anderthalb Jahrhunderte von den Aerzten vergessen oder verachtet war, wieder in der Praxis beim Menschen glücklich anzuwenden und dadurch ein wahrer Wohlthäter des Menschengeschlechts zu werden. Durch die Verblutung einer jungen blühenden Frau im Wochenbette angeregt, experimentirte er zuerst an Thieren. Er fand, daß man zweckmäßig Venenblut des Menschen zur Transfusion verwenden und dieses am einfachsten durch eine Sprütze in die Blutgefäße des neu zu belebenden Organismus bringen könne. Im September 1825 führte er die Operation zum ersten Male an einer dem Tode nahen Neuentbundenen mit dem glücklichsten Erfolge aus. Im gleichen und in dem darauffolgenden Jahre gelang es ihm noch, zwei verblutete Wöchnerinnen zu retten.

Nun war das Eis gebrochen und die Lebensquelle des Blutes strömt seitdem von kundiger Hand geleitet nun oft in fast erstorbene Körper ein, um ihnen neue Lebenskräfte zurückzugeben, um Leben zu retten, die ohne dieses Heilmittel unvermeidlich dem Tode verfallen wären. In Deutschland sind es die Namen Martin und von Nußbaum, welche am meisten für die Einbürgerung dieser wahrhaft segensreichen Methode gewirkt. Kühne hat noch eine weitere Indication für die Transfusion gefunden, indem er durch Kohlendunst Erstickte durch Einführung frischen Blutes wieder belebte. Die Blutleere, namentlich die plötzlich durch Verblutung eingetretene, wird aber wohl stets die besten Erfolge der Neuzufuhr des Blutes gewähren. Hier wirkt die Methode im wahren Sinne des Wortes Wunder, sie vermag es, vom Tode zu erwecken; diese Lebensrettungen gehören zu den schönsten Triumphen der ärztlichen Kunst.

Noch vor wenig Jahrzehnten stand auch der erfahrenste Arzt rathlos und ohne Hoffnung Fällen der Verblutung namentlich aus inneren, für die Blutstillung schwerer zugänglichen Organen gegenüber. Er mußte, ohne Hilfe bringen zu können, ein jugendkräftiges Leben mit dem Blute entströmen sehen. Die Haut wird kalt und wachsbleich, der Puls unfühlbar. Unter furchtbarer Angst treten Beklemmungen und tiefes Seufzen ein; Dunkelheit vor den Augen, Sausen vor den Ohren, dabei eine Unruhe, ein Umherwerfen, welches die Umgebung trotz aller Ermahnungen zum Stillliegen nicht zu unterdrücken vermag. Dann folgt Erschlaffung, Ruhe, die Augen brechen, Athem und Herzschlag verschwinden — das ist unzweifelhafter Tod. Aber der Arzt hat inzwischen durch einen vollkommen gefahrlosen Aderlaß von einem der Umstehenden Blut gewonnen. Er sprützt es langsam in den erkaltenden Körper ein, dessen Leben verschwunden schien. Da färbt sich die todesbleiche Haut, die Augen bekommen wieder Glanz, das Herz, der Puls, beginnen von neuem zu schlagen und mit einem Seufzer kehrt die entschwundene Athmung und das Leben zurück.

II. Die Blutmenge des Menschen.

Ehe wir uns der Frage zuwenden, wodurch das Blut den eben geschilderten belebenden Einfluß auf den Organismus ausübt, haben wir noch d i e M e n g e d e s B l u t e s festzustellen, welche ein normaler Mensch in seinen Blutadern besitzt. Die Bestimmung der Gesammtblutmenge ist an sich schon, abgesehen von der Bestimmung der chemischen Blutconstitution, von der größten Bedeutung für das Verständniß der durch das Blut bedingten Lebenserscheinungen.

Mit der Menge des Blutes, welche dem Körper zur Ausübung seiner physiologischen Functionen zur Verfügung steht, sehen wir innerhalb gewisser Grenzen die Energie seiner allgemeinen Lebensäußerungen auf- und abwärts schwanken.

Hat ein Mensch stärkere Blutverluste erlitten und ist dadurch blutleer geworden, so zeigt sich die Mehrzahl der Lebensäußerungen des Körpers geschwächt. Seine Organe Nerven, Muskeln, Drüsen 2c. sind, wenn sie zu wenig Blut erhalten, nicht mehr im Stande ihre physiologischen Leistungen auf der normalen Höhe zu erhalten. Früher noch als Nerve und Muskel sehen wir die Thätigkeiten der lebenswichtigsten Ausscheidungsdrüsen: Nieren und Leber herabsinken und schließlich aufhören*). Im weiteren Verlaufe der Blutverarmung des Organismus „ermüden“ auch die Nerven und Muskeln mit dem Herzen, um endlich vollkommen zu erlahmen.

Ein kräftiger Körper ist auch blutreich, und die energischen Leistungen, deren er fähig ist, beruhen wesentlich auf der reichlichen Versorgung seiner arbeitenden Organe mit Blut.

Die ältere Medicin behandelte eine große Anzahl von Krankheiten und Leiden mit reichlichen Blutentziehungen. Wir haben schon oben auf einige Grundmeinungen über die Wirkungen des Blutes im kranken Organismus, durch welche die alten Aerzte bei der Verordnung der Aderlässe zum Theil geleitet wurden, hingewiesen; ein Hauptmotiv dieser Behandlungsweise war aber noch weiter bis in verhältnißmäßig neue Zeit herein, daß man in vielen

*) Dieses Aufhören der Sekretionsabgaben des Blutes unter der Einwirkung von Blutverlusten hat, wie die einfache Ueberlegung ergibt, einen conservirenden Einfluß auf die noch restirende Blutmenge und ermöglicht gleichzeitig den relativ rasch erfolgenden Wiederersatz einer größeren Flüssigkeitsmenge in den Blutgefäßen. Dieser Wiederersatz erfolgt primär durch gesteigerte Zuströmung von Lymphe und Gewebsflüssigkeit in das Blut (s. unten bei Lymphe).

Krankheiten, namentlich in den Entzündungskrankheiten, eine übermäßige Steigerung der normalen Lebensthätigkeiten glaubte erkennen zu müssen. Aus einen „Ueberschuß an Lebenskraft“ sollten eben so Krankheiten entstehen, wie aus einer Herabsetzung der Organthätigkeiten. Alle jene Leiden, welche man sich durch überschüssige Lebensthätigkeit eines Organs oder des Gesammtorganismus hervorgerufen und unterhalten dachte, wollte man durch Entziehung des kraftproducirenden Materiales, durch Blutentziehung bekämpfen. Es ist keine Frage, daß durch Blutentziehung wirklich, mit der Herabsetzung der allgemeinen Lebensenergie des Organismus, auch gewisse Krankheitsprocesse in der Stärke ihrer hervortretenden Erscheinungen abgeschwächt werden können. Aber alle Krankheiten sind, im Gegensatz zu jener alten, vielverbreiteten Annahme, mit einer Herabsetzung der physiologischen Leistungsfähigkeit nicht nur des kranken Organs, sondern auch des Gesammtorganismus verbunden. Entziehen wir durch eine allgemeine Blutentleerung mittelst Aderlaß dem kranken Organismus seinen nothwendigen Lebenssaft, so bringen wir neue Störungen zu den schon bestehenden hinzu und vermindern dadurch die durch die Krankheit schon gesunkene Widerstandsfähigkeit des Körpers noch weiter. Die moderne behandelnde Medicin stellt sich die Aufgabe, den durch die Krankheit in seiner Lebensexistenz bedrohten Organismus so kräftig zu erhalten, daß er den Ablauf des Krankheitsprocesses zu überleben vermag. Alle schwächenden Einwirkungen auf den Patienten sind daher principiell auszuschließen, und Blutentleerungen werden von der modernen Medicin daher in der Regel nur lokal (durch Schröpfköpfe und Blutegel) an kranken Organen angewendet, in welchen sich, durch eine zunächst auf anderem Wege nicht zu beseitigende lokale Hemmung der Blutcirculation, eine übergroße Blutmasse gleichsam angestaut hat.

Die ärztlichen Aderlässe, welche, in einer älteren Zeit an demselben Kranken mehrfach wiederholt, oft eine sehr beträchtliche Blutmenge aus dem Körper entfernten, ließen es zuerst wünschenswerth erscheinen, die normale Blutmenge des Menschen zu bestimmen. Man wollte ja dabei den Kranken nicht verbluten lassen, und um diese Gefahr zu vermeiden, mußte man Anhaltspunkte suchen zur Entscheidung der Frage: wie viel Blut darf lege artis durch Aderlaß entzogen werden?

Es ist aber keineswegs leicht und einfach, die Blutmenge eines Organismus genau festzustellen. Aus der Schwierigkeit und Unsicherheit der Untersuchungsmethoden erklären sich die widersprechenden Angaben über die normale Blutmenge des Menschen, welchen wir in den älteren ärztlichen und physiologischen Werken begegnen.

Aus unseren historischen Betrachtungen im 2ten Kapitel hat sich ergeben, daß noch zu Ende des 18ten Jahrhunderts die Medicin annahm, das eigentlich Lebende im menschlichen, überhaupt im animalen Körper seien Flüssigkeiten. Die festen Theile des Körpers sollten, wenn nicht ganz, doch vorwiegend Röhrengebilde sein, den Blutgefäßen analog, in welchen sich die verschiedenen Lebenssäfte bewegten. Die berühmte Boerhaave'sche Hypothese, welche wir oben (S. 62) schilderten, nahm vier verschiedene, in aufsteigender Reihe immer „feiner" werdende „Lebenssäfte" an: Blut, Salzwasser (= Blutplasma), Flieswasser (= Lymphe) und die „Lebensgeister". Auch die letzteren, welche vorwiegend in dem Nervensystem und in den Muskeln enthalten sein sollten, dachte man sich in diesen Organen in einer Art von Kreislauf sich bewegen, mit feinsten „arteriellen" und „venösen" Gefäßchen. Namentlich die sogenannten „Nervenröhren", unsere Nervenfasern sollten diese Gefäße für die „Lebensgeister" sein oder diese Gefäße wenigstens enthalten. Ebenso wurde ein vollständiges Gefäßsystem für die anderen beiden noch neben dem Blute genannten Säfte angenommen. Die chemische „Substanz“ der vier Flüssigkeiten war diesen Anschauungen nach im Grunde die gleiche. Aus Blut sollte durch Zertheilung seiner „Kügelchen“ Salzwasser, aus diesem durch weitere Zertheilung Fliesswasser und endlich aus diesem durch die Auflösung in die feinsten physikalischen Partikelchen die „Lebensgeister“ entstehen. Umgekehrt sollte sich aus den zu gröberen Körperchen sich vereinigenden „Kügelchen“ der Lebensgeister die übrigen Säfte, schließlich das Blut zusammensetzen.

Zwischen den Gefäßen der verschiedenen Lebensflüssigkeiten nahm man einen directen Zusammenhang an, sodaß die „feineren“ Säfte in die Gefäße der „gröberen“ eintreten könnten. Die Oeffnungen von einem System in das andere sollten aber so eng sein, daß nicht umgekehrt die größeren Körperchen der „gröberen“ Flüssigkeit in die Gefäße der „feineren“ Flüssigkeit hinein zu gelangen vermöchten.

In ganz ähnlicher Weise stellte man sich auch die Drüsenabsonderungen aus dem Blute vor. Die Blutgefäße sollten direct in die „Absonderungsröhren“ der Drüsen durch feine „seiherartige“ Oeffnungen münden und ihre Flüssigkeit in dieselben ergießen. Die Enge der „Seiheröffnungen“ sollte den Uebertritt gewisser Blutstoffe z. B. auch der Blutkörperchen in die Drüsenkanälchen verhindern.

Wenn sich die alte Medicin den Körper des Menschen vorwiegend aus Flüssigkeiten bestehend dachte, welche, in ziemlich zartwandige Röhren eingeschlossen, die nur scheinbar festen Organe darstellen sollten, so mußte sie sich die Gesammtflüssigkeitsmenge im Menschenkörper und damit auch die Menge des Blutes sehr beträchtlich vorstellen. Wir können uns daher nicht verwundern, wenn wir in jener Zeit den übertriebensten Angaben über die Blutmenge des Menschen begegnen.

Es schien, als würde man am sichersten wenigstens die untere Grenze der normalen Blutmenge eines Menschen bestimmen können aus zufälligen, rasch verlaufenden Blutverlusten, welche nicht zum Tode durch Verblutung führten. Man meinte in solchen Fällen annehmen zu dürfen, daß das abgeflossene Blut nicht die ganze Blutmenge war, sondern daß ein, zur Erhaltung des Lebens ausreichender Rest noch in den Adern zurückgeblieben sei. Die Angaben über die Größe solcher Blutverluste, auf welche man die Bestimmung der Blutmenge des Menschen gründen wollte, überstiegen aber alles Maß. A. von Haller berichtet, daß durch Nasenbluten, Lungen- und Magenblutungen ꝛc. von Menschen in kürzester Zeit 9 bis 30 Pfund Blut ohne dauernden Schaden verloren worden seien. Er schätzt die gesammte Flüssigkeitsmenge des lebenden Menschenkörpers (im Boerhaave'schen Sinne) auf 80 bis 100 Pfund, wovon er die Hauptmasse auf das Blut rechnet. Da die übrigen Flüssigkeiten alle in das Blutgefäßsystem einströmen könnten, so glaubte er, nicht ganz mit Unrecht*), daß sie sich wenigstens bei dem langsamen Verbluten dem Blute beimischen und die Blutmenge vergrößern könnten. Er wundert sich daher gar nicht über die Angabe, die er mittheilt, daß ein Kranker in 10 Tagen 75 Pfund Blut eingebüßt habe, ja er erwähnt einen Fall, in welchem eine Person in einem Jahre 1000 Pfund Blut verlor. — Das waren die Ansichten des gelehrtesten Arztes und seiner gläubigen Verehrer zu Mitte und Ende des 18ten Jahrhunderts!

Wenn der Mensch eine so große Blutmenge besitzt, warum sollte man mit einigen Unzen Blut im Aderlaß

*) S. oben Anmerkung zu S. 111.

geizen? B. Karli erzählt, daß er sich innerhalb zweier Jahre siebenundneunzigmal zur Ader ließ. Heinrich de Heers meldet von einem Menschen, welcher sich sehr oft und zwar jedesmal 30 bis 40 Unzen Blut durch Aderlaß hatte abzapfen lassen. Der Aderlaß gehört dem in Allem „conservativen" Geschlechte unserer Landleute noch immer zu den nothwendigen Bedürfnissen eines gesunden Lebens; wie sonst regeln sie noch die „Aderlaßtage" nicht sowohl nach ihrem Befinden als nach dem Kalender.

Das bei Verblutungen verlorene Blutquantum wird sehr gewöhnlich überschätzt. Wie tief das in dem natürlichen Schauer des Menschengeschlechtes vor dem Blute begründet ist, lehren uns die sprichwörtlichen Redensarten, welche davon erzählen, daß „Ströme von Blut" vergossen wurden, daß der Verwundete „in seinem Blute geschwommen". Die Ueberschätzung der Blutmenge beruht zum Theil auf der großen Färbekraft des Blutes. Einige Tropfen Blut machen eine ziemlich große Wassermenge zu einer dunkelrothen, blutähnlichen Flüssigkeit; auch Wäsche und Kleider werden von wenig Blut stark gefärbt. Im normalen Organismus wird der Blutverlust relativ rasch durch Zufluß von Lymphe und Organflüssigkeiten ersetzt, sodaß wirklich, wenn zwischen den einzelnen Blutverlusten längere Pausen eingetreten sind, relativ große Blutmengen verloren gehen können, ohne das Leben zu vernichten.

Wenn beim Schlachten einem Thiere eine große Arterie geöffnet wird, so strömt sehr rasch der Haupttheil seiner Blutmenge ab. Die gesammte im lebenden Körper vorhandene Blutmenge kann man aber aus Arterienwunden niemals erhalten; in allen Organen bleibt noch ein Rest von Blut zurück, welches nicht mit ausfließt. Um die Gesammtmenge des Blutes zu bekommen, müssen wir auch die im Körper bei der Verblutung zurückgebliebene Blutmenge bestimmen.

Welcker hat auch dieses Problem der Blutphysiologie in sinnvoller Weise gelöst. Er benützte zu seinen Bestimmungen der Gesammtblutmenge der Thiere die Färbekraft des Blutes. Durch einen kleinen Aderlaß entzog er dem Thiere, dessen Blutgehalt er bestimmen wollte, eine kleine Blutmenge, welche er wog und mit einer gemessenen Menge Wassers, etwa zu 100 ccm verdünnte. Diese Flüssigkeit bezeichnen wir als Probeflüssigkeit. Nun ließ er das Thier vollständig verbluten, sammelte alles ausgeflossene Blut und wusch dann noch die Blutgefäße mittelst Durchsprützen von Wasser vollkommen von allen in ihm restirenden Blute aus. Die Organe wurden endlich noch zerhackt und der letzte Rest des Blutfarbestoffs durch Auslaugen mit reichlicher Wassermenge ausgezogen. Die (abgesehen von der durch den Probeaderlaß gewonnenen) gesammte Flüssigkeitsmenge: das bei der Verblutung ausgeflossene Blut, die wässerigen Blutflüssigkeiten, welche durch das Aussprützen des Blutes und das Auslaugen des Blutfarbstoffs aus den Organen gewonnen wurde, die wir zusammen als Waschflüssigkeit bezeichnen wollen, wurden vereinigt und genau gemessen. Diese ganze Flüssigkeit ist von Blut roth gefärbt. Je mehr Blutfarbestoff (Blut) in der Flüssigkeit enthalten ist, desto dunkler roth ist ihre Färbung und man ist im Stande durch Zugießen von Wasser sehr scharf jede beliebige Farbennuance des Roth herzustellen. Welcker verdünnte nun seine concentrirtere Probeflüssigkeit so lange durch Zusetzen von gemessenen Wassermengen, bis ihre Farbennuance genau mit der der Waschflüssigkeit übereinstimmte. Er wußte nun, daß das Verhältniß des Blutes zum Wasser in beiden Flüssigkeiten das gleiche sei, und konnte also durch einen einfachen Regeldetrisatz die Blutmenge in der Waschflüssigkeit aus der bekannten Blutmenge in seiner Probeflüssigkeit und ihrem Verhältnisse zum Wasser berechnen.

Die Methode gibt sehr scharfe und übereinstimmende Resultate; es ist die einzige, mit deren Hülfe es bisher geglückt ist, genaue Werthe für die Gesammtblutmenge der Thiere zu erhalten. Diese Methode in passender Modification, um dem natürlichen Mitgefühle gerecht zu werden, wurde von einem unserer ausgezeichnetsten lebenden Physiologen dazu verwendet, um an zwei Hingerichteten die Blutmenge des gesunden Menschen zu bestimmen. Seine Bestimmungen blieben bis jetzt für den Menschen die einzigen, welche an Lebenden ausgeführt wurden.

Es ergab sich, daß die Blutmenge des erwachsenen Menschen (Mannes) 7,7 % oder 1/13 des Körpergewichtes beträgt. Ein Mann von 130 Pfund Gewicht besitzt sonach 10 Pfund Blut.

Zur Vergleichung der am Menschen gewonnenen Resultate setzen wir einige Blutmengenbestimmungen an Thieren hier her:

	Blutmenge:		
Hunde	6,7 %	oder	1 : 14,7
Frösche	6,5	„	1 : 15,6
Meerschweinchen . . .	5,8	„	1 : 17,1
Kaninchen	5,4	„	1 : 18,0
Katzen	4,7	„	1 : 21,4

Die Blutmenge schwankt nach den verschiedenen physiologischen und pathologischen Körperzuständen. Aus Beobachtungen an warmblütigen Thieren (Kaninchen, Hunden, Katzen) ergibt sich, daß die Blutmenge nach dem Lebensalter und der Körperentwickelung sehr beträchtlich verschieden ist. Jüngere Thiere haben verhälnißmäßig mehr Blut als ältere. Es ist das verständlich aus den Beobachtungen*), daß der Stoffumsatz und damit das Nahrungsbedürfniß bei

*) J. Ranke, Die Ernährung des Menschen. S. 272.

Kindern größer ist als bei Erwachsenen. Namentlich fettreiche Körper Erwachsener haben eine relativ sehr geringe Blutmenge. So ergab die Untersuchung für ganz junge Kaninchen (Körpergewicht unter 300 g) eine absolute Blutmenge von 18,9 g d. h. 7,4 % des Körpergewichtes; das Gewicht des Blutes verhielt sich zum Gewichte des Gesammtkörpers (mit dem Blute) wie **1 : 13,5**. Größere Thiere (K. G. unter 700 g) hatten 34,3 g Blut d. h. 6,0 % = 1 : 16,6. Große magere Thiere (K. G. bis 1300 g) ergaben 69,72 g Blut d. h. 5,5 % = 1 : 18,0, während große sehr fette Thiere (K. G. über 1400 g) nur 48,18 g Blut besitzen, d. h. 3,3 % = **1 : 30,0.**

Die Unterschiede im Blutgehalte sind sonach sehr beträchtlich und beweisen uns, in wie innigem Wechselverhältniß die Intensität der Lebensäußerungen mit der Größe der Gesammtblutmenge steht.

Ruhe des Körpers, welche Fettansatz hervorruft, vermindert, stärkere körperliche Leistungen innerhalb der Grenzen des physiologisch Zulässigen vermehrt dagegen die Gesammtblutmenge. Daher finden wir, daß Organismen, welche bei genügendem Ersatz durch die Nahrung fortgesetzt von ihren Muskeln (und Nerven) eine größere Arbeitsleistung verlangen, auch eine größere Blutmenge aufweisen. Bei der gesteigerten Muskelarbeit wird viel Fett vom Organismus verbraucht. Da das weibliche Geschlecht durch meist geringere Muskelleistung und daher größere Neigung zu Fettbildung sich von dem männlichen unterscheidet, sprechen die Physiologen den Frauen im Allgemeinen eine geringere Gesammtblutmenge als den Männern zu.

Fleischnahrung vermehrt die Blutmenge; eine Nahrung, welche reich an Fett oder Mehl (Stärkemehl) und Zucker ist, setzt dagegen die Gesammtblutmenge herab. Die Kartoffelnahrung der Armen vermindert auch aus diesem Grunde die

Blutmenge und damit die Leistungsfähigkeit aller Körperorgane. Die bleiche, blutleere Gesichtsfarbe, die Schlaffheit der Muskulatur und der Haut, denen wie so oft als Zeichen der Armuth begegnen, sind die Symptome der Blutleere: Anämie. Da die Arbeit der Muskeln Stoffe des Körpers verbraucht, so sehen wir die Blutleere mit allen ihren krankhaften Folgen sich — namentlich bei dem weiblichen Geschlechte — unter schlechter Nahrung und harter Arbeit oft außerordentlich rasch entwickeln*). Es wurde durch das Experiment festgestellt, daß starke Muskelleistungen, ohne Ersatz der dadurch verloren gegangenen Organstoffe, die Gesammtblutmenge rasch sehr bedeutend herabsetzt.

Aus den allgemeinen ärztlichen Erfahrungen scheint sich mit Sicherheit zu ergeben, daß die Blutmenge durch alle schwereren und länger andauernden Krankheiten vermindert wird. Die Kraftlosigkeit und Widerstandsschwäche der Kranken und der namentlich nach fieberhaften Krankheiten Genesenden bezieht sich großentheils auf diese im Verlaufe der Krankheit durch relativ stärkeren Stoffverbrauch ohne genügenden Ersatz durch Nahrung erzeugte Blutverarmung.

Wenn wir die heute herrschenden Meinungen über den Nutzen und die Nothwendigkeit der allgemeinen Blutentziehungen (Aderlässe) in Krankheiten mit denen der älteren ärztlichen Schulen vergleichen, so erscheinen sie geradezu umgekehrt. Nicht zum geringen Theil bewirkte diese für viele Leidende und Kranke so segensreiche Umkehr die exacte Bestimmung der wahren, verhältnißmäßig geringen Blutmengen des Menschen. Auch hier sehen wir wieder, wie segensreich für das allgemeine Wohl sich Experimente erweisen, gegen welche sich das natürliche Mitleidsgefühl sträubt.

---

*) S. Kap. X: Blutkrankheiten.

Da die chemische und mikroskopische Zusammensetzung des Blutes vielfachen Schwankungen unterliegt, so bleiben selbstverständlich durch die einfache Mengenbestimmung des Blutes ohne Rücksicht auf seine Bestandtheile noch manche besonders wichtige physiologische Fragen ungelöst. Eine Blutverminderung kann auch dadurch eintreten, daß zwar nicht die Flüssigkeitsmenge aber die Menge der „wesentlichen" Blutbestandtheile: z. B. die rothen Blutkörperchen oder nur der rothe Blutfarbestoff abnimmt. Namentlich in „anämischen" Zuständen sehen wir sehr gewöhnlich in Folge einer Verminderung des Blutfarbestoffs die Farbe des Blutes weniger dunkel als bei Gesunden. Eine Verminderung des Blutfarbestoffs zieht eine Reihe von Folgen nach sich, welche den durch Verminderung des Gesammtblutes hervorgebrachten ganz analog sind. Auf die Verminderung dieser „wesentlichen Blutstoffe" hat die Ernährung und der allgemeine Körperzustand den entschiedensten Einfluß. Das Blut wird nach länger dauerndem Hunger, auch bei Kranken und Altersschwachen, wässeriger, im Allgemeinen ärmer an den festen Blutstoffen. Andererseits ist bei reichlicher Fleischnahrung das Blut nicht nur im Ganzen concentrirter, wasserärmer, sondern es enthält auch mehr von dem lebenswichtigsten aller chemischen Blutbestandtheile: von dem rothen Blutfarbestoffe, dem Hämoglobin.

Kapitel V.

Blut und Athmung.

1. Allgemeine Sätze über Gasdiffusion.

Unter den physiologischen Vorgängen im menschlichen Organismus hat nichts so früh das Augenmerk der Denker auf sich gezogen als der Vorgang des Athmens. Wie bald man angefangen hat, über das Wesen der Athmung zu philosophiren, beweisen die Benennungen der Seele als *πνεῦμα* und anima, welche beide zuerst nur Luft bedeuten. Schon in der ersten Bildungsperiode der Sprachen hatte man also den Werth des ein= und ausströmenden Hauches, als der eigentlichen Quelle des „animalen" Lebens, erkannt.

Ehe wir den Verkehr des Blutes mit der in der Athmung aufgenommenen und verändert wieder abgegebenen atmosphärischen Luft eingehender betrachten, haben wir zunächst noch unser Augenmerk auf die Gesetzmäßigkeit des Wechselverkehrs der Gase unter einander und der Gase mit Flüssigkeiten im Allgemeinen zu richten, welche wir als Diffusionsgesetze bezeichnen. Die Beziehungen zwischen Luft und der Blutflüssigkeit stellen einen Einzelfall dar, welcher sich zum größten Theil aus dem allgemeinen Gesetz erklärt, welches die Beziehungen der Gase zu Flüssigkeiten regulirt.

Die atmosphärische Luft, in welcher wir leben und athmen, enthält ziemlich genau 21% Sauerstoff und 79% Stickstoff in physikalischer Mischung. Diese Mischung ist überall auf der ganzen Erde, in allen Luftschichten stets im Großen und Ganzen die gleiche.

Nach dem allgemeinen Bewegungs- und Verbreitungsgesetze der Gase dringt die Luft in alle ihr offen stehenden Räume ein und erfüllt diese gleichmäßig. Gase, welche mit einander in offener Berührung stehen oder nur durch trockene poröse Scheidewände von einander getrennt sind, mischen sich und zwar mit einer Geschwindigkeit, welche sich umgekehrt verhält wie die Quadratwurzeln ihrer Dichtigkeiten.

Auch die Schichten der festen Erdoberfläche dürfen wir uns nicht vollkommen dicht vorstellen, sie sind mehr oder weniger porös, und auch in diese kleineren oder größeren Lückenräume der Erde tritt die Luft ein. Hier erleidet sie aber gewöhnlich eine wesentliche Umänderung. Mehr oder weniger sind namentlich die oberen Schichten der Erdrinde mit Resten vegetabilischen und thierischen Lebens durchsetzt, und wo sich Feuchtigkeit im Boden findet, wuchern die unzähligen Milliarden kleinster pilzförmiger Organismen: die Spaltpilze. Die in die Erde eintretende Luft bewirkt, namentlich wo Feuchtigkeit vorhanden ist, vermittelst ihres Sauerstoffs eine chemische Umänderung der organischen Bodenstoffe. Diese Stoffe „verwesen" oder wie die Chemie sich ausdrückt: sie verbrennen langsam unter Aufzehrung des Sauerstoffs der Bodenluft. Der Kohlenstoff der organischen Bestandtheile der Erde verbindet sich bei dem langsamen Verbrennungsvorgang der Verwesung, mit dem Sauerstoff der Bodenluft zu Kohlensäure eben so, als fände diese Verbrennung rasch in freier Atmosphäre statt. An die Stelle des verzehrten Sauerstoffs im Boden dringt nach dem Gesetze der Gasdiffusion langsam aber stetig neuer Luftsauerstoff nach, um dort wieder verbraucht zu werden. Die im Boden in den Verwesungsprocessen der organischen Bodenstoffe gebildete Kohlensäure fließt, im umgekehrten Strome wie der Sauerstoff, aus dem Boden in die Atmosphäre ein, welche procentisch viel weniger Kohlensäure enthält als die Bodenluft.

Alle Gase suchen einen gegebenen, ihnen zur Verbreitung offenstehenden Raum vollkommen und gleichmäßig zu erfüllen, und zwar unabhängig davon, ob in dem betreffenden Raum schon ein oder mehre andere Gase vorhanden sind. Wenn wir einen luftdicht geschlossenen Raum mit atmosphärischer Luft erfüllen, so ist die Mischung des Sauerstoffs und des Stickstoffs an allen Stellen dieses Raumes die gleiche, und wenn wir noch ein drittes Gas, etwa Kohlensäure, eintreten lassen, so verbreitet sich dieses rasch ebenfalls vollkommen gleichmäßig in dem ihm offenstehenden Raume. Den Luftraum unserer Erde haben wir uns als einen solchen großen geschlossenen Raum vorzustellen, in welchem sich die Gase frei bis an seine Grenzen bewegen können. Abgesehen von geringen und meist rasch vorübergehenden lokalen Störungen, finden wir daher die procentische Mischung der Luftgase überall gleich. Die Kohlensäuremenge, welche die Luft normal enthält, ist sehr gering: 0,05 %. Werden irgendwo größere Kohlensäuremengen gebildet, so müssen sie sich daher, wenn ihnen eine freie Communication mit der Atmosphäre offen steht, sehr rasch in dieser verbreiten und den lokalen Anhäufungsherd verlassen.

Die Erde zeigt, wie wir sahen, fortwährend einen auf langsamer, organischer Verbrennung, Verwesung beruhenden Gaswechsel: sie athmet wie ein lebendes Thier, indem sie Sauerstoff aufnimmt und verbraucht und dafür Kohlensäure an die Atmosphäre ausgibt.

In der Bodenluft fehlt daher hie und da der Sauerstoff fast gänzlich, namentlich überall da, wo, wie etwa in der Ackererde, die Verwesung ein reichlicheres organisches Material vorfindet; dagegen ist ihr Kohlensäuregehalt ein relativ viel größerer als der der äußeren Luft.

Die meisten Flüssigkeiten, z. B. Wasser, verhalten sich im Allgemeinen dem Eindringen der Gase gegenüber ganz ähnlich wie poröse feste Substanzen. Auch in die „Molekularlücken" der Flüssigkeiten dringen die Gase ein, und zwar im Allgemeinen nach dem gleichen Verbreitungsgesetze, welches wir oben für Räume angegeben haben, welche lediglich mit Gasen erfüllt sind. Die Menge jedes in eine Flüssigkeit durch Diffusion eindringenden Gases ist zunächst bedingt von der relativen Menge, in welcher dasselbe in der die Flüssigkeit umgebenden Atmosphäre enthalten ist, mit anderen Worten von dem speciellen Druck dieses Gases. Da die normale Atmosphäre Sauerstoff, Stickstoff und Kohlensäure in Mischung enthält, so werden in luftleeres Wasser, welches wir mit der Luft in freie Communication setzen, alle diese drei Gasarten eindringen ziemlich analog wie in einen luftleeren Raum. Enthält umgekehrt das Wasser eine oder die andere Gasart in übergroßer Menge, so strömt diese aus dem Wasser in die Atmosphäre ab, um sich in ihr und im Wasser relativ gleichmäßig zu mischen. Wenn wir eine Champagnerflasche öffnen, so entweicht die in ihr durch die Gährung erzeugte und künstlich zurückgehaltene Kohlensäuremenge perlend in die Luft, weil sie in dieser in relativ geringerer Menge enthalten ist als in dem künstlichen Weine. Es tritt jedoch in den kleinen Molekularzwischenräumen der Flüssigkeiten noch eine Wirkung auf, welche wir in größeren Lufträumen nicht zu beobachten Gelegenheit haben, eine zwischen den Gasen und den flüssigen und festen Körpern statthabende Oberflächenanziehung. Diese ist für die einzelnen Gase und die verschiedenen festen oder flüssigen Substanzen eine verschiedene. Ganz ähnlich wie feinstvertheiltes Platin, der sog. Platinschwamm, eine sehr bedeutende Anziehung auf Sauerstoff ausübt, den er, wie ein Badeschwamm das Wasser, einsaugt und in seinen Porenräumen gleichsam verdichtet, so zeigt auch das Wasser eine besondere Anziehung gegen dasselbe Gas. Sauerstoff wird aus diesem Grunde vom Wasser in reichlicherer Menge aufgenommen als Stickstoff. Das allgemeine Gesetz der Gasdiffusion wird durch diese verschiedenen und nach bestimmten Bedingungen wechselnden Anziehungen der Wassertheilchen gegen Gase modificirt, aber keineswegs aufgehoben.

Ein bestimmtes Beispiel wird uns das Gesagte noch mehr erläutern. In der atmosphärischen Luft ist das relative Mischungsverhältniß des Sauerstoffs, des Stickstoffs und der Kohlensäure 21 : 79 : 0,05. Da das Wasser eine etwas stärkere Anziehung gegen Sauerstoff hat als gegen Stickstoff, so muß sich im Wasser, welches längere Zeit mit Luft in Berührung war, das Verhältniß etwas zu Gunsten des Sauerstoffs umgestalten. Im Flußwasser finden wir dasselbe etwa wie 34 : 63 : 3. In Flüssen beträgt die Luftmenge zwischen $^1/_{30}$—$^1/_{20}$ des Wasservolums, sodaß in 1 Kubikfuß Wasser von 33 $^1/_3$—50 Kubikzoll Luft enthalten sind. In 100 Kubikfuß Flußwasser sind im Durchschnitt

	dem Volum nach:	dem Gewichte nach:
Sauerstoff . . .	1280 K. Z. . . .	28,66 g
Stickstoff . .	2560—2640 „	50,71—52,30 „
Kohlensäure .	80— 160 „	2,47— 2,95 „

Nach dem Zustande der Witterung (Temperatur) ist die Menge der Luftbestandtheile im Wasser eine wechselnde; durch Kochen kann man das Wasser ganz von seinem Luftgehalte befreien, die Luft scheidet sich aber auch bei dem Gefrieren des Wassers aus.

Lediglich auf der Gegenwart der atmosphärischen Luft im Wasser beruht seine Fähigkeit, lebenden thierischen Organismen z. B. Fischen als Aufenthaltsort dienen zu können. Die großen Verschiedenheiten, welche das Wasser in Beziehung auf die Menge der in ihm lebenden Organismen zeigt, beruhen wesentlich auf den Verschiedenheiten in seinem Luftgehalte. Eine frische Quelle hat in ihrem Wasser keine thierischen Organismen; wir verlangen von gesundem Trinkwasser, daß es absolut frei von animalem Leben sei. Wenn das Quellwasser längere Zeit mit Luft in Berührung steht, so wimmelt es endlich, wenn wir es mit Hülfe des Mikroskops betrachten, von animalen und niederen pflanzlichen Wesen. In gutem Quellwasser können meist keine Thiere leben, weil dasselbe keinen oder nur sehr wenig Sauerstoff enthält. Das mit allen Luftbestandtheilen beladene atmosphärische Wasser, welches als Niederschlag in die Bodenschichten eindringt, um an geeigneter Stelle als Quelle wieder zu Tag zu treten, verliert unter den im Boden stattfindenden sauerstoffverzehrenden Oxydationen seinen Sauerstoff und belädt sich dafür mit der aus der langsamen Verbrennung der organischen Bodenbestandtheile gebildeten Kohlensäure. Je reicher an Kohlensäure das Quellwasser ist, desto besser und frischer ist sein Geschmack. Die Abwesenheit von Sauerstoff und sein Reichthum an Kohlensäure machen das Quellwasser aber untauglich zur Lebenserhaltung von Wasserthieren. Ein Forellenbach hat bei seinem Ursprung keine Fische; erst wenn sein Wasser im weiteren Laufe längere Zeit mit der Luft in Berührung war, ist es für Wasserthiere athembar. Dann ist nicht nur atmosphärische Luft in das Wasser in genügender Menge eingedrungen, es ist auch die für animales Leben schädliche Kohlensäure zum größten Theile aus ihm in die Luft entwichen.

2. Blut und Luft.

Wir können uns die Verhältnisse des Blutes zum Gesammtorganismus und zur Atmosphäre unter dem eben dargelegten Bilde einer Wasserquelle veranschaulichen.

Wir haben gesehen, wie sich die Wechselbeziehungen zwischen Boden, Wasser und Luft bei der Quelle gestalten. Das sauerstoffreich in den Boden eindringende (atmosphärische) Wasser verliert hier, indem sein Sauerstoff zu den langsamen Verbrennungsvorgängen der organischen Bodenstoffe verwendet wird, seinen Sauerstoff und wird dafür mit Kohlensäure, welche aus jenen inneren Verbrennungsvorgängen stammt, beladen. Das Wasser tritt in der Quelle sauerstoffarm oder sauerstofffrei dafür aber kohlensäurereich, untauglich die inneren Bodenoxydationen weiter zu unterhalten, wieder in directe, offene Beziehung mit der Atmosphäre. An sie gibt es seine überschüssige Kohlensäure ab und nimmt dafür Sauerstoff auf, sodaß es rasch wieder geeignet ist, organische Verbrennungen im Allgemeinen, auch die Athmung lebender Organismen zu unterhalten, sodaß Wasserthiere in ihm leben können.

Das Blut tritt bei den höheren Wesen an die Stelle des Wassers, welches den niedrigsten animalen Formen als Lebenselement genügt. Im Blute und in den aus dem Blute stammenden Flüssigkeiten sind alle Organe und kleinsten Organtheilchen fortwährend gebadet. Aus dem Blute ziehen sie Nährmaterial und Sauerstoff und geben an das Blut ihre Verbrauchsstoffe: Kohlensäure u. a. m. ab. Betrachten wir vorzugsweise die in Luft athmenden Thiere und den Menschen, so bemerken wir, daß in den Lungen eine Einrichtung getroffen ist, um das Blut mit Luft in offene Berührung zu bringen. Die Luft, welche bei der Athmung in die Hohlräume der Lungen, welche in den zartwandigen blutreichen Lungenbläschen endigen, eindringt, kommt dort mit dem Blute fast unmittelbar in Berührung. Die Häutchen der Lungenbläschen, in welchen die feinsten, dünnwandigsten Blutkapillargefäße in fast unzähliger Menge verlaufen, sind außerordentlich zart und fortwährend mit Flüssigkeit, welche aus den Blutgefäßchen ausschwitzt, feucht erhalten. Sie stellen dem Eindringen der Luft in das Blut daher kaum einen Widerstand entgegen. Das Verhältniß ist fast vollkommen dem analog, als hätte man das Blut in außerordentlich dünner Schichte auf eine große Fläche, über welche atmosphärische Luft hinstreicht, ausgegossen. Nach den Gesetzen der Gasdiffusion muß unter solchen Bedingungen der Gasaustausch zwischen Flüssigkeit und Luft möglichst rasch von Statten gehen. Gase, welche in der Flüssigkeit in relativ größerer Quantität als in der Luft enthalten sind, werden rasch in die Luft entweichen; andere, welche die Flüssigkeit in relativ geringerer Quantität als die Luft enthält, werden eben so rasch aus der Luft in die Flüssigkeit eintreten.

In ganz ähnlicher Weise, wie das in den Boden eindringende atmosphärische Wasser seinen Sauerstoff an die von ihm durchsetzten Bodenschichten abgibt, welche auf seine Kosten ihre inneren Verbrennungsvorgänge unterhalten und das durchströmende Wasser mit Kohlensäure, die diesen Verbrennungen entstammt, bereichern, verhält sich das Blut bei seinem Hindurchströmen durch die Organe des Körpers. In den Kapillarbahnen wird dem arteriellen Blute der in ihm enthaltene Sauerstoff von den Organen entzogen, sie verwenden denselben zu den inneren Verbrennungsvorgängen, auf welchen ihre Lebensthätigkeiten beruhen, und beladen das Blut mit Kohlensäure, welche in jenen Oxydationen der Organstoffe gebildet wurde. Das venöse Blut strömt zur Lunge, wie das Quellwasser zur Quelle, sauerstoffarm und kohlensäurereich. Es ist in diesem Zustande nicht geeignet, das Leben der Organe und des Gesammtkörpers weiter zu unterhalten. Ebensowenig wie Wasserthiere im sauerstofffreien Quellwasser leben können, ebensowenig können die Organe leben in einer Blutflüssigkeit, welche das Lebens=

agens des Sauerstoffs in zu geringer Menge, dafür aber dem Leben schädliche Substanzen, Kohlensäure u. a., in zu großer Quantität enthält. Aber in der Lunge tritt das Blut in offene Berührung mit der atmosphärischen Luft. Nach den allgemeinen Gesetzen der Gasdiffusion muß hier die überschüssige Kohlensäure entweichen und Sauerstoff dafür in die Blutflüssigkeit eintreten.

Die Bedingungen zu einem physikalischen Gasaustausch zwischen Flüssigkeit und Luft sind für das Blut in den Lungen äußerst günstig. Wenn man den Lauf des Blutes in den Lungen eines Thieres mit Hülfe des Mikroskopes betrachtet, so sieht man, daß die Kapillargefäße in den Wandungen der Lungenbläschen so eng sind, daß sie gerade den Durchtritt eines einzelnen Blutkörperchens gestatten, sodaß diese, eines hinter dem anderen, jene kleinen Engpässe durchsetzen müssen. Dabei sind die Blutkapillaren der Lungenbläschen so zahlreich, daß sie fast ohne Zwischenraum neben einander liegen; bei der mikroskopischen Betrachtung am lebenden Thiere gibt das ein Bild, als fließe das Blut in breiter Fläche über die zarten Wandungen der Lungenbläschen hin. Die Dicke der Flüssigkeitsschichte, in welcher das Blut in den Lungen an der Luft hinströmt, ist, da die Dicke der feuchten Wandung, welche sie von der directen Luftberührung trennt, den Durchmesser eines Blutkörperchens kaum übersteigt, nicht beträchtlicher als 0,006—0,01 Linien.

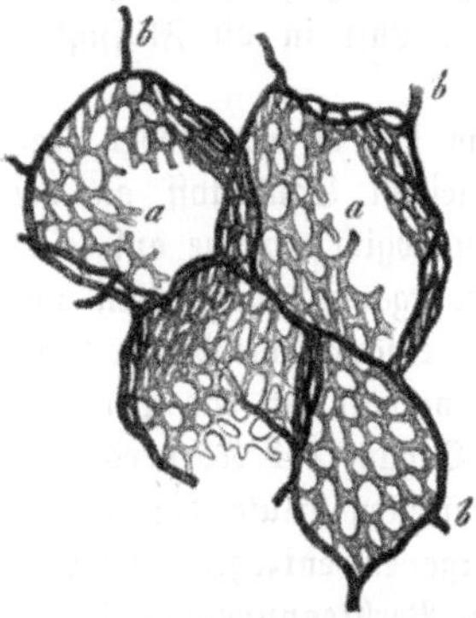

Fig. 24. Das respiratorische Kapillarnetz der Pferdelunge.
b die die einzelnen Lungenbläschen mehr oder weniger ringförmig umgebenden Endäste der Arteria pulmonalis a das Haargefäßsystem z. Thl. durch den Schnitt verletzt.

Ueber die Größe der inneren Lungenoberfläche, über welche das in der Lunge strömende Blut ausgegossen ist, hat Huschke sehr genaue Bestimmungen ausgeführt. Nach seiner Zählung besitzt die Lunge 1800 Millionen Lungenbläschen. Würde man die Wandungen derselben alle aufschneiden und neben einander ausbreiten, so würde man damit eine Fläche von etwa 2000 Quadratfuß bedecken! Auf diese Fläche ist also das Blut, während es durch die Lungen fließt, in einer Schichtdicke von etwa 1/100 Linie ausgegossen, auch wenn wir die (halbe) Dicke der Wandung der Lungenbläschen mit einrechnen, welche, da sie mit Blutflüssigkeit durchtränkt ist, sich genau ebenso wie das Blut selbst gegen die Luft verhält. In der kürzesten Zeit muß daher der auf physikalischen Bedingungen der Diffusion beruhende Gasaustausch zwischen Blutflüssigkeit und Lungenluft beendet sein.

Das venöse, sauerstoffarme Blut, wie es in die Lungen einströmt, ist, wie wir oben hörten, dunkel-, fast schwarzroth; das sauerstoffreiche, aus den Lungen abströmende arterielle Blut ist dagegen hellroth. Wir können diesen Farbenwechsel auch außerhalb des Organismus hervorrufen. Wenn wir venöses, dunkles Blut aus der Ader in einem Glase auffangen, so wird es in kürzester Zeit an seiner Oberfläche, an der es direct mit der Luft communicirt, hellroth; es bildet sich zuerst rasch eine dünne hellrothe Schichte auf dem dunkelrothen Blute, welche aber nur langsam an Dicke zunimmt. Der Sauerstoff, welcher in die Oberflächenschichte sofort eintrat, braucht sonach eine ziemlich lange Zeit, um in die tieferen Schichten einzudringen. Gießen wir aber, um die Verhältnisse des Gasverkehrs des Blutes mit der Luft, wie sie in der Lunge gegeben sind, möglichst getreu nachzuahmen, das dunkelrothe Venenblut in dünnster Schichte über eine Glasplatte hin, so ist es fast momentan vollkommen hellgeröthet, da hier tiefere Schichten, in welche der Sauerstoff nur langsam sich verbreiten könnte, fehlen*).

Analog wie das Blut verhalten sich auch die anderen den Gasverkehr zulassenden Flüssigkeiten bei ihrem Gasaustausch mit der Luft. Aber man würde sich täuschen, wenn man den Gasverkehr zwischen Blut und Luft in den Lungen rein mechanisch durch Diffusion der Gase erklären wollte.

3. Die Blutkörperchen und der Sauerstoff.

Wenn man frisches Blut unter die (luftleere) Glocke der Luftpumpe bringt, so entweichen aus dem Blute, wie aus anderen ebenso behandelten mit Gasen erfüllten Flüssigkeiten, die in ihm enthaltenen Gase. Man ist im Stande, die letzteren zu sammeln und auf ihre Mengenverhältnisse und Chemie zu untersuchen.

Diese Gasanalysen des Blutes haben uns sehr wichtige, tiefere Einblicke in das Blutleben eröffnet.

Die Gase, welche aus dem frischen Blute bei der Gasanalyse gewonnen werden, sind dieselben, welche in der atmosphärischen Luft enthalten sind: Sauerstoff, Stickstoff, Kohlensäure. Die beiden ersten stammen aus der Atmosphäre, aus welcher sie in den Lungen in das Blut gelangten; die Kohlensäure ist das Hauptproduct der organischen Verbrennungen in den Geweben, von wo aus sie in das Blut eingetreten ist, um in den Lungen an die Außenluft abgegeben zu werden.

Als Beispiel für die Mengenverhältnisse der Blutgase kann eine Bestimmung der Blutgase im Menschenblute dienen,

*) Aus unseren Darstellungen ergibt sich, daß das venöse Blut nicht etwa sauerstofffrei, sondern nur sauerstoffarm ist; ebenso muß das arterielle Blut immer auch noch Kohlensäure enthalten. Die normalen Unterschiede zwischen dem Gasgehalt der Blutarten sind nur relative.

welche von Setschenow veröffentlicht wurde. Der Gasgehalt des Blutes schwankt aber nach Körperzuständen und Individualität sehr beträchtlich, sodaß keine allgemein gültigen Werthe aufgestellt werden können. Die folgenden Zahlenangaben bringen also nur für den Einzelfall geltende Verhältnisse zur Anschauung.

In 100 Volum Blut fand sich:

Gesammte Gasmenge . . . . . 48,20 Vol.

100 Volum Blutgase enthielten:

Sauerstoff	34,1	Volum-Procente
Stickstoff	2,4	„ „
Kohlensäure	63,3	„ „

An Hundeblut gewann Pflüger folgende Resultate.

In 100 Volum Blut waren:

Gesammte Gasmenge . . . . . 39,5 Vol.

Die 93,5 Volum Blutgase enthielten:

Sauerstoff	7,9
Stickstoff	2,6
Kohlensäure	29,0

Während, wie die vorstehenden Zahlen lehren, der Stickstoff in dem Blute sich etwa in der Quantität vorfindet, in welcher er in jeder Flüssigkeit von der chemischen Zusammensetzung des Blutserums durch den physikalischen Vorgang der Gasdiffusion bei freier Communication mit der Atmosphäre eindringen muß, ist der Gehalt des Blutes an Sauerstoff und Kohlensäure ein weit höherer. Für die Kohlensäure kennen wir die Ursache dieser Erscheinung. Die Kohlensäure wird dem Blute auf dem Weg durch die Kapillaren der Organe beigegeben. In den Lungen raucht sie in die Lungenluft aus, wie uns die neuesten Untersuchungen Pflügers wieder gelehrt haben, nach dem gleichen Gesetze, nach welchem aus dem Champagner, sowie der Propfen der Flasche geöffnet, die Kohlensäure in die Atmosphäre entweicht. Stickstoffaufnahme ins Blut und Kohlensäureabgabe des Blutes in den Lungen sind physikalische Vorgänge der Gasdiffusion, für welche wir nicht nach weiteren Erklärungsgründen zu suchen haben.

Aber anders verhält es sich mit der Sauerstoffaufnahme in das Blut. Das Blut besitzt eine specifische Anziehung zum Sauerstoff, wodurch es befähigt wird, weit mehr von diesem Lebensagens in sich aufzunehmen, als nach dem Gesetze der Gasdiffusion eintreten würde.

In dieser Entdeckung liegt der Schlüssel zu dem Verständniß der wichtigsten Lebensvorgänge im Blute und seiner belebenden Wirkungen auf die Organe.

Wenn man zuerst das Gesammtblut auf die Fähigkeit, Sauerstoff aufzunehmen, untersucht und dann das bei der Blutgerinnung sich ausscheidende Blutwasser, Serum, so ergibt sich ein gesetzmäßiger Unterschied. Während das Gesammtblut eine relativ sehr viel größere Sauerstoffmenge in sich bindet, vermag das Blutserum, in welchem die Blutkörperchen fehlen, nur so viel Sauerstoff aufzunehmen, als ihm nach dem Gesetz der Verbreitung der Gase in Flüssigkeiten, nach dem Diffusionsgesetz, zukommt. Das Blutserum verhält sich also gegen Sauerstoff ganz ebenso wie das Gesammtblut gegen Stickstoff und Kohlensäure.

Schon aus diesen Beobachtungen ergab es sich mit aller Sicherheit, daß nur die Blutkörperchen es sein können, welche die Aufnahmsfähigkeit des Blutes für Sauerstoff erhöhen. Man schrieb den rothen Blutkörperchen im Lichte dieser Erfahrungen ein „actives" Einsaugbestreben für den Sauerstoff zu und schien zunächst genöthigt zu sein, hier ein unlösbares Räthsel „vitaler Wirkungen" anzuerkennen. Um sich ein Bild von dem Vorgang machen zu können, verglich man die rothen Blutkörperchen mit kleinen Schwämmchen, welche den Sauerstoff in sich einsaugen, wie die Badeschwämme das Wasser; auch auf die oben erwähnte Wirkung des feinvertheilten Platins, des Platinschwamms, hat man zur Erklärung hingewiesen, welcher Sauerstoff durch Flächenwirkung anzuziehen, in sich zu verdichten vermag.

An eine chemische Ursache der Sauerstoffbildung im Blute glaubte man anfangs kaum denken zu dürfen. Wenn organische Stoffe sich des Sauerstoffs mit besonderer Lebhaftigkeit bemächtigen, so sind wir gewohnt, auf einen energischen Verbrennungs-, Oxydationsvorgang in ihnen zu schließen, in welchem sie das aufgenommene Sauerstoffgas binden und verbrauchen. Bei den Blutkörperchen ist das Verhälniß aber ein anderes. Eben so leicht, als sie den Sauerstoff in sich aufnehmen, geben sie denselben auch unverändert wieder ab. Wir haben schon gesehen, daß unter der Glocke der Luftpumpe der Blutsauerstoff mit den übrigen Blutgasen entweicht, als wäre er nicht fester gebunden wie diese. Die Blutkörperchen verwenden den Sauerstoff sonach nicht oder wenigstens nur zum kleinsten Theil zur eigenen Oxydation, nicht zur Verbrennung ihrer eigenen Bestandtheile. Die Oxydationsvorgänge im normalen lebenden Blute sind trotz seines hohen Sauerstoffgehaltes doch so gering, daß man sie, wie wir schon mehrfach anführten, bis in die neueste Zeit, vollkommen hat leugnen können und namentlich erst Pflüger's Versuche haben diese Seite des Blutlebens, den Sauerstoffverbrauch im Blute selbst, ans Licht gestellt. Wir sehen, daß die Bindung des größten Theiles des aufgenommenen Sauerstoffs an die rothen Blutkörperchen eine so lose ist, daß er von leicht verbrennlichen Substanzen, von Stoffen, welche eine ausgesprochene chemische Wahlverwandtschaft gegen Sauerstoff besitzen, dem Blute leicht und rasch entzogen wird; auch die in fortwährender „Selbstverbrennung" begriffenen Organe und Gewebe des animalen Körpers nehmen den Sauerstoff des Blutes in sich auf, wie es erscheint, ohne jegliche auf seine Bindung im Blute bezügliche Schwierigkeit.

Mit der Feststellung des Satzes, daß die rothen Blutkörperchen die eigentlichen Sauerstoffträger im Blute seien, war ihre wesentliche Aufgabe für das Leben der Organe und das Gesammtleben erschlossen. Die Organe des animalen Körpers, namentlich die der Warmblüter, wie des Menschen, bedürfen, um ihre inneren organischen Verbrennungen, auf denen ihr Leben beruht, auf normaler Höhe zu erhalten, eine weit sauerstoffreichere Flüssigkeit als etwa Wasser. Das arterielle Blut fließt als ein concentrirter Sauerstoffstrom zu den Organen. So lange das Blut eine genügende Anzahl rother Blutkörperchen enthält, welche den Gasaustausch zwischen der äußeren Luft und den Organen übernehmen, sind die Organe im Stande, ihre Lebenskräfte zu entwickeln. Denken wir uns einen Augenblick nur Salzwasser in unseren Adern, so würde die relativ geringe Sauerstoffmenge, die diese Flüssigkeit in den Lungen nach dem Gesetz der Gasdiffusion nur aufzunehmen vermöchte, keineswegs hinreichen, um die Thätigkeit der Organe warmblütiger Thiere auf jener Höhe der Energie zu erhalten, welche für die normale Kräfteentwickelung ihres Lebens erforderlich ist. Dasselbe wäre der Fall, wenn anstatt des Gesammtblutes nur Blutplasma oder Serum ohne rothe Blutkörperchen in den Gefäßen sich bewegte.

Jetzt verstehen wir, warum das Leben mit dem Blute dem warmblütigen Organismus entströmen muß. Indem ihm die rothen Blutkörperchen entzogen werden, verliert er sein Hauptvermittelungsglied zwischen dem Sauerstoff der Atmosphäre und den Organen. Lungen und Herz arbeiten umsonst. Bei der Athmung tritt nun der Sauerstoff nicht mehr in genügender Menge in den Organismus ein und die Or=

gane erſticken, wie Fiſche in einem Troge, aus dem man das ſauerſtoffhaltige Waſſer, in welchem ſie athmeten, hat ausfließen laſſen.

Wie einfach erklärt ſich nun das Wunder der Bluttransfuſion bei Verblutungen. Der Verblutende ſtirbt aus der gleichen Urſache, als wenn ihm die Kehle mit einem Stricke zugeſchnürt würde, er erſtickt wie der Gehenkte, weil ein Hauptvermittelungsglied zwiſchen Luft und Organen außer Thätigkeit geſetzt iſt oder wirklich mangelt. Wenn wir den Strick noch rechtzeitig löſen, wenn wir dem Verblutenden blutkörperchenhaltiges Blut wieder in die Adern einführen, ſo kann ſich der normale Verkehr des Organiſmus mit der Atmoſphäre wieder herſtellen. Die noch nicht vollkommen erſtorbenen Organe können ſich durch die Neuzufuhr von Blut wieder beleben, etwa aus dem gleichen Grunde, als wenn wir den erſtickenden Fiſchen im leeren Trog wieder ſauerſtoffhaltiges Waſſer zuſtrömen laſſen.

Von dem Blute ſchwindet durch dieſe Erfahrungen ein Theil des Nimbus, in welchen dasſelbe ſeine Eigenſchaft als Flüſſigkeit des Lebens hüllte. Es ſind keine ganz beſonderen unerklärlichen Lebenskräfte, welche von ihm ausgehen. Das Blut wirkt in dieſer Beziehung zunächſt als Sauerſtoffträger, und wenn man früher das Blut als Träger der animalen Seele bezeichnet hat, ſo müßten wir jetzt den Sauerſtoff mit dieſem Ehrentitel belegen.

Die Anziehung der Blutkörperchen gegen den Sauerſtoff geht zunächſt von ihrer Oberfläche aus, ſie iſt daher ihrer Oberfläche proportional. Wir haben oben S. 74 geſehen, daß die Geſammtoberfläche aller im Blute eines geſunden Menſchen befindlichen Blutkörperchen ſich etwa auf 2816 Quadratmeter berechnet. Die bedeutende Wirkung ihrer Oberflächenanziehung wird uns aus dieſer koloſſalen Größe verſtändlich.

4. Der Blutfarbestoff und sein Verhalten gegen Sauerstoff.

Für das Verhalten der rothen Blutkörperchen gegen Sauerstoff gab es, wie wir sahen, zunächst keine recht passenden Analogien in dem physikalischen Verhalten unbelebter Körper gegen Gase, sodaß man hier vielfach die Wirkung einer räthselhaften Lebenserscheinung glaubte annehmen zu müssen. Die Entdeckung des wahren Sachverhalts, welche auch zu den wichtigsten Aufschlüssen über das Verhalten des Blutes gegen verschiedene, namentlich giftige Gasarten geführt hat, ist ein Beweis dafür, wie wenig wir berechtigt sind, Erscheinungen im lebenden Organismus, die wir noch nicht erklären können, sofort auf Rechnung einer besonderen, in ihren Wirkungen unbekannten „Lebenskraft“ zu schieben.

Ein Fortschritt wurde in den uns hier beschäftigenden Fragen dadurch gemacht, daß es, wie wir oben S. 91 mittheilten, gelang, aus dem Blute verschiedener Thiere den Blutfarbestoff in schönen Krystallen zu erhalten. Der rothe Blutfarbestoff wird im Allgemeinen von den Chemikern und Physiologen als Hämatoglobulin oder Hämoglobin bezeichnet. Wir haben angeführt, daß der Blutfarbestoff eine der chemisch höchst-zusammengesetzten Substanzen des animalen Organismus sei. Er zerfällt unter der Einwirkung gewisser chemischer Agentien in einen Eiweißkörper (Globulin) und in einen eisenhaltigen Farbestoff (Hämatin). Er erscheint danach noch höher zusammengesetzt als die eigentlichen Eiweißkörper, die wir im Allgemeinen als die chemischen Träger des animalen Lebens, als wesentlichste Bestandtheile des thierischen Protoplasmas kennen gelernt haben.

Nachdem man im Stande war, den Blutfarbestoff durch Krystallisation rein und frei von den übrigen Blutbestandtheilen zu gewinnen, mußte sofort sein Verhalten gegen Sauerstoff auffallen. Eine Lösung des Blutfarbestoffs in Wasser wird hellroth, nimmt die Farbe des arteriellen Blutes an, wenn wir sie mit sauerstoffhaltiger Luft schütteln; sie wird aber sofort dunkelroth, wie venöses Blut, wenn wir leicht oxydirbare Substanzen, d. h. Stoffe, welche eine große Neigung haben, sich mit Sauerstoff zu verbinden, in die Flüssigkeit zu bringen. Schütteln wir dann diese dunkle Lösung wieder mit sauerstoffhaltiger Luft, so nimmt sie von neuem eine hellrothe, arterielle Farbe an. So gelang es, sauerstoffhaltigen hellrothen und sauerstofffreien dunkelrothen Blutfarbestoff herzustellen. Der erstere wurde von den Chemikern als Oxyhämoglobin — d. h. Verbindung des Hämoglobins mit Oxygen oder Sauerstoff — der andere als reducirtes (sauerstofffreies) Hämoglobin benannt.

Man kann den Nachweis des Oxyhämoglobins und des reducirten Hämoglobins in einer Lösung von Blutfarbestoff oder in Blut, welches man mit Wasser verdünnt hat, mit Hülfe des Spectroskops, (Fig. 25), also auf optisch-chemischem Wege führen. Das Spectroskop ist jenes berühmte und vielbesprochene optisch-chemische Instrument, mit welchen Bunsen und Kirchhoff nicht nur die feinsten chemischen Analysen irdischer Stoffe, sondern auch die chemische Untersuchung der Atmosphären der Sonne und der Fixsterne ausgeführt haben. Das Instrument besteht bekanntlich im Wesentlichen aus einem Glasprisma, durch welches man eine feine Lichtlinie optisch brechen und dadurch in ihre sie zusammensetzenden farbigen Lichstrahlen, welche dann ein sogenanntes Spectrum bilden, zerlegen läßt. Die Lichtlinie wird durch die Brechung im Prisma in einen Lichtreifen auseinandergezogen, welcher, wenn das beobachtete Licht von der Sonne stammte, die bekannten Regenbogenfarben von Roth durch Gelb und Grün zu Violett neben einander zeigt.

Bringen wir zwischen das Prisma und die Lichtlinie eine Schichte einer concentrirten Lösung von Blutroth oder Blut, so wird, da von der rothen Lösung alle anderen Lichtstrahlen absorbirt werden, nur der rothe Theil des Spectrums sichtbar. Der übrige Theil des Spectrums ist vollkommen dunkel. Verdünnen wir aber die Lösungen in ge-

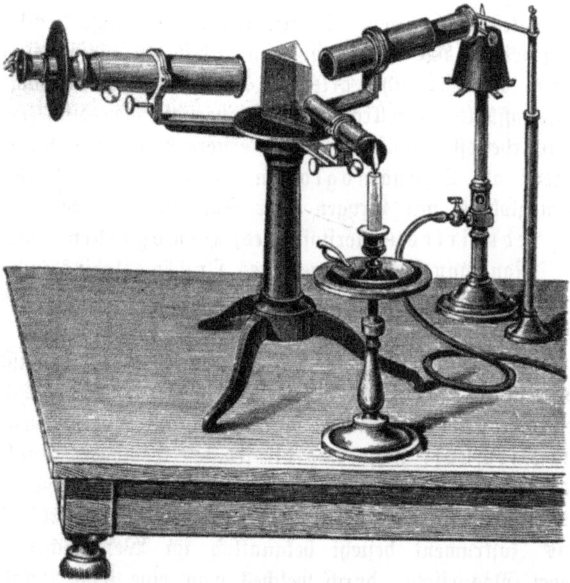

Fig. 25.
Spectroskop nach Kirchhoff und Bunsen.

eigneter Weise, so wird jetzt fast der ganze Lichtstreifen mit seinen Farbenabstufungen sichtbar; nur an den Grenzen des Gelb und Grün im Spectrum bleibt eine Verdunkelung zurück. Diese zurückbleibende Verdunkelung ist nun aber charakteristisch verschieden, je nachdem in der Lösung Oxy-

Hämoglobin oder reducirtes Hämoglobin enthalten ist. Im ersteren Falle sehen wir zwei ziemlich breite dunkle Bänder durch einen lichten Zwischenraum von einander getrennt im sonst lichten Spectrum stehen. Ein etwas schmälerer dunkler Streifen steht an der Grenze zwischen Orange und Gelb,

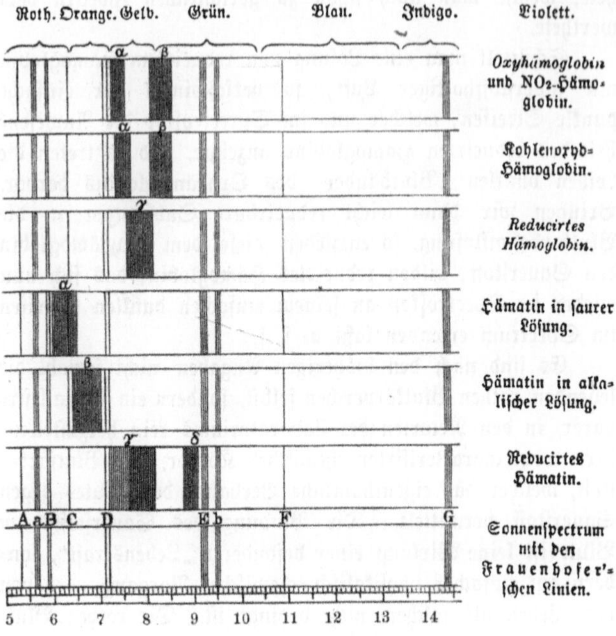

Fig. 26 Spectren des Blutroths.

ein etwas breiterer aber weniger scharf begrenzter dunkler Streifen steht an der Grenze zwischen Gelb und Grün. (Fig. 26.) Enthält die Lösung dagegen reducirtes Hämoglobin, so zeigt sich im Spectrum nur ein breiter dunkler Streifen, welcher den Platz im Gelb einnimmt, den die beiden dunklen Oxyhämoglobinstreifen als lichten Zwischenraum zwischen sich unverdunkelt ließen. Auf diese Weise ist man nicht nur im Stande, die Anwesenheit der beiden Modificationen des Blutfarbestoffs nachzuweisen, es gelingt mittelst des Spectroscops auch der Nachweis des Blutes selbst mit einer Sicherheit, welche man auch schon zu gerichtlichen Zwecken verwerthete.

Schüttelt man eine Lösung von reducirtem Hämoglobin mit sauerstoffhaltiger Luft, so verschwindet der einfache dunkle Streifen, welcher uns im Sprectroskop die Anwesenheit des reducirten Hämoglobins anzeigte, und es treten die beiden dunklen „Blutbänder" des Oxyhämoglobins hervor. Bringen wir dann leicht reducirbare Substanzen in die Blutfarbestofflösung, so entziehen diese dem Oxyhämoglobin den Sauerstoff, bilden reducirtes Hämoglobin, das sich nun wieder im Spectroskop an seinem einfachen dunklen Streifen im Spectrum erkennen läßt u. s. f.

Es sind nach den bisherigen Angaben nicht sowohl die lebenden rothen Blutkörperchen selbst, sondern ein krystallisirbarer, in den Retorten des Laboratoriums rein herzustellender, wohl charakterisirter chemischer Körper, der Blutfarbestoff, welcher das eigenthümliche Verhalten des Blutes gegen Sauerstoff vermittelt. Die Bindung des Sauerstoffs im Blute ist keine Wirkung einer besonderen „Lebenskraft", sondern ein einfacher physikalisch-chemischer Vorgang, der von dem Leben als solchem nicht bedingt ist. Die rothen Blutkörperchen werden zu Sauerstoffträgern durch ihren Gehalt an Blutfarbestoff. Was wir oben von den rothen Blutkörperchen ausgesagt haben, bezieht sich also in Wahrheit auf das Hämoglobin. Die physiologische Haupteigenschaft der rothen Blutkörperchen ist die, Träger des Hämoglobins zu sein.

Auch die Farbenveränderung des Blutes in den Kapillaren ist durch die angeführten Entdeckungen erklärt. Indem das Blut durch die Organe strömt, entziehen diese seinem hellrothen „Oxyhämoglobin" Sauerstoff, verwandeln dieses zum Theil in dunkelrothes „reducirtes Hämoglobin"; in den Lungen sättigt sich der Farbestoff dann wieder mit Sauerstoff, sodaß das Blut hellroth, nur Oxyhämoglobin enthaltend in die Arterien gelangt.

An der Farbenveränderung des Blutes soll sich auch die Veränderung der Blutkörperchengestalt durch die Blutgase betheiligen. Die rothen Blutkörperchen sollen durch Kohlensäure etwas aufquellen, durch Sauerstoff etwas flacher werden. Ihre glatten Oberflächen, welche wie Hohlspiegelchen das Licht reflectiren, werfen im letzteren Falle etwas mehr Licht zurück, was das Blut „heller" erscheinen läßt.

5. Der Blutfarbestoff und giftige Gase. Künstliche Athmung.

Was wir oben von der nur losen Bindung des Sauerstoffs im Blute gesagt, bezieht sich also lediglich auf die Verbindung des Hämoglobins mit dem Sauerstoffe. Dieses auffällige Verhalten des Blutfarbestoffs gab Veranlassung zum näheren Studium seiner chemischen Verwandtschaftsbeziehungen zu anderen Gasarten. Gegen Stickstoff und Kohlensäure, d. h. gegen den Rest der normalen Blutgase, zeigte er sich, wie die Chemiker sich ausdrücken, vollkommen indifferent, er geht mit diesen Gasen keine Verbindungen ein, ebensowenig mit Wasserstoff. Ganz anders aber verhält sich der Blutfarbestoff gegen andere, schon längst als besonders giftig bekannte Gase.

Unter den giftigen Gasen ist vor allem der „Kohlendunst" bekannt. Zahlreiche unabsichtliche und absichtliche Lebensvernichtungen waren die Folge eines Ausströmens von

Kohlendunst aus den zu früh geschlossenen Klappen der Kohlenöfen der Schlafräume. Es war aufgefallen, daß eine Zumischung von Kohlendunst zu der Luft, ohne daß dabei ein wahrer Mangel an Sauerstoff eingetreten wäre, Menschen und Thiere unter allen Erscheinungen einer Erstickung tödte. Das giftige Gas, welches man im Publikum als Kohlendunst bezeichnet, benennt der Chemiker als Kohlenoxydgas. Es bildet sich in größeren Mengen bei allen Verbrennungen, welche ohne genügenden Luftzutritt — also z. B. bei geschlossener Ofenklappe — erfolgen. Es ist auch meist im Leuchtgase in ziemlichen Mengen enthalten, und verursacht dessen bekannte Giftigkeit.

Das Experiment ergab, daß wenn man sauerstoffhaltiges Blut oder eine Lösung von sauerstoffhaltigem Blutfarbestoff in Wasser mit Kohlenoxydgas schüttelt, die hellrothe Farbe verschwindet und aller Sauerstoff ausgetrieben wird. Das Hämoglobin hat sonach eine stärkere Verwandtschaft zu dem Kohlenoxydgas als zu Sauerstoff. Das kohlenoxydgashaltige Blut sieht venös aus, es unterscheidet sich aber wesentlich von dem wahren venösen Blute, welches seine dunkle Farbe der Anwesenheit des reducirten, sauerstofffreien Hämoglobins verdankt. In dem Blute, das mit Kohlenoxydgas in Berührung war, findet sich kein reducirtes Hämoglobin, sondern eine Verbindung von Hämoglobin mit Kohlenoxydgas: Kohlenoxydhämoglobin. Das Spectroskop zeigt nicht den einfachen Streifen des reducirten Hämoglobins, sondern zwei dunkle Blutbänder im Spectrum, welche denen des Oxyhämoglobins sehr ähnlich und für das Kohlenoxydhämoglobin charakteristisch sind. (Fig. 26.) Durch leicht oxydirbare Substanzen lassen sie sich nicht — wie wir das von den beiden Bändern des Oxyhämoglobins angegeben haben — in den einfachen Streifen des reducirten Hämoglobins verwandeln. Die Verbindung des Hämoglobins mit dem Kohlenoxyd ist so fest, daß sie durch Schütteln mit sauerstoffhaltiger Luft nicht gelöst werden kann. Das Blut, welches sich mit Kohlenoxydgas gesättigt hat, vermag für einige Zeit — bis das Kohlenoxyd zu Kohlensäure oxydirt ist — keinen Sauerstoff mehr aufzunehmen. Thiere und Menschen ersticken also deßwegen im Kohlendunst, weil durch die Aufnahme von Kohlenoxydgas bei der Athmung aus den Lungen in das Blut, das letztere, d. h. sein rother Farbestoff, die Fähigkeit verliert, als Sauerstoffträger zu functioniren. Verblutung, Zuschnürung des Halses, Ertrinken wirken also im Grunde aus ganz analoger Ursache todtbringend, wie die Athmung von Kohlendunst; auch sie bewirkt eine wahre Erstickung.

Die Rettung durch Kohlendunst Halberstickter muß also darauf beruhen, daß, nachdem man zunächst die schädliche Ursache entfernt, die Kranken in freie Luft gebracht hat, der Versuch gemacht wird, durch gesteigerte Athemthätigkeit die noch nicht vergifteten rothen Blutkörperchen zu energischerer Action zu veranlassen. Hier hat der Arzt jene „künstliche Athmung" einzuleiten, welche schon so manchen Erstickten dem Leben zurückgegeben hat.

Die künstliche Athmung erfordert so wenig technische Vorbereitung und ist so einfach auszuführen, daß wir die Methode hier anführen wollen für Nothfälle, wo nur augenblickliche Hülfeleistung das schwer bedrohte Leben erretten kann. Der Erstickte wird horizontal mit erhöhtem Kopfe gelagert, alle die Athmung beengenden Kleider rasch geöffnet oder aufgeschnitten. Nun faßt man den Brustkorb zwischen die beiden flach aufgelegten Hände und drückt ihn von den beiden Seiten her, ohne rohe Gewalt anzuwenden, aber doch energisch etwa 1 Sekunde lang zusammen. Dann läßt man plötzlich mit dem Druck nach, sodaß sich der durch den Druck verengerte Brustkorb durch seine eigene Elasticität wieder ausdehnen kann, und beginnt nach 1 bis 1 ½ Sekunden den Druck von neuem. So läßt man längere Zeit hindurch in gleichmäßigem Rhythmus die Verengerung des Brustraumes mit einer Erweiterung abwechseln, etwa der normalen energischen Athmung entsprechend. Eine ganz ähnlich starke Wirkung auf Verengerung und Erweiterung des Brust- resp. Lungenraumes erzielt man, wenn man nach Auflegen der flachen Hand auf die Mitte des Unterleibs einen rhythmisch in Pausen von 1—1½ Sekunden wiederholten Druck mit der Richtung nach aufwärts, gegen das Zwerchfell zu, ausübt. Bei Erstickten ist aber gewöhnlich der Mund krampfhaft geschlossen und die Zunge so weit zurückgezogen, daß der Kehldeckel den Eingang in die Luftröhre verschließt (s. die Abbildung 49 bei Schluckakt). Dann nützt die künstliche Athmung erst, wenn man den Mund öffnet, was öfters nur gewaltsam, z. B. dadurch, daß man einen Schlüssel zwischen die Zahnreihen schiebt, gelingt, und die Kiefer durch Einklemmen irgend eines etwas breiteren Gegenstandes — eines Stückchen Holzes, eines Korkstöpsels, eines Taschenmesserheftes ꝛc., was eben gerade zur Hand ist — offen hält. Nun läßt man durch einen Gehülfen mit einem Taschentuch die Zunge ergreifen, aus dem Munde hervorziehen und in dieser Lage festhalten. Dadurch wird der Eingang in den Kehlkopf sicher geöffnet und für die künstliche Athmung ein offener Weg in die Lungen gebahnt. Man setzt im günstigen Falle die künstliche Athmung so lange fort, bis die selbständige Athmung des Erstickten zurückgekehrt ist, bis das Herz wieder energisch sich zusammenzieht und dadurch der Puls wieder fühlbar geworden ist. Durch die künstliche Athmung pumpen wir — wie bei dem Zusammendrücken und Oeffnen eines Blasebalges oder bei der normalen Athmung — Luft aus und dann wieder in die Lungen ein. Das in den Lungen enthaltene Blut kann also Kohlensäure abgeben und dafür Sauerstoff aufnehmen. Unter der Einwirkung des Sauerstoffs im Blute geht nach und nach auch das Kohlenoxyd durch Sauerstoffaufnahme in Kohlensäure über, welche keine Verwandtschaft zum Hämoglobin besitzt und bei der Athmung aus den Lungen entweicht. So kann dann nach einiger Zeit vollkommene Wiederherstellung der Gesundheit eintreten.

Anders aber ist es, wenn die Erstickung im Kohlendunst schon einen höheren Grad erreicht hat, wenn nicht mehr genügend viel unvergiftete Blutkörperchen vorhanden sind, um auch bei der energischsten künstlichen Athmung die Lebensfunctionen unterhalten zu können. Dann gibt es nur noch ein Mittel, das Rettung bringen kann: die Bluttransfusion. Kühne war es, welcher (1864) die Aerzte auf diese letzte Auskunft hingewiesen hatte, deren Erfolg an Thieren von ihm sicher gestellt war. Badt und Martin waren die Ersten, welche einen durch Kohlendampf erstickten Menschen durch die Transfusion retteten. An Stelle der vergifteten werden durch die Transfusion lebenfrische Blutkörperchen eingeführt, welche den Gasverkehr des Blutes mit der Luft und den Organen sofort übernehmen können.

Aehnlich wie Kohlendunst wirkt eine Anzahl anderer giftiger Gase. (S. unten Blutkrankheiten.)

Die Erstickung in sogenannten indifferenten Gasen wie z. B. Wasserstoff beruht dagegen lediglich auf Sauerstoffmangel in der dem Blute dargebotenen Luft. Eine Luft, welche keinen oder zu wenig Sauerstoff enthält, vermag das animale Leben nicht zu erhalten; dieses hört aus demselben Grunde auf, aus welchem ein Licht in solcher Luft verlöscht.

Die giftigen Wirkungen der Kohlensäure beruhen zum Theil noch auf anderen Momenten. Durch directe Beobachtungen wurde gefunden, daß die Kohlensäure eine lähmende Einwirkung auf alle Organe ausübt: Gehirn, Rückenmark, Nerven, Muskeln, Drüsen werden durch die Einwirkung der

Kohlensäure zunächst in ihrer normalen Thätigkeitsentfaltung gehemmt, dann wirklich gelähmt und schließlich getödtet. Die Kohlensäure ist also ein Organgift, kein eigenliches Blutgift. Die Wirkung der Kohlensäure in der Athemluft ist natürlich scheinbar heftiger, wenn sich gleichzeitig mit ihr eine Sauerstoffverminderung der Luft verbindet. Hier kommen dann zwei Schädlichkeiten zusammen, unter deren gemeinsamen Angriffen das Leben sehr rasch erliegen muß. Bei Erstickung, z. B. durch Erhängen, Ertrinken ꝛc., treten Sauerstoffmangel und Kohlensäureüberladung im Blute gleichzeitig auf. Ist der Sauerstoff in der Athemluft künstlich vermehrt, so kann die in ihr enthaltene Kohlensäuremenge ziemlich hoch steigen, ohne daß das Leben erliegt. Der Tod tritt erst ein, wenn die Kohlensäuremenge der Luft so groß wird, daß nach dem Gesetze der Gasdiffusion keine Kohlensäure mehr aus dem Blute austreten kann, oder wenn umgekehrt durch Diffusion aus der dem Blute dargebotenen kohlensäurereichen Luft Kohlensäure in das Blut aufgenommen wird.

Kapitel VI.

Die Organe der Blutreinigung und ihre Thätigkeit.

I. Die Lunge und die Athmung.

1. Der Bau der Lunge.

Das Leben der animalen Organismen beruht auf dem Wechselverkehr mit der Atmosphäre, auf der Athmung. Mit Hülfe des Sauerstoffs, welcher aus der Luft in das Blut und von diesem aus zu allen Organen gelangt, werden alle jene Kraftleistungen hervorgebracht, welche wir als Beweise des Lebens ansprechen.

Der einfache Organismus der nackten Wurzelfüßer hat uns gelehrt, daß eine Athmung ohne specifische Athemorgane möglich ist. Von der allgemeinen Körperoberfläche aus sehen wir das im Wasser gelöste Lebensprincip des Sauerstoffs in den Organismus der niedersten Wasserthiere eintreten. Da das Protoplasma in fortgesetzter strömender innerer Bewegung ist, wechseln auch unablässig seine zunächst an der Oberfläche befindlichen Stoffpartien, sodaß immer neue Theilchen des kleinen Organismus in nächsten Stoffaustausch mit dem umgebenden sauerstoffhaltigen Medium treten können. Bei dem Ausstrecken der Scheinfüße, in denen die Protoplasmaströmung mit erhöhter Energie erfolgt, werden die

Aufnahmsbedingungen für Sauerstoff noch wesentlich verbessert, indem die Körperoberfläche durch diese zeitweiligen zarten Anhänge beträchtlich vergrößert wird. Proportional mit der Oberfläche, wächst die von dieser zunächst ausgehende Anziehung gegen Sauerstoff. Die Scheinfüße spielen sonach eine Rolle als temporäre Athmungsorgane, welche wir oben mit der von kiemenartigen Anhängen bei höheren Wasserthieren vergleichen konnten.

Es wurde schon mehrfach darauf hingewiesen, daß nicht nur die weißen Blutkörperchen, sondern alle die organaufbauenden Zellen des Körpers höherer animaler Wesen, wie des Menschen, sich dem sauerstoffhaltigen Blute gegenüber in etwa der gleichen Lage befinden, wie jene freilebenden nackten Protoplasmakörper gegenüber dem Wasser. Auch bei den ersteren tritt durch Oberflächenanziehung Sauerstoff aus der umgebenden Flüssigkeit, dem Blute, in das Zellenprotoplasma ein, welches durch innere Strömungen und gelegentlich durch Formumwandlungen, Ausstrecken von Protoplasmafortsätzen ꝛc. die Aufnahmsbedingungen günstiger gestaltet.

Bei den verschiedenen Kiemenapparaten im Wasser lebender blutführender Thiere sehen wir das Blut in möglichst großer Oberfläche in möglichst directe Berührung mit dem sauerstoffhaltigen Wasser gebracht. Am anschaulichsten ist das dort, wo die Kiemen als zarte, äußerst blutreiche faden- und büschelförmige Anhänge an der Körperoberfläche sitzen und frei im Wasser flottiren. Hier gilt alles das, was wir oben von der Oberflächenvergrößerung der sauerstoffaufnehmenden Fläche durch die Scheinfüße bei den niedersten, blutlosen Organismen gesagt haben. An Stelle des Protoplasmas tritt aber vorerst das Blut als Sauerstoffträger, mit seiner specifischen Anziehungsfähigkeit gegen Sauerstoff.

Bei luftathmenden Thieren begegnen wir zwei ganz verschiedenen Methoden für die Einführung des Sauerstoffs in die Organe, welche uns gerade durch ihre Verschiedenheit das Princip, auf welches es ankommt, sehr deutlich, gleichsam von zwei verschiedenen Richtungen aus, erläutern.

Die Insekten athmen nicht durch Lungen, sondern durch Luftröhren, Tracheen, welche, an der Körperoberfläche mit zahlreichen freien Oeffnungen beginnend, sich durch den ganzen Körper, endlich in den feinsten Verästelungen, hinziehen, ja mit ihren Ausläufern in das Innere von Zellen selbst eintreten. Elastische Spiralfäden, welche die Röhrenwand ausspannen, halten ihre Höhlung offen, sodaß die eingepumpte sauerstoffhaltige Luft direct zu den letzten mikroskopischen Gewebselementen Zutritt findet. Gleichzeitig verringern die mit Luft gefüllten Tracheen bei diesen Thieren das specifische Gewicht des Körpers und ermöglichen ihnen dadurch auch das Fliegen in der Luft, in ganz analoger Weise wie demselben Bedürfnisse bei den Vögeln die mit den Lungen in offener Verbindung stehenden luftgefüllten, pneumatischen Knochen dienen. Auch die luftgefüllte Schwimmblase der Fische gehört physikalisch gesprochen in diese Organkategorie.

Indem die Luft selbst durch die Luftröhren bei den Insekten in dem ganzen Körper vertheilt wird, haben die Flüssigkeiten des letzteren überall die Möglichkeit, Sauerstoff aufzunehmen und Kohlensäure an die Luft abzugeben. Die Function, welche bei den Wirbelthieren den Lungen und Kiemen fast ausschließlich zufällt, wird hier von jeder einzelnen Körperzelle gleichsam selbständig übernommen.

Um uns die Art der Arbeitsleistung der höher organisirten Athemorgane anschaulich zu machen, betrachten wir die Baueinrichtungen der Lungen des Menschen.

Die Anatomen rechnen die Lungen (Fig. 27) zu den Drüsen des Körpers. Die Lungen entstehen bei der Entwickelung des

Organismus als Ausstülpung des vorderen Abschnitts des bei seiner Anlage einfach und ziemlich gleichmäßig röhrenförmig gestalteten Darmrohrs. (Fig. 28.) Bei einem Hundeembryo sah von Bischoff in den ersten Tagen der Körperentwickelung die Lungenanlagen als zwei kleine Ausstülpungen, die noch jede für sich am Anfang der Speiseröhre dicht hinter dem

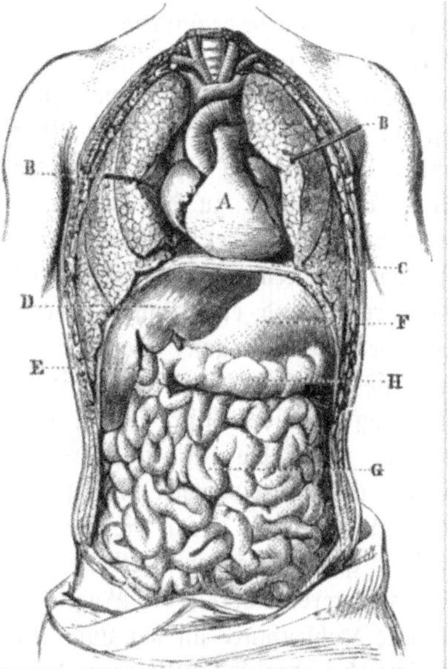

Fig. 27. Brust- und Bauchhöhle geöffnet.
A Herz. B die Lungen, etwas bei Seite gezogen. C Zwerchfell. D Leber. E Gallenblase. F Magen. G Dünndarm. H Querdarm, ein Abschnitt des Dickdarms.

Schlunde einmündeten. (Fig. 28.) Erst in der Folge verbinden sich die primär gesonderten Einmündungsöffnungen zu einer einfachen Röhre, der Luftröhre, an welcher dann die beiden Lungenflügel wie an einem gemeinschaftlichen Stiele hängen.

Gehen wir bei der näheren anatomischen Beschreibung von dem Bau der fertig gebildeten Lunge aus, so können wir uns ihre vielverzweigten Hohlräume, welche der Luftaufnahme dienen, sehr anschaulich unter dem Bilde eines vielästigen Baumes vorstellen. (Fig. 29.) Die Luftröhre bildet gleichsam den Stamm dieses Baumes, welcher zuerst gabelförmig sich in zwei Hauptäste theilt; es sind das die beiden großen Bronchien, von denen je eine zu einem Lungenflügel führt. Die beiden Lungenflügel selbst, oder wie man wissenschaftlich sich ausdrückt, die rechte und die linke Lunge, bestehen im Wesentlichen nur aus den Verastelungen der Bronchien. Jeder Bronchus theilt sich wieder gabelförmig, seine Zweige und die von diesen abgehenden feiner und feiner werdenden Aestchen wiederholen diese Theilung, bis schließlich aus den größeren Röhren die feinsten hohlen Reiserchen gebildet sind. Jedes dieser feinsten Bronchienästchen, die kapillaren Bronchien, erweitern sich schließlich in ein zartwandiges, mehrfach ausgebuchtetes längliches Bläschen: Lungenbläschen, dessen Gestalt Fig. 30 (S. 155) erläutert.

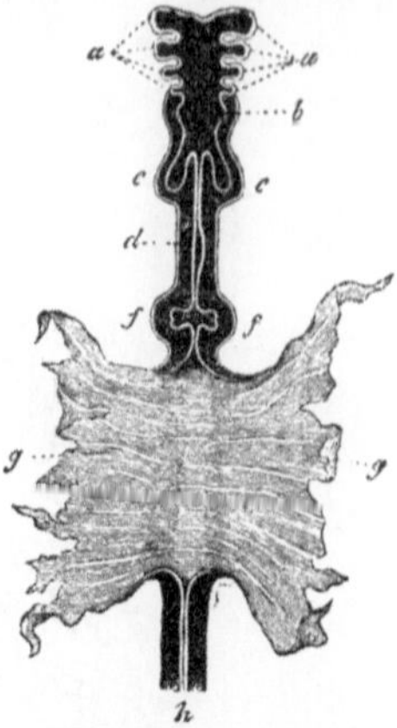

Fig. 28. Darm des Hundeembryo von unten vergrößert dargestellt. Nach Bischoff.

a Kiemen- oder Visceralbogen. b Schlund- und Kehlkopfanlage. c Lungen. d Magen. f Leber. g Wände des Dottersackes, in den der mittlere Theil des Darmes noch weit übergeht. h Enddarm.

Wir haben in der Lunge den Typus einer „traubenförmigen Drüse" vor uns. Denken wir uns sowohl den Stiel einer Weintraube, als die Aestchen desselben und schließlich auch die anhängenden Beeren hohl und alle mit ihren Hohlräumen in den Hauptstiel einmündend, so haben wir ein schematisches Bild von der Einrichtung der Lungenhohlräume. Analog gebaute „Drüsen" finden sich sehr zahlreich in dem höheren animalen Organismus verbreitet. In analoger Weise, wie wir die Hohlräume der Tracheen der Insekten durch elastische Spiralfäden ausgespannt erhalten sahen, um der Luft freien Ein- und Austritt zu gestatten,

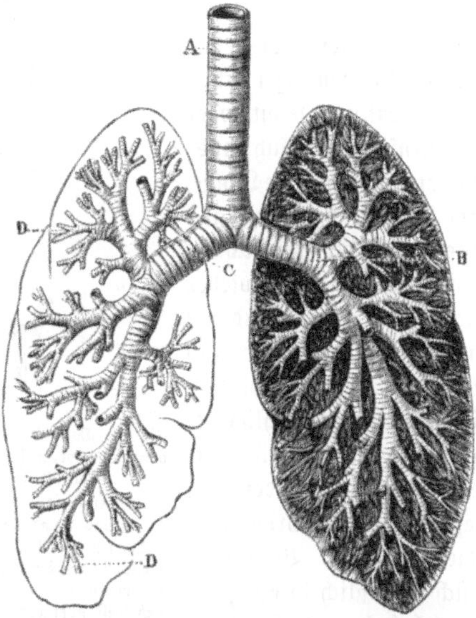

Fig. 29. Luftröhre und ihre Theilung im Innern der Lunge.
A Luftröhre. B linker Hauptast, Bronchus sinister. C rechter Hauptast, Bronchus dexter. DD die kleineren Röhren und Bronchien.

so sehen wir auch bei der Luftröhre die häutigen Umhüllungen gestützt und ausgespannt durch (an der Rückseite offene) Knorpelringe. Aehnliche Knorpelringe zeigen auch alle gröberen Aeste der Luftröhre, in den feineren Bronchienzweigen wird die Gestalt der elastischen Knorpelstützen weniger regelmäßig, sie fehlen den feinsten, kapillaren Bronchien und den Lungenbläschen ganz, bei denen ihre Stelle durch zahlreiche „elastische Fasern", die in die Substanz der weniger elastischen Häute eingelagert sind, ersetzt wird. Es würde hier zu weit führen, wenn wir die anatomische Beschreibung auf die Zellenauskleidung der Röhrengebilde der Lunge, auf die schleimabsondernden Drüschen in den gröberen Bronchien rc. ausdehnen würden. Die von den letzterwähnten Drüschen abgesonderten schleimigen Flüssigkeiten sind es, welche den Luftweg feucht und für die durchstreichende Luft schlüpfrig erhalten.

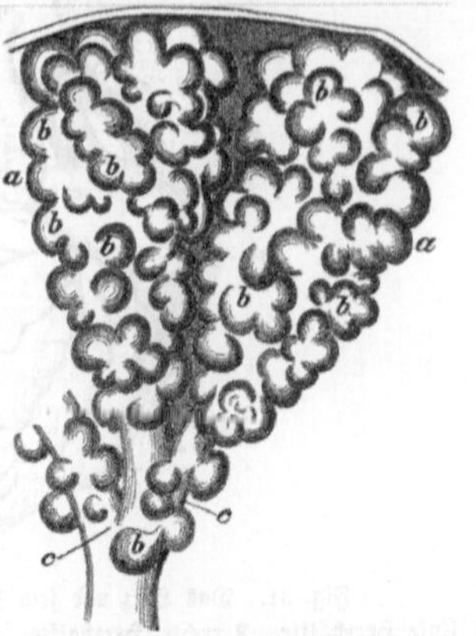

Fig. 30. Zwei Lungenläppchen a a mit den Luftzellen b b und den feinsten Bronchialästen c c, an denen ebenfalls noch Luftzellen sitzen. Von einem Neugeborenen. 25 mal vergr.

Die Hauptmasse der Lunge wird von den zahlreichen Lungenbläschen gebildet, deren Gesammtzahl Huschke, wie wir schon oben hörten, auf circa 1800 Millionen bestimmte.

Auch die aus dem Herzen das venös gewordene Blut den Lungen zum Reinigungs- und Erneuerungsproceß zuführende Lungenarterie theilt sich für die rechte und linke Lunge zuerst in je einen Hauptzweig, welcher sich analog den Bronchien verästelt (s. Fig. 31 S. 156) und dessen Haargefäße schließlich sich in der reichsten Weise an der Innenwand der Lungenbläschen, also der in diesen befindlichen Lungenluft möglichst nah, sich verbreiten (Fig. 24 S. 130). Aus ihnen sammeln sich in größeren Aestchen und

Zweigen wieder die Lungenvenen (Fig. 31 8), welche, vier an der Zahl, das in den Lungen arteriell gewordene Blut dem linken Herzvorhofe zuleiten.

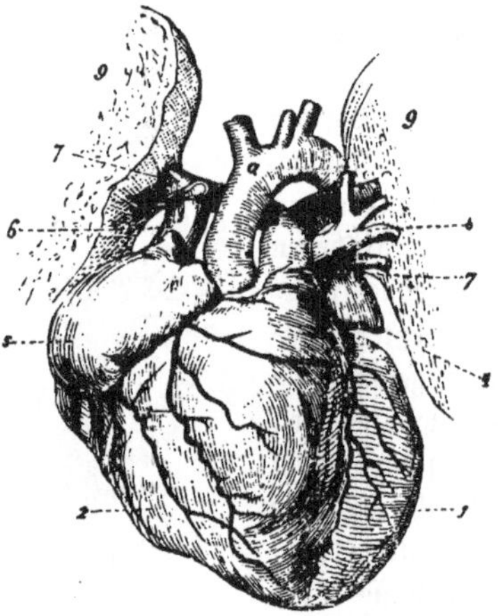

Fig. 31. Das Herz und sein Zusammenhang mit der Lunge.
1 linke Herzhälfte. 2 rechte Herzhälfte. 3 die Aorta. 4 linker Vorhof. 5 rechter Vorhof. 6 obere Hohlvene. 7. Lungenschlagader vom rechten Herzen entspringend. 8. Lungenvenen, welche das Blut zurückbringen aus 9 9 den Lungen.

2. Der Lungengaswechsel.

Die Lungen bleiben nach den ersten Athemzügen des Neugeborenen normal stets mit Luft bis in die Lungenbläschen gefüllt. Nur je ein Theil der Lungenluft wechselt bei den rhythmischen Athemzügen. Jeder Athemzug mischt der Lungenluft einen Antheil frischer atmosphärischer Luft zu, wodurch normal die chemische Zusammensetzung der gesammten Lungenluft so reich an Sauerstoff und so arm an Kohlensäure erhalten wird, daß nach dem Gesetze der Gasdiffusion der Gasverkehr zwischen ihr und dem Blute nicht unter die normale Energie herabzusinken vermag.

Im Allgemeinen kennen wir die chemischen Veränderungen schon, welche die Luft in den Lungen erleidet. Ein Theil ihres Sauerstoffs wird ihr entzogen, dafür wird ihr dem Volum nach ziemlich die gleiche Menge Kohlensäuregas zugemischt. Da die Luft in den Lungen in dem ausgiebigsten Wechselverkehr mit den wässerigen Flüssigkeiten des Lungengewebes, namentlich mit dem Blute steht, so entweicht sie mit Wasserdampf gesättigt bei der Ausathmung und gleichzeitig auf die Normalkörpertemperatur (etwa 37° C.) erwärmt. Da bekanntlich die Luft mit zunehmender Temperatur mehr Wasser zur Sättigung mit Wasserdampf aufnehmen muß, so sehen wir, wenn wir in kalte Luft ausathmen, das dunstförmige Wasser der sich abkühlenden Athemluft sich als Nebel oder an kalten Wintertagen als Reif verdichten.

Legen wir eine Volumsverminderung der Athemluft von 1 % unserer Berechnung zu Grunde, so erhalten wir für die Abnahme des Sauerstoffs und die Zunahme der Kohlensäure in der Athemlunft folgende Werthe:

	Einathmungsluft	Ausathmungsluft
Stickstoff	79,2	79,2
Sauerstoff	20,8	15,4
Kohlensäure	(0,005)	4,4
	100,0	99,0

Die Gesammtluftmenge, welche bei der Athmung ein Erwachsener bei Körperruhe in 24 Stunden einnimmt und ausgibt, berechnet man zu etwa 10000—13000 Liter.

Nach directen Bestimmungen bedarf ein Erwachsener in 24 Stunden bei Körperruhe etwa 750 g (Gramm) Sauerstoff, die er in der Athmung aufnehmen muß. Dem Volumen nach etwa ebensoviel Kohlensäure gibt er bei gewöhnlicher Ernährung und geringer Arbeitsleistung seiner Muskeln in derselben Zeit in der Athmung ab. Beide Größen schwanken natürlich mit dem Alter, dem Körperzustande, der Nahrungsweise, der äußeren Temperatur, der größeren oder geringeren Arbeitsleistung auch bei vollkommen gesunden Menschen. Nach unseren Beobachtungen schwankt je nach der Nahrung die tägliche Kohlensäureabgabe in der Athmung von dem Minimum von 663 g — am 2ten Hungertage, d. h. in den zweiten 24 Stunden nach der letztmaligen Nahrungsaufnahme — bis zum Maximum von 926 g bei möglichst reichlicher Nahrung. Diese Versuche wurden bei relativer Körper ruhe angestellt. Sehr interessant und vielseitig belehrend sind die Vergleichungen, welche von v. Pettenkofer und Voit bei ein- und demselben Individuum vergleichend bei relativer Körperruhe und bei angestrengter Muskelarbeit angestellt wurden. Der von ihnen untersuchte Arbeiter verbrauchte am „Ruhetage" 708,9 g Sauerstoff und gab dafür 911,5 g Kohlensäure aus. Am „Arbeitstage" war unter sonst gleichen Verhältnissen sein Sauerstoffconsum auf 954,5 g und seine Kohlensäureabgabe auf 1284,2 g gestiegen. Die erhöhten mechanischen Leistungen des Körpers sind sonach bedingt und getragen von einer sehr bedeutend gesteigerten organischen Verbrennung kohlenstoffhaltiger Körperbestandtheile. Die Verhältnisse erscheinen ganz analog wie bei einer durch Kohlenverbrennung zu ihren Arbeitsleistungen befähigten Kraftmaschine unserer Technik. Halten wir diese nur so weit warm, daß sie sofort ihre Thätigkeit beginnen kann, so verbrauchen wir zur Erhaltung dieses Ruhezustandes, welcher dem Ruhetage des Arbeiters entspricht, wesentlich weniger Kohle oder überhaupt Brennmaterial, als wenn wir sie nun wirklich arbeiten lassen.

Die Luft, welche mit einem Normalgehalt von 0,003 bis 0,005 Volumprocent Kohlensäure in die Lungen eingeathmet wurde, wird mit 3,4 bis 5,5 Volumprozent Kohlensäure ausgeathmet.

Die Gesammtwassermenge, welche der menschliche Organismus in der Athemluft aus Haut und Lungen als Wasserdampf in 24 Stunden abgibt, schwankt bei Körperruhe etwa zwischen 800—1000 g. Auch dieser Verlust ist aber bei der gesteigerten Arbeitsleistung des Körpers wesentlich erhöht. Der Pettenkofer-Voit'sche Arbeiter verlor in der Gesammtathmung (Haut- und Lungenathmung) am Ruhetage 828 g Wasser, am Arbeitstage dagegen 2042,1 g. Ein sehr beträchtlicher Theil des abgegebenen Wassers fällt hiebei auf die Haut.

Es ist von hohem Interesse, noch einen Blick auf die Apparate und Methoden zu werfen, welche der neueren Wissenschaft dazu dienten, den Wechselverkehr zwischen lebendem Organismus und Luft so viel genauer, als es einer früheren Zeit möglich war, zu untersuchen. Der vollendetste Apparat zur Untersuchung der Gesammtathmung des Menschen und größerer Thiere ist eine Erfindung von Pettenkofer's. Das Princip läßt sich mit wenig Worten darstellen.

Der Apparat ist direct für die Untersuchung der Athmung des Menschen gebaut. Die Versuchsperson hält sich während der Beobachtung in bequemster Weise in einem kleinen aus Eisenblech und Glas construirten Salon auf, dessen Einrichtung die Möglichkeit bietet, die durch die Athmung gesetzte Luftveränderung auf das genaueste zu controliren. Durch eine mächtige Dampfpumpe wird fortwährend Luft in den Salon ein und wieder aus ihm heraus gepumpt. Die durch den Salon gepumpte Luft wird ihrer ganzen Menge nach mittelst einer großen Gasuhr gemessen. Die in den Salon einströmende Luft wird chemisch auf das genaueste analysirt, ebenso die aus dem Salon abströmende Luft, welche einen Theil ihres Sauerstoffs verloren hat, dafür aber mit den gasförmigen Ausscheidungsproducten des untersuchten Individuums beladen wurde. Die Differenz beider Untersuchungsresultate — das an der einströmenden und das an der abströmenden Luft gewonnene — gibt qualitativ und quantitativ die Stoffe an, welche der Mensch in der Untersuchungsperiode durch insensible Stoffabgabe durch Lungen und Haut verloren hat, und läßt durch Gewichtsbestimmung der Versuchsperson vor und nach dem Versuche die dabei aufgenommene Sauerstoffmenge berechnen. Die Methode ist, trotz der großen Luftvolumina, um deren Untersuchung es sich hiebei handelt, etwa eben so genau wie eine sog. „chemische Elementaranalyse".

Die Messung der bei einzelnen Athemzügen abgegebenen Luftmengen geschieht nach dem Vorgange von Pettenkofer's und Voit's am einfachsten durch eine wohlgeaichte kleine Gasuhr, welche die gemessenen Athemgase nach dem Durchströmen zum Zweck chemischer Analyse aufzufangen erlaubt: Spirometer.

3. Die Veränderungen des Luftdrucks in ihrer Einwirkung auf das Athmen und das Allgemeinbefinden.

Veränderungen des Luftdrucks sind von sehr entschiedener Einwirkung auf die Athmung und unser Allgemeinbefinden. Der Totaldruck der Atmosphäre, welcher von allen Seiten gleichmäßig auf den menschlichen Körper einwirkt, schwankt etwa zwischen 30- bis 40tausend Pfund. Der Druck ist natürlich entsprechend größer, wenn wir uns an der Meeresküste befinden, kleiner bei einem Aufenthalt in Gebirgshöhen.

Schon die gewöhnlichen Barometerschwankungen an den Orten gleicher Meereshöhe reichen hin, einen, wenn auch geringen, doch deutlichen Einfluß auf unseren Körper und seine Lebensverrichtungen auszuüben. Vierordt beobachtete bei einer Veränderung des Barometers von 332''' auf

338''' eine Vermehrung der Athemzüge und der Herzcontractionen; die Athemzüge stiegen im Mittel in der Minute von 11,6 auf 12,2, die Pulse von 70,9 auf 72,2. Noch bedeutender ist diese Zunahme, wenn wir Berghöhen ersteigen, auf welchen der Luftdruck ein wesentlich geringerer ist. Hier bemerken wir ein eigenthümliches Gefühl besonderen körperlichen Wohlbehagens, welches vorzüglich durch eine gesteigerte Lungenventilation und eine allgemeine Beschleunigung der Blutbewegung bedingt scheint. Die letztere ist gleichzeitig die Ursache, warum bei dem Bergsteigen die Ermüdungserscheinungen unserer Muskeln rascher verschwinden als bei Anstrengungen in der Ebene*). Erst bei Höhen wenigstens über 12000 Fuß stellen sich als die Wirkungen der „stark verdünnten Luft“ verschiedene körperliche Beschwerden ein. Athem- und Herzbewegungen sind wesentlich beschleunigt, es erweitern sich die Blutgefäße der Haut. Die Perspiration und Schweißbildung nimmt zu, die Glieder schwellen durch das reichlicher der Haut zuströmende Blut etwas an. Nun ermüden die Muskeln rascher als sonst. Sehr gewöhnlich treten vorübergehend Ohrenschmerzen und Schwerhörigkeit auf. Sie haben ihre Ursache in einer Druckverschiedenheit der äußeren Luft und derjenigen Luft, welche hinter dem Trommelfell des Ohres sich in der Höhle des mittleren Ohres befindet. In Folge davon wird das Trommelfell nach außen stark gewölbt und dadurch übermäßig und schmerzhaft gespannt. Das mittlere Ohr, die Paukenhöhle, steht mit der Mundhöhle (dem Schlunde) durch eine, gewöhnlich aber durch Aneinanderlegen ihrer Wände verschlossene Röhre, die Trompete, Tuba Eustachii, in Verbindung. Durch Schluckbewegungen können wir diese Verbindungsröhre der Luft der Paukenhöhle mit der äußeren Atmosphäre willkürlich

*) Siehe unten Kap. VIII: Blut und Organthätigkeit.

öffnen, der Luftdruck auf beiden Seiten des Trommelfells gleicht sich damit sofort aus und die Ohrenschmerzen verschwinden.

Die Veränderungen des Befindens in verdünnter Luft können wir, ohne Berghöhen zu erklettern, an uns beobachten in den pneumatischen Apparaten, welche an verschiedenen Kurorten z. B. in Reichenhall und in Johannisberg im Rheingau mit gutem Erfolg zu Heilzwecken verwendet sind. Sie gestatten es, die Luft in dem Salon des Apparates sowohl zu verdünnen als zu verdichten, den Luftdruck also zu verringern und zu vermehren.

Namentlich bei Luftschifffahrten werden diese Einflüsse des veränderten Luftdrucks empfunden. R. von Schlagintweit beobachtete an sich und seinen Reisebegleitern die Folgen des stark verringerten Luftdrucks auf den asiatischen Hochgebirgen. In Hochasien bezeichnet man diese Beschwerden oder vielmehr die Ursache, welche sie hervorrufen soll, als Bitsch, Bisch ki Haua, Kharab Haua, d. h. giftige, böse Luft. Jede Muskelbewegung in diesen hohen Regionen verursacht die größte Anstrengung und Abspannung, doch setzt Gewöhnung die Erscheinung herab. Dagegen ist keine Menschenrasse von diesen Beschwerden ausgenommen. Schlagintweit beobachtete an sich selbst folgende Störungen seines physiologischen Zustandes: Kopfschmerz, welcher des Nachts sich steigerte, Schwierigkeit zu athmen bis zur Erstickungsangst, Appetitlosigkeit, Abspannung, Niedergeschlagenheit, Stumpfsinn; ferner eine große Neigung auf kleine äußere Veranlassungen aus Lunge und Nase zu bluten. Wind vergrößert noch die an sich heftigen Beschwerden. In den Anden von Südamerika sollen die Beschwerden noch viel größer sein als in Hochasien. Man benennt sie dort als Sorocho, Puna, Veta, Mareo und Chunno. Sie treten hier schon bei weit geringeren Höhen auf. Während die Region der Leiden in Hochasien erst bei 16500 englischen Fuß beginnt, stellen sich in den Anden die Beschwerden schon bei 11500 Fuß ein. Auch Maulthiere leiden daran, und man sucht sie durch Aderlaß (an einem Zungengefäß) zu erleichtern. Kräftige sollen mehr leiden als Schwächlinge. Die Bewohner jener Gegenden sollen sich durch eine besondere Weite des Brustkastens, des Thorax, auszeichnen.

In Höhen über 18000 Fuß tritt oft Uebelkeit ein, spontane Blutungen aus dem Zahnfleisch und der Bindehaut der Augen, gegen jede Bewegung der größte Widerwille; Niedersitzen bringt Erleichterung. Als Glaischer bei einer Luftfahrt die Höhe von 32000 Fuß erreichte, stürzte er besinnungslos nieder; nur sofortiges Senken des Luftschiffes durch seinen noch nicht besinnungslosen Begleiter rettete diesem und ihm das Leben.

Wenn wir Thiere unter die Glocke einer Luftpumpe bringen und die Luft in der Glocke sehr rasch verdünnen, so stürzen die Thiere ebenfalls plötzlich zusammen. F. Hoppe hat den Grund dafür aufgefunden. Bei dem geringen Luftdruck stellt sich, gerade so als hätten wir das Blut unter die Glocke der Luftpumpe gebracht (s. oben S. 132), eine Gasentwickelung aus dem Blute der Thiere ein. Die Gasblasen verstopfen dann die Lungen- und Herzkapillargefäße, der Blutlauf stockt dadurch in den lebenswichtigsten Organen mit einem mal, sodaß diese plötzlich ihre Lebensthätigkeiten einstellen. Die Verstopfung der Kapillargefäße des Herzens durch Luft als Todesursache ist den Aerzten aus anderen Erfahrungen bekannt. Die gefürchtete Lebensgefährlichkeit der Operationen in der Nähe des Herzens z. B. am Halse beruht darauf, daß durch die Saugwirkung des Herzens in die durchschnittenen Venen, wenn ihre Wandungen z. B. durch krankhafte Veränderungen, Verhärtungen, der sie umgebenden Gewebe nach der Durchschneidung nicht sofort zusammenfallen können, Luft eingesaugt wird, wodurch momentan der Tod des Operirten herbeigeführt werden kann.

Die anatomischen Einrichtungen des Menschenleibes functioniren wie das Blut in normaler Weise nur bei einem normalen Luftdruck. Unsere Lunge ist durch den einseitig nur von innen her auf sie zur Wirkung kommenden Luftdruck in der Brusthöhle befestigt, alle unsere Gelenke werden durch Luftdruck zusammengehalten. Wie die Gebrüder Weber nachgewiesen haben, reicht ein mittlerer Luftdruck hin, das ganze Bein mit Knochen, Muskeln und Haut in dem Pfannengelenke des Menschen zu halten. Sinkt der Luftdruck bedeutend, so bekommt das Bein das Uebergewicht und muß nun, damit es nicht aus seiner Pfanne herabsinkt, durch Muskelaction festgehalten werden. Zur Anstrengung des Gehens und Steigens kommt dadurch noch eine weitere ungewohnte Muskelleistung hinzu, welche die rasche Ermüdung namentlich des Neulings auf jenen bedeutenden Höhen erklärlich macht.

Es wird behauptet, daß der Alkohol auf großen Höhen seine Wirksamkeit auf das Nervensystem verliere. Man will das durch eine gesteigerte Lungenventilation erklären, da der Alkohol bekanntlich in der Athemluft zum relativ großen Theile den Organismus unzersetzt wieder verläßt. Bei geringeren Berghöhen ist das, wenigstens in europäischen Landen, nicht der Fall. Sorgsame Bergführer, namentlich in den tiroler Gletscherregionen, vermeiden bei gefährlicheren Bergwanderungen nicht nur selbst den Schnaps, sondern rathen auch den Reisenden diese Enthaltsamkeit dringend an.

Die Wirkungen einer stärker comprimirten Luft wurden in Taucherglocken, in den pneumatischen Cylindern, welche bei manchen Brückenbauten in Anwendung gebracht wurden, und neuerdings auch in den schon oben erwähnten pneumatischen Apparaten zu Heilzwecken geprüft. Babington machte seine Beobachtungen bei dem Legen des Fundamentes der Londonderry-Brücke. Diese ruht auf sechs eisernen, in der Folge mit Sand und Cement gefüllten Hohlcylindern, welche bis zu 40 Fuß unter das Flußbett gesenkt wurden. Zunächst wurden die Cylinder eingesenkt und durch Luftdruckwerke das Wasser aus ihnen herausgepreßt. In dem auf diese Weise hergestellten wasserfreien Raume in den Cylindern mußten die Arbeiter unter sehr erheblich gesteigertem Luftdrucke arbeiten. Sie spürten zuerst aus dem analogen Grunde, wie wir das oben bei Luftverdünnung bemerkten, einen meist bald vorübergehenden Schmerz in den Ohren, welcher hier auf ein schmerzhaftes Einwärtswölben des Trommelfells gegen die Paukenhöhle zurückzuführen ist, dann Kopfschmerz, Verschärfung des Gehörs, Schmerzen in den Gliedern, zuweilen Nasenbluten, dann ein Gefühl von Schwere und Unbehagen. Aehnliche Beschwerden traten auch ein, wenn bei dem Verlassen der Cylinder zu rasch ein Uebergang aus dem starken in den normalen Luftdruck stattfand. In einigen Fällen entstanden plötzliche, tödtlich verlaufende Lähmungen. Die Beschwerden besserten sich unter dem hohen Luftdruck wieder; endlich trat eine vollkommene Gewöhnung an denselben ein, sodaß einige Arbeiter behaupteten, es arbeite sich in den Cylindern besonders leicht.

Die Steigerung der Gehörschärfe unter gesteigertem Luftdruck rührt davon her, daß die verdichtete Luft den Schall besser leitet. Das Sprechen ist dabei erschwert; bei 2,5 Atmosphärendruck kann man nicht mehr pfeifen.

In der verdichteten Luft sinkt die Frequenz der Athemzüge oft sehr bedeutend, man beobachtete ein Sinken von 16 auf 4 Athemzüge in der Minute; auch die Pulsfrequenz sinkt. Die Lunge weitet sich aus, die Sauerstoffaufnahme steigt nach den Beobachtungen G. von Liebig's beträchtlich, ebenso die Kohlensäureabgabe. Die Haut wird blaß, die oberflächlichen Venen schwellen ab. Auf die Allgemeinernährung soll der Aufenthalt in gesteigertem Luftdruck günstig einwirken. Man will bei reichlicherer Nahrungsaufnahme unter gesteigertem Appetit eine allgemeine Kräftigung des Muskelsystems und des Herzens constatirt haben.

Die bekannten hygieinischen Wirkungen der Seeluft wie des Aufenthaltes in hochgelegenen Gebirgsorten erklären sich nach diesen Mittheilungen wenigstens zum Theil durch die Veränderungen, welche Athmung und Blutcirculation unter einer energischen Veränderung des gewohnten Luftdrucks erfahren. Sowohl gesteigerter als verminderter Luftdruck kann bei den entsprechenden Körperzuständen heilsam wirken.

4. Ventilation der Wohnräume.

Wo Menschen in einem geschlossenen Raume sich aufhalten, verderben sie nach und nach die Luft desselben und zwar um so mehr, je zahlreicher die Versammlung ist. Darauf beruht die Nothwendigkeit der Ventilation der Wohnräume. Es ist nicht die geringfügige Abnahme von Sauerstoff oder die, wenn auch etwas reichlichere, Zunahme von Kohlensäure in der Luft, was das Moment der „geschlossenen Luft“ bildet, welches wir besonders auf kindliche Organismen so schädliche Wirkungen hervorbringen sehen. Entwickeln wir auf chemischem Wege reine Kohlensäure in einer sonst gesunden Luft, so werden wir durch ihre Anwesenheit nicht in unserem Befinden gestört, auch wenn die Kohlensäuremenge noch höher steigt als in einem schlecht ventilirten Raum, in welchem sich eine größere Menschenanzahl zusammen befindet. v. Pettenkofer hat als Maximum des Kohlensäuregehaltes in schlecht ventilirten Schulzimmern 7,2 pro Mille bestimmt.

Es werden außer Kohlensäure und Wasser, welche Lungen und Haut bei ihrer Athmung abgeben, noch eine Anzahl anderer Stoffe der Luft beigemischt, welche zum Theil trotz ihrer geringen Mengen schädliche Wirkungen entfalten, wenn wir gezwungen sind, diese gasförmigen Auswurfsstoffe fort und fort wieder durch die Athmung in Lungen und Blut aufzunehmen. Es sind das: (Wasserstoff,) Kohlenwasserstoffe, Schwefelwasserstoff, Ammoniak, Weingeist aus alkoholischen Getränken in die Athemluft übergehend, flüchtige Fettsäuren an der Haut abgegeben u. a. m.

Namentlich in Krankenzimmern, Schulen, Kasernen, Versammlungslokalen bemerken wir bei nicht ausreichender Lufterneuerung bald die Luftverderbniß an dem üblen Geruche, welchen die eingeschlossene Luft zeigt. Aus den Untersuchungen v. Pettenkofer's ergibt sich, daß, wenigstens für Kranke, 60 Kubikmeter Luft in der Stunde als Minimalmenge des von einer ausreichenden Ventilation herbeizuführenden Luftquantums für je eine Person gefordert werden müssen.

Auf die Größe und Höhe des Zimmers kommt es hiebei weniger an. Man kann durch ausreichende Ventilation den engsten Raum gesund erhalten; bei dem Transport zahlreicher Menschen auf Schiffen hat man dafür die schlagendsten Beweise gesammelt. Umgekehrt können die scheinbar besten Räume durch mangelnde Reinlichkeit und Ueberfüllung mit Kranken, namentlich von Verwundeten, zu wahren Pesthöhlen werden, die dem Patienten, der in ihnen liegt, den Tod oder doch wenigstens eine lange Verzögerung der Heilung bringen können.

Für Spitäler ist bei geschlossenen Krankenräumen eine künstliche Ventilation durch Einpumpen der erforderlichen Luftquantitäten zu fordern. Ist das nicht zu erreichen, so sind offene Hallen, in welche die Kranken gelagert werden, oder wenigstens fortgesetztes Offenhalten aller Fenster ein Ersatz.

In den Wohnräumen haben wir vornehmlich drei Momente der sog. natürlichen Ventilation. Zuerst Fenster und Thüren, welche, wenn auch geschlossen, doch gewöhnlich noch durch größere Ritzen und Spalten den Luftaustausch zwischen Zimmerluft und äußerer Atmosphäre gestatten. Viel mächtiger wirkt aber in dieser Richtung die Porosität der trockenen Mauern. Durch die trockene Wand findet ein energischer Luftwechsel statt, namentlich, wenn die Temperatur im Zimmer ausreichend höher (oder niedriger) ist als die der äußeren Luft. Im Winter strömt bei constant höherer Temperatur der Zimmer fortwährend die Zimmerluft durch die Wand und die obenerwähnten Spaltöffnungen an Thüren und Fenstern aus und dafür frische Luft von außen ein. Es ist also nicht sowohl die langsam wirkende Gasdiffusion, welche die Luft in den Zimmern erneuert, die Luft wird durch die viel stärker und rascher wirkenden Temperaturdifferenzen mechanisch bewegt, aus- und eingetrieben. Sinkt die Zimmertemperatur, indem sie sich der äußeren Temperatur mehr und mehr annähert, so sinkt auch die Größe dieses Luftwechsels, um bei gleicher Temperatur innen und außen ganz aufzuhören. Eine Luft, welche vorhin noch ziemlich gut war, wird, wenn dieser Temperaturunterschied fehlt, da sie nun von der noch allein wirksamen Gasdiffusion nicht mehr genügend erneuert wird, bald übelriechend und ungesund. Daher rührt es zum Theil, daß eine kalte Luft in den Zimmern oft so schädlich wirkt, während kalte Luft im Freien an sich keine nachtheiligen Folgen hervorruft. Die in den meist überfüllten, schlecht geheizten, möglichst hermetisch verschlossenen Wohnungen im Winter frierenden Armen leben, abgesehen von der Kälte, dabei auch noch in schlechter, verdorbener Luft. Die Unterstützung der Armen mit Heizmaterial im Winter wird dadurch eine hygieinische Maßregel von größter Bedeutung und Tragweite.

Feuchte Wände sind, da ihre Poren durch Wasser verstopft werden, für Luft vollkommen undurchlässig; daher sind neugebaute oder sonst feuchte Wohnungen für die Gesundheit so schädlich. Es fehlt ihnen der wesentlichste Theil der natürlichen Ventilationsmöglichkeit.

Ein drittes Moment der natürlichen Ventilation ist die Ofenheizung, wenn sich das Schürloch des Ofens im Zimmer befindet. In den geheizten Ofen strömt die Zimmerluft ein und entweicht durch seine Röhren, dafür strömt frische Luft von außen in das Zimmer ein. Ein kräftig brennendes Feuer im Ofen saugt 40—90 Kubikmeter frische Luft in der Stunde ein. Die dadurch allein hervorgebrachte Lufterneuerung genügt sonach für das Luftbedürfniß wenigstens eines, auch kranken, Menschen. Dazu kommen dann noch die beiden andern Momente der natürlichen Ventilation, welche, wie wir sahen, in ihrer Wirkung durch die Heizung ebenfalls sehr beträchtlich gesteigert werden.

II. Die Haut als Athmungs-, Perspirationsorgan.

Bei den niedersten animalen Lebeformen fanden wir die Körperoberfläche als einziges Organ der Stoffaufnahme und Stoffabgabe thätig.

Bei den durch Lungen athmenden Wesen tritt die innere Lungenoberfläche zum Theil an die Stelle der Körperoberfläche, indem sie einen beträchtlichen Theil des Gasverkehrs zwischen Atmosphäre und Organismus übernimmt. Dagegen bleibt die Abgabe in Flüssigkeit gelöster Stoffe, welche im Körper ausgedient haben und zersetzt worden sind, zum mehr oder weniger beträchtlichen Antheil auch bei den lungenathmenden Thieren wenigstens zeitweilig der Körperoberfläche überlassen. Auch bei dem Menschen hat die Körperoberfläche ihre primäre Function, als Athmungs- und Ausscheidungsorgan zu dienen, noch nicht vollkommen aufgegeben.

Die Haut übernimmt bei dem Menschen nicht nur einen Theil des äußeren Gasverkehrs, sondern sie wirkt, und zwar zeitweise dem wechselnden Bedürfniß des Körpers entsprechend in gesteigertem Maße, auch als Ausscheidungsorgan für Flüssigkeiten und in ihnen gelöste feste Stoffe. Während sie bei der ersterwähnten Thätigkeit zum Theil die Functionen der Lungen übernimmt, tritt sie bei der zweiten vicarirend für das Hauptflüssigkeitsausscheidungsorgan des animalen Organismus: die Nieren ein.

Das Blut erleidet an der Hautoberfläche eine ganz analoge Veränderung wie in den Lungen. Bei Wirbelthieren mit zarter, feuchter Haut, welche, wie z. B. die Frösche, in Wasser leben, ist die Athemthätigkeit der Haut eine relativ nicht unbeträchtliche; sehr viel geringer ist sie dagegen bei Luftthieren mit trockener Haut, wie bei dem Menschen. Es fragt sich, ob überhaupt durch die trockene Oberhaut hindurch ein Gasverkehr mit der Atmosphäre stattfinden kann; jedenfalls fällt der Hauptantheil desselben stets auf die in der Haut zahlreich vorhandenen Kanäle der Schweißdrüsen.

Die allgemeine Hülle des menschlichen Körpers, die äußere Haut zeigt sich aus zwei in ihrer Dicke sehr verschiedene Lagen zusammengesetzt. Die Außenfläche bildet die dünnere, gefäß- und nervenlose Oberhaut, unter welcher die dickere, feste, blut- und nervenreiche Lederhaut liegt. (Fig. 32.) In der Haut finden wir zweierlei Drüsen: die Schweißdrüsen und Talgdrüsen.

Den Bau einer Drüse haben wir schon bei der Beschreibung der Lunge im Allgemeinen kennen gelernt. Die Lunge ist aber ein relativ complicirt gebautes Organ; es gibt zahlreiche sehr wichtige Drüsen, welche einen viel einfacheren anatomischen Bau zeigen. Wir hörten, daß die Lungen sich bei der Entwickelung des Organismus zuerst als kleine einfache, unverästelte Schläuche zeigen. Diesen Typus behalten viele Drüsen während des ganzen Lebens. Der einfachste Bau der Drüse ist ein mehr oder weniger langer und weiter, oft nur mikroskopisch erkennbarer Schlauch, welcher mit einer freien Mündung auf einer (inneren oder äußeren) Hautoberfläche sich öffnet. Die weitere Formentwickelung der

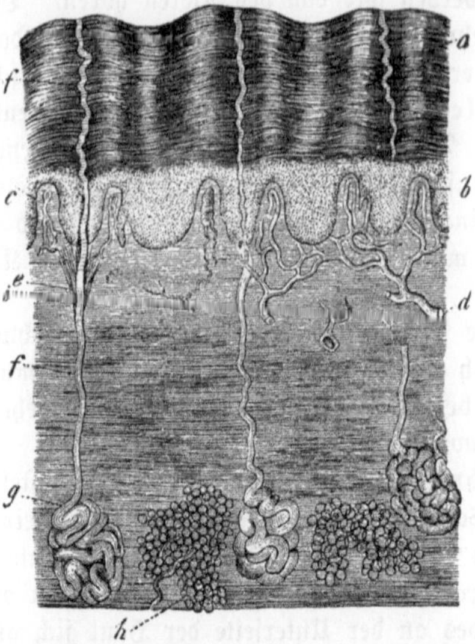

Fig. 32. a und b Oberhaut oder Epidermis. Die Haut des Menschen im senkrechten Durchschnitt.

a oberflächliche Schichten der tieferen Epidermis. b Malpighi'sches Schleimnetz. Darunter die Lederhaut, nach oben bei c die Papillen oder Hautwärzchen bildend, nach unten in das Unterhautzellgewebe ausgehend, in welchem bei h Ansammlungen von Fettzellen erscheinen. g Schweißdrüsen mit ihren Ausführungsgängen e und f. d Gefäße der Papillen. i Nerven zu einem Tastkörperchen verlaufend.

Drüsen besteht zunächst in einer beträchtlicheren Ausbuchtung des Endstückes des Drüsenschlauchs, sodaß dieser eine birnförmige Gestalt annimmt. Bei anderen Drüsen sehen wir den Drüsenschlauch sich verästeln. Ist die Verästelung eine reiche und schwellen die blinden Enden der Aestchen zu kugeligen oder ovalen Endbläschen an, so haben wir die vollendete Gestalt einer traubenförmigen Drüse, wie sie uns die Lunge zeigte.

Bei den Lungen fanden wir die Hauptthätigkeit der Drüse in physikalischen Einwirkungen auf das Blut bestehen. Aehnliches werden wir von den Nieren hören. Die Thätigkeit der Mehrzahl der übrigen Drüsen beruht dagegen auf einer besonderen chemischen Thätigkeit jener Zellenschichte, der Drüsenzellen, welche die Innenfläche der Drüsenhohlräume überkleiden. Die Drüsenzellen entfalten chemische Einwirkungen auf das ihnen zuströmende Blut, welches ihnen (meist) in einem engen, die Drüsenschläuche und ihre Verzweigungen mit den Endbläschen umspinnenden Kapillarnetz zuströmt.

Für die Erklärung der Thätigkeit der Schweißdrüsen, soweit sie sich auf den Gasverkehr des Organismus mit der Atmosphäre bezieht, bedürfen wir die Heranziehung chemischer Drüsenwirkungen nicht.

Die Schweißdrüsen (Fig. 32) sind unverästelte ziemlich gleichweite Schläuche, deren Endstück zu einem kleinen Knäuel aufgewunden ist, das als rundes Körperchen entweder noch in der unteren Schichte der Lederhaut oder an der Grenze dieser und des an der Unterseite der Haut sich anschließenden „Unterhautzellgewebes" liegt. Der Drüsenkanal besteht, wie bei der überwiegenden Mehrzahl der analogen Drüsenbildungen, aus einer eigenen zarten Hautschicht, an welcher man bei den größeren Schweißdrüsen (glatte) Muskelfäserchen hat nachweisen können. Er ist von rundlich-eckigen Drüsenzellen in ein- oder mehrfacher Schichte ausgekleidet. So lange er die Lederhaut durchsetzt, ist der Drüsenkanal wenig geschlängelt. In der Oberhaut verliert er seine Wandung und erscheint nun korkzieherartig gewunden. Seine Oeffnung auf der Oberfläche der Oberhaut, die Schweißpore, ist meist etwas trichterförmig erweitert. Die Drüse ist, abgesehen von der in der blutleeren Oberhaut befindlichen Strecke, reichlich mit Blutkapillaren umsponnen. In dem Protoplasma der Schweißdrüsenzellen zeigen sich häufig Fettkörnchen. Einen vollkommen analogen Bau wie die ebenbeschriebenen Drüschen haben die im Gehörgang befindlichen Ohrenschmalzdrüsen. Sie sind im Ganzen etwas größer und namentlich in dem Endknäuel enthalten ihre Drüsenzellen sehr reichlich Fett- und Farbstoffkörnchen. Die Fettabsonderung aus den Ohrenschmalzdrüsen ist eine viel stärkere als die aus den Schweißdrüsen, doch fehlt sie auch diesen keineswegs. Das Fett hat die physiologische Aufgabe, die Oberhaut geschmeidig und undurchdringlich für Flüssigkeiten und Gase zu erhalten. Namentlich an den stärker behaarten Theilen der Haut finden sich noch eigene nur dem Bedürfniß der Absonderung einer Hautsalbe dienende kleine schlauchförmige oder birnförmige, auch manchmal traubenförmige Drüschen, die Talgdrüsen der Haut, deren Drüsenzellen eine bedeutende Fettmenge bilden. (Fig. 33.) Diese tritt meist an der Wurzel der Haare an die Hautoberfläche und das Haar, um als physiologisches Haaröl zu dienen. So wichtig diese Drüsenausscheidungen für die allgemeine Physiologie auch sein mögen, so haben wir unserer Aufgabe gemäß hier doch vorzugsweise auf die eigentlichen Schweißdrüsen unsere Aufmerksamkeit zu lenken.

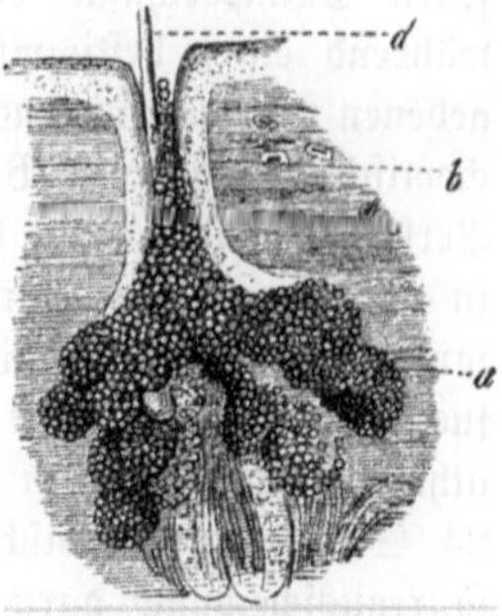

Fig. 33. Eine Talgdrüse. a die Drüsenbläschen. b der Ausführungsgang. c der Balg eines Wollhaars. d der Schaft des letzteren.

So lange nicht eine gesteigerte Blutmenge die Haut durchströmt, dienen die Schweißdrüsen lediglich der „intensiblen Perspiration“ der Hautathmung. Die Drüsenschläuche stehen bis zu einer gewissen Tiefe dem Luftzutritt offen. An ihrer inneren Oberfläche, an welcher in nachbarlicher Nähe das Blut der Kapillaren hinströmt, findet analog wie in den Lungen ein Gasverkehr zwischen Luft und Blut statt. Es wird Sauerstoff ins Blut aufgenommen und dafür Kohlensäure und Wasser abgegeben. Indem man ein Glied des Körpers oder den ganzen Körper mit Ausschluß des Mundes in einen vollkommen luftdicht geschlossenen Guttaperchasack einhüllt, kann man die Menge der während einer bestimmten kurzen Zeit an der Haut abgegebenen und aufgenommenen Luftbestandtheile auffangen resp. chemisch bestimmen. Bei länger dauernden und genaueren Versuchen muß die auf die Körperoberfläche einwirkende Luft in ähnlicher Weise ventilirt werden, wie das für die Gesammtathmung im Respirationsapparat geschieht. Diese Versuche ergeben, daß die Gesammtmenge der bei der Hautathmung des Menschen ausgeschiedenen Kohlensäuremenge in 24 Stunden nur zwischen 3—9 g schwankt. Die Kohlensäureausscheidung durch die Lungen beträgt also hundert- bis dreihundertmal mehr. Auch die Sauerstoffaufnahme an der Haut bleibt ebenso gegen die Lungenathmung zurück. Der Grund, weßhalb die Hautathmung sich in so engen Grenzen bezüglich der beiden Hauptgase hält, ist der, daß sehr gewöhnlich die Drüsenkanälchen ziemlich bis zu ihren blutfreien Mündungen mit einer wässerigen Flüssigkeit erfüllt erscheinen, welche bei gesteigerter Drüsenthätigkeit als Schweiß sichtbar an der Oberfläche austritt. Das ist zugleich der Grund, weßhalb die Wasserabgabe an der Hautoberfläche, beruhend auf der fortwährenden Verdunstung der Schweißdrüsenflüssigkeit, so außerordentlich viel höhere Werthe erreicht als die Abgabe der Kohlensäure. Die insensible Wasserabgabe in der Hautathmung beträgt in 24 Stunden bis zu 500, ja 800 g, eine Größe, bis zu welcher sich die Wasserabgabe bei der Lungenathmung gewöhnlich nicht erhebt. Die Bestimmungen der Wasserabgabe bei der Athmung mit dem v. Pettenkofer'schen Respirationsapparat bezogen sich, wie wir anführten, auf die gemeinsame Abgabe des Wassers an Haut und Lungen, daher rührten jene großen dort (S. 159) mitgetheilten Werthe. In den Lungen beträgt die für einen Tag treffende Wasserabgabe in Mittel etwa 300 g, sie kann sich aber unter Umständen verdoppeln, ja verdreifachen. Aehnlich ist es an der Haut. Namentlich bei stärkerer Muskelthätigkeit steigt ihre insensible Wasserabgabe auch ohne sichtbare Schweißabsonderung sehr beträchtlich.

Ist die umgebende Luft feucht und warm, so füllen sich, namentlich bei gleichzeitiger gesteigerter Muskelthätigkeit oder bei gewissen psychischen Erregungen, die Blutgefäße der Haut stärker mit Blut; die in Folge davon in den Schweißdrüsen reichlicher abgesonderte Flüssigkeit tritt dann als Schweiß an die Hautoberfläche. Man bemerkt zunächst mittelst einer Loupe an den Schweißporen kleinste wässerige Tröpfchen, diese fließen zusammen und bilden endlich den tropfenförmig abrinnenden Schweiß, der als eine fast vollkommen farblose, durchsichtige, sauer reagirende Flüssigkeit von salzigem Geschmack zu Tage tritt. Er besteht der Hauptmasse nach aus Wasser. Verdampft läßt er nur einen geringen festen Rückstand, welcher dem Gewichte nach nur zwischen 0,4 bis 2,2 % der Flüssigkeit beträgt. Die Hauptsumme der festen Schweißbestandtheile ist Kochsalz. Außerdem finden sich noch Fette und flüchtige Fettsäuren: Ameisensäure, Essigsäure, Buttersäure, Propionsäure*) 2c., aus deren Anwesenheit

*) Einige geben auch Harnstoff als normalen Schweißbestandtheil an.

sich theils die sauere Reaction des Schweißes, theils sein specifischer Geruch erklärt. An dem letzteren betheiligten sich aber auch flüchtige Riechsubstanzen der Nahrung, z. B. des Knoblauchs, welche in den Schweiß übergehen. Neben dem Kochsalz finden sich als anorganische oder Aschenbestandtheile des festen Schweißrückstandes auch noch Chlorkalium, phosphorsaures Kali, phosphorsaurer Kalk und Magnesia und Eisenoxyd. Wir sehen, es sind die Blutsalze, welche im Schweiß den Körper verlassen. Auch Ammoniaksalze geben ältere Analysen im Schweiße an.

Die Hautthätigkeit der Körperoberfläche steigt und fällt mit der Zahl der auf einer gegebenen Fläche befindlichen Schweißdrüsen. Krause hat letztere gezählt. Auf einem □" Haut der Rückenfläche des Körpers stehen nach seinen Zählungen 440 bis 600 Schweißdrüsen, etwa eben so viel an der Wange und der Haut der Oberarme und Beine. An der Vorderfläche des Körpers sind sie viel zahlreicher, ebenso an Hals, Stirn, Vorderarm, Hand- und Fußrücken; auf einem □" stehen hier zwischen 940 bis 1090, auf der gleichgroßen Hautfläche der Fußsohle beträgt ihre Anzahl 2685, der inneren Handfläche 2736. Die Gesammtzahl aller Schweißdrüsen eines Menschen berechnet sich danach auf 2 1/2 Millionen. Diese großen Zahlen machen es erklärlich, wie die Schweißabsonderung, wenn alle Bedingungen zusammentreffen, eine sehr bedeutende werden kann. Nach den Beobachtungen Favre's betrug die in 1 1/2 Stunden in einem Schwitzbade abgegebene Flüssigkeitsmenge 1500 bis 2500 g. In einem Dampfbade bestimmten wir den Verlust während 17 Minuten zu 1280 g, über 2 1/2 Pfund.

Man ist im Publikum geneigt, die Bedeutung der physiologischen Thätigkeit der Haut zu unterschätzen. Arbeiter, welche bei Feuerarbeiten viel Hitze auszustehen haben, kennen dagegen sehr genau den Werth, welchen eine regelmäßige

Unterstützung der Hautthätigkeit durch Waschen und Wäschewechsel besitzt. Die Seife, welche die Hautporen offen erhält, wird hier ein Hauptmittel der Gesundheitspflege, und mit Recht werden öffentliche Badeanstalten, welche dem Arbeiter auch im Winter zugänglich sind, als wesentliche Beförderungsmittel des öffentlichen Wohles „der Gesundheit: Salubritati" gewidmet. In heißen Klimaten macht sich dieses Gesundheitsbedürfniß noch energischer allgemein geltend und wir bemerken, daß alle Bewohner warmer, namentlich aber tropischer und subtropischer Gegenden das warme Bad als ein nothwendiges Lebensbedürfniß anerkennen. Wie manche Krankheit kann durch rechtzeitige stärkere Anregung der Hautthätigkeit in ihrem Entstehen beseitigt oder wenigstens gemildert werden. In diesem Sinne wirkt die gleichmäßige Bettwärme schon an und für sich wohlthätig, noch erhöht wird bekanntlich ihre Wirkung durch reichliches lauwarmes Getränke. Man hat durch Versuche an Thieren erkannt, daß ein vollkommener Abschluß der Luft von der Haut, etwa durch Ueberstreichen mit einem rasch trocknenden Firniß, bald den Tod herbeiführt. Man findet, daß schon ein Luftabschluß von einer beträchtlicheren Hautstrecke, auch wenn der übrige Theil der Haut frei bleibt, lebensgefährliche Wirkungen äußert. Manche Krankheiten, bei welchen die Hautthätigkeit abnorm darniederliegt, namentlich aber ausgedehntere Verbrühungen oder Verbrennungen, welche die normale Thätigkeit der verletzten Hautstellen für längere Zeit vollkommen aufheben, erhalten ihre lethale Gefährlichkeit aus dieser Ursache.

Magenathmung.

Mit dem Speichel, den Getränken, den Nahrungsmitteln schlucken wir eine gewisse Menge von Luft in den Magen hinab. An der blutreichen Scheimhaut des Magens und des ganzen Verdauungskanals wird der Sauerstoff der verschluckten Luft in das Blut aufgenommen und dafür aus dem Blute Kohlensäure und Wasserdampf abgegeben. Die Gasmengen, welche hiebei gewechselt werden, sind relativ geringfügig, doch fehlen noch genaue Bestimmungen über ihre Größe bei dem Menschen. In Magen und Darmkanal finden sich noch weitere Quellen der Kohlensäureentwickelung: Gährungen und zwar, vorwiegend in Zuckerlösungen, Milchsäure- und Buttersäuregährung. Bei der Bildung von Buttersäure aus Zucker wird Kohlensäure und Wasserstoff entwickelt. Auch die geringen Mengen von Ammoniak und Kohlwasserstoffen (Leuchtgas), welche (S. 167) in der Gesammtathmung abgegeben werden, stammen wohl wenigstens theilweise aus Gährungen und Zersetzungen im Verdauungskanal, das Ammoniak beim Menschen zum Theil schon aus der unreinlich gehaltenen Mundhöhle. Brücke fand Spuren von Ammoniak auch im normalen Blute auf. Die Mengen, in welchen es in der Athmung abgegeben wird, sind sehr gering, etwa 0,01 bis 0,1 g während 24 Stunden. Leuchtgas und Wasserstoffgas erscheinen in nur wenig beträchtlicheren Quantitäten.

III. Die Nieren.

Während das Blut in den zartwandigen Haargefäßen die lebensthätigen Organe des Körpers durchsetzt, sehen wir jene wichtigen Veränderungen in ihm vorgehen, welche es aus einer arteriellen, lebenerweckenden, zu einer venösen, bis zu einem gewissen Grade giftigen Flüssigkeit gestalteten. Wir haben bei der allgemeinen Darlegung des Vorganges angeführt, daß diese Veränderung, abgesehen von dem Verlust an Sauerstoff, wesentlich in der Aufnahme gewisser Zersetzungsproducte der Organstoffe in das Blut beruht.

Das Protoplasma und die höchstzusammengesetzten chemischen Grundlagen des animalen Lebens bestehen, wie wir sahen, aus nur 7 Elementarstoffen: Kohlenstoff, Wasserstoff, Stickstoff, Schwefel, Phosphor und Eisen, zu welchen sich als siebentes noch der Sauerstoff gesellt. Bei der organischen Oxydation in den lebenden Geweben des Körpers bilden sich aus dem Kohlenstoff und Wasserstoff der Hauptmasse nach Kohlensäure und Wasser. Die erstere entweicht vorzüglich als freies Gas in der Athmung, und auch das durch Oxydation im Körper gebildete Wasser verläßt in Gemeinschaft mit dem überschüssig in der rel. festen Nahrung und als Getränke aufgenommenen Wasser zum beträchtlichen Theile in Dampfform den Organismus.

Wir haben oben gesehen, wie die gewöhnlich insensible, unbemerkliche Hautthätigkeit sich bis zur Schweißbildung steigern könne. Hiebei strömt Wasser in flüssiger Form aus dem Organismus ab und zwar beladen mit in Wasser löslichen Zersetzungsproducten und sonstigen Abfallstoffen des Organlebens. Diese Thätigkeit, welche wir von der Haut nur unter ganz besonderen Umständen übernommen sehen, ist die specielle, stätig erfüllte Aufgabe derjenigen Organe, welche wir jetzt zu betrachten haben, der Nieren.

Die Zersetzungsproducte der Organstoffe, welche Stickstoff, Schwefel, Phosphor, Eisen enthalten, sind nicht alle gasförmig. In Verbindung mit einem Theil des Kohlenstoffs und Wasserstoffs der Organstoffe entstehen aus den stickstoffhaltigen Körperbestandtheilen schön krystallinische, im Wasser lösliche Producte, welche die Wissenschaft als Harnstoff, Harnsäure, Hippursäure, Kreatin, Kreatinin &c. bezeichnet. Der Schwefel verbrennt im Organismus zu Schwefelsäure, der Phosphor zu Phosphorsäure, welche in chemische Verbindung mit den Aschenmetallen der Organe: Kali, Natron, Kalk und Magnesia, zum Theil auch mit dem aus der Oxydation des Eisens sich bildenden Eisenoxyd treten. Alle diese Stoffe sind in Wasser löslich und verlassen normal in der wässerigen Nierenausscheidung den Körper. Zu diesen gelösten Stoffen gesellen sich noch die überschüssig in der Nahrung aufgenommenen Salze, namentlich Kochsalz. Die Mehrzahl dieser Stoffe sind in irgend beträchtlicheren Mengen Gifte für die Organe und den Gesammtorganismus. Indem die Nieren sie zur regelmäßigen Ausscheidung bringen, wirken sie als „Entgiftungsorgane" des Körpers ganz den Lungen und der Haut analog. Wie das Leben durch Unterdrückung der Athmung vernichtet wird, so geschieht das auch, wenn auch weniger rasch und unter anderen Symptomen, durch Ausschaltung der Nierenthätigkeit. Die Aerzte haben bei Nierenerkrankungen oder bei Krankheiten, welche — wie z. B. Cholera — die Nierenfunctionen unterdrücken, nur zu häufig die traurige Gelegenheit, die tödtlichen Folgen einer Herabsetzung oder Ausschaltung der Nierenthätigkeit zu beobachten.

Die Flüssigkeit, welche die Nieren ausscheiden, besteht, wie das Secret der Schweißdrüsen, vorwiegend aus Wasser, in welchem verschiedene organische und unorganische Stoffe gelöst sind. Alle Bestandtheile schwanken in ihrer Quantität zeitweilig sehr beträchtlich, namentlich je nach der Nahrungsaufnahme. Die Hauptmasse der ausgeschiedenen Flüssigkeit bildet das Wasser, von welchem normal etwa 500 bis 2000 g im Tage auf diesem Wege den Organismus verlassen. Unter den gelösten organisch-chemischen d. h. noch verbrennlichen Stoffen steht an Menge der Harnstoff obenan (in 24 Stunden normal zwischen 25 bis 40 g), in viel kleineren, wechselnden Mengen (meist etwas unter 1 g im Tage) Kreatin, Kreatinin, Harnsäure, Hippursäure. Außerdem specifische eisenhaltige Farbstoffe, welche aus der Zersetzung des Blutfarbestoffs herstammen, und eine Anzahl zum Theil noch unbestimmte sogenannte Extractivstoffe. Dazu kommen dann noch die unorganischen Salze des Blutes, welche wir schon mehrfach genannt haben, unter denen das Kochsalz auch hier die Hauptmenge ausmacht, und die Blutgase: geringe Mengen von Sauerstoff und etwas reichlicher Kohlensäure. Frisch reagirt die Flüssigkeit meist schwach sauer.

Die procentischen Mengen, in welchen in der Flüssigkeit der Nierenausscheidung diese Stoffe im Wasser gelöst sind, wechselt bei Gesunden einerseits mit der Menge der im Körper zersetzten Organstoffe, also vorzugsweise mit der größeren oder geringeren Nahrungszufuhr, andererseits mit der Menge des als Getränk genossenen Wassers. Im Durchschnitt betragen die festen Stoffe etwa 3,5 % der Flüssigkeitsmenge. Wird sehr wenig gegessen und viel getrunken, so kann die procentische Menge der festen Stoffe außerordentlich sinken. Am verdünntesten fanden wir die Lösung bei einem armen, kinderreichen Landschullehrer, welcher ein großer Wassertrinker war; hier betrug die procentische Menge der festen Stoffe nur 0,6. Den Schwankungen in der Menge der gelösten Stoffe entsprechen selbstverständlich analoge Schwankungen im specifischen Gewichte der Flüssigkeit. Man nimmt als Mittel des specifischen Gewichtes 1020 an, wenn das Gewicht des Wassers = 1000 gesetzt wird. Bei zweitägigem vollkommenem Hunger fanden wir das specifische Gewicht zu 1007,5, bei reichlichster Nahrungszufuhr zu 1026,5, bei jenen ebenerwähnten Landschullehrer nur zu 1003. Die Gesammtmenge an festen Stoffen, welche in 24 Stunden auf diesem Wege ausgeschieden werden, beträgt nach der Nahrung schwankend im Mittel etwa 50 g; wir beobachteten als Minimum 25 g, als Maximum 132,7 g.

Der Vorgang der Blutreinigung in den Nieren gibt uns einige wichtige Fingerzeige, wie wir uns derartige Processe im Allgemeinen zu denken haben. Die Stoffe, welche durch diese Organe ausgeschieden werden, sind theilweise im Organismus vollkommen verbraucht und unnütz geworden;

zum Theil finden wir aber auch Stoffe in der ausgeschiedenen Flüssigkeit, welche überschüssig als Nahrung in den Organismus eingeführt wurden und welche lediglich unter den in den Nieren gegebenen mechanischen Bedingungen der Ausscheidung verfallen. Es sind das, außer dem Wasser, ein Theil der Blutsalze und vor allem der Sauerstoff. Ein dritter Antheil entstammt dem Stoffumsatz in den Nieren selbst.

Man hat seit alter Zeit die Nieren, abgesehen von der Wirkung der Nierenzellen, als eine Art Seiher, Filter oder Sieb (S. 114) bezeichnet, durch welches aus dem Blut alle in Wasser einfach gelösten Stoffe abgeschieden werden. Das Nierensecret erscheint vorwiegend als Blut, welchem die Eiweißstoffe und Blutkörperchen des Blutes, welche durch das Nierenfilter nicht hindurchgehen, fehlen. Sehen wir uns diese Filtrireinrichtung in den Nieren etwas näher an.

Die beiden Nieren, jederseits neben der Wirbelsäule in der Lendengegend des Leibes gelegen, haben eine flache, etwa bohnenförmige Gestalt, deren concave Seite nach innen gewendet ist, aus deren Mitte (Hilus, wo auch die Blutgefäße aus- und eintreten) mit einem trichterförmigen Anfangsstück je eine lange enge Röhre, der Harnleiter, Ureter, entspringt, welche beide neben einander, aber einigen Zwischenraum zwischen sich lassend, in die hintere untere Wand der Harnblase einmünden. Ein Längsschnitt durch die Nieren (Fig. 34) zeigt uns, wie sich das obere erweiterte Ende des Harnleiters zu einem beträchtlicheren Hohlraum, dem Nierenbecken, erweitert, in welchem eine Anzahl (8 bis 15) kegelförmiger Hervorragungen, Nierenpapillen sichtbar werden. Die Substanz dieser Papillen ist längsgestreift, und an ihren Spitzen befindet sich eine große Anzahl feiner Oeffnungen. Bei mikroskopischer Betrachtung ergibt sich, daß jene Streifung von zahlreichen Röhrchen herrührt, welche an der Spitze der

Papillen frei in das Nierenbecken ausmünden. Diese Röhrchen sind die erweiterten, gemeinsamen Enden einer großen Anzahl von ziemlich langen, zum Theil gewundenen Drüsenschläuchen, Harnkanälchen, welche in der Niere zu einem gemeinschaftlich functionirenden Ganzen verbunden sind. Im Bau zeigen die Harnkanälchen eine gewisse Aehnlichkeit mit den Schweißdrüsen, welche wir oben kennen gelernt haben. Sie haben wie diese eine zarte, innen mit einer Zellenschichte ausgekleidete Hülle. Bei den Schweißdrüsen fanden wir den Drüsenschlauch bis zu seinem blinden, knäuelförmig aufgewundenen Ende von ziemlich gleicher Weite. Die Harnkanälchen beginnen dagegen in der Außen- oder Rindenschichte der Niere mit einer hohlkugelförmigen Anschwellung (Kapsel des Glomerulus), aus welcher ein engeres Röhrchen hervorgeht (Fig. 35, 36). Zuerst in zahlreichen Windungen, endlich gestreckter verlaufend sehen wir schließlich je zwei solcher Kanälchen zu einer Röhre zusammentreten. Indem auch diese vereinigten Ausführungsgänge mehrfach mit analogen Nachbargebilden sich verbinden, entstehen die weiteren gemeinsamen Ausführungsröhren. Es sind dieselben, welche als

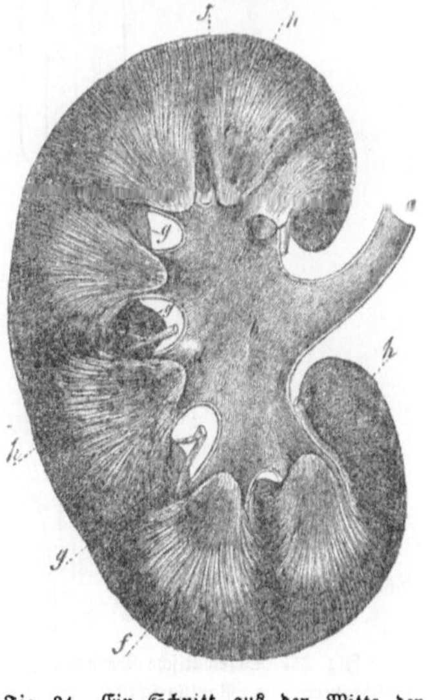

Fig. 34. Ein Schnitt aus der Mitte der Niere eines Kindes.

a Ureter. b Nierenbecken. c Nierenkelche. d Papillen. e Malpighi'sche Pyramiden. f Ferrein'sche Pyramiden. g Septa Bertini. h äußere Theile der Rindensubstanz.

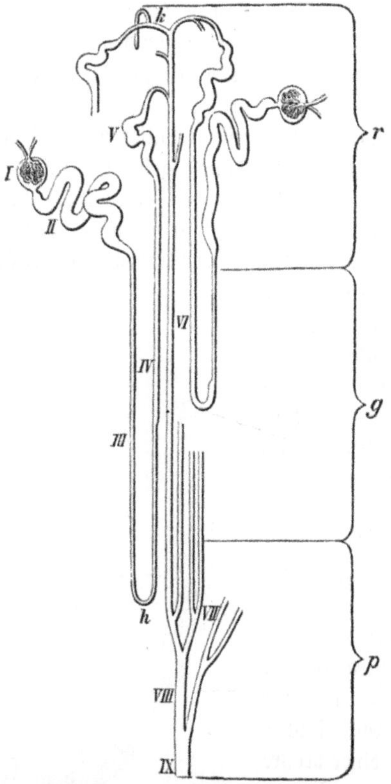

Fig. 35. Schematische Darstellung des Verlaufes der Harnkanälchen. Menschenniere. p Papillarschicht der Niere. g Grenzschicht des Nierenmarkes. r Rindenschicht der Niere. Kapsel des glomerulus I, die durch den Hals in das bogig gewundene Kanalstück II übergeht. Dieses spitzt sich an der Mark-Rindengrenze in den absteigenden Schlingenschenkel III zu und geht als solcher durch Henle's Schleife (h) in den aufsteigenden Schlingenschenkel IV über. An diesen schließt sich das Schaltstück V, welches durch den äußeren Bogen an die Krone (k) des Sammelrohrs VI übergeht. Das Sammelrohr verbindet sich mit den benachbarten desselben Markstrahls VII zum Hauptrohr VIII und dieses endlich mit anderen Hauptröhren zur Ausführungsröhre an der Papille, ductus papillaris IX.

Streifen der obenerwähnten Nierenpapillen sichtbar werden und an der Spitze der letzteren frei in das Nierenbecken münden.

Sehr bemerkenswerth ist das Verhalten der Blutgefäße zu den Harnkanälchen und namentlich zu den Endkapseln derselben. Wir bemerken, daß zwei feine aber ungleich weite arterielle Zweige, noch keine eigentlichen Kapillaren, mit der Endkapsel in Verbindung stehen. Bei näherer Betrachtung ergiebt sich, daß das engere die directe Fortsetzung des weiteren Gefäßchens ist. Das weitere Gefäßchen führt das Blut der Kapsel zu. Es senkt sich in die Kapsel ein, wo es einen dichten, die Kapsel erfüllenden Knäuel feiner Ge-

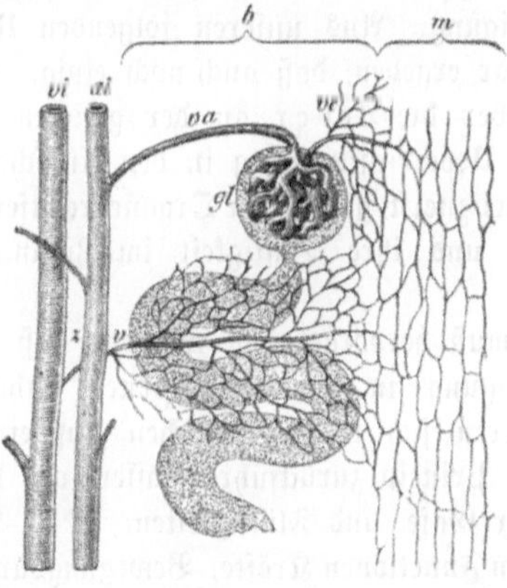

Fig. 36. Verlauf der Blutgefäße im Körper der Rinde.
m Raum des Markstrahls. b Raum der bogig gewundenen Gänge. gl Endkapsel des Harnkanälchens mit dem Gefäßknäuel. ai Arteria interlobularis. va Zuführendes Gefäß vas afferens glomeruli. ve Abführendes Gefäß vas efferens glomeruli. vz Venenzweig der Interlobularvene.

fäßchen (Glomerulus) bildet, der schließlich jenes engere Gefäßchen aus sich hervorgehen läßt, welches das Blut aus den Kapseln abführt. Erst jenseits der Kapseln zerfällt dieses, das Blut abführende, Gefäßchen in Kapillaren, welche in reichem Netze die Kanälchen umspinnen. Die Filtereinrichtung aus dem Blute in die Harnkanälchen ist aus dem Mitgetheilten anschaulich. Das Blut, welches in die Kapsel auf breitem Wege einströmt, wird dort, da das abführende Gefäßchen enger ist, angestaut und unter einen gesteigerten Druck gesetzt. Der Druck hat zur Folge, daß alle leicht filtrirbaren Stoffe durch die dünnen Gefäßwandungen in die Harnkanälchen ausgepreßt werden.

IV. Allgemeines über die Leistungen der Blutreinigungsorgane.

Lungen, Haut und Nieren sind die wichtigsten Organe der Blutreinigung. Aus unseren folgenden Untersuchungen wird sich zwar ergeben, daß auch noch einige andere Organe vor allem aber die Leber an der gleichen Aufgabe mitarbeiten, die Uebereinstimmung in den Ausscheidungsbedingungen der drei zuerst genannten Organe rechtfertigt es jedoch, daß wir sie und ihre Thätigkeit im Zusammenhange betrachten.

Zuerst muß hervorgehoben werden, daß die Vorgänge der Blutreinigung in den verschiedenen Athmungsorganen und den Nieren sich im Wesentlichen auf ein allgemeines physikalisches Princip zurückführen lassen, auf das Gesetz der Diffusion der Gase und Flüssigkeiten. Das Leben benützt auch bei diesen Functionen Kräfte, Bewegungsursachen, welche sie der Kraftsumme der anorganischen Welt entlehnt, und es gelingt daher bis zu einem hohen Grade, die Vorgänge der Drüsenausscheidungen auch außerhalb des lebenden Organismus nachzuahmen und dadurch in ihrer Gesetzmäßigkeit genauer zu studiren.

In den Lungen lassen sich die Gaswechselerscheinungen im Wesentlichen auf das Gesetz der Gasdiffusion zurückführen.

An der inneren Lungenoberfläche stehen die Gase des Blutes und die Gase der Atmosphäre in directem Wechselverkehr. Nur für die Aufnahme des Sauerstoffs in das Blut kommen neben der Diffusion auch noch chemische anziehende Kräfte, welche der Blutfarbestoff gegen den Luftsauerstoff entfaltet, zur Wirksamkeit. Die Aufnahme und Abgabe des Stickstoffs und, wie die neuesten Untersuchungsergebnisse wieder erwiesen, auch die Abgabe der Kohlensäure erfolgen nach den Gesetzen der Diffusion. Das Blut ist mit dem Stickstoff der Luft gesättigt, es wird also unter normalen Bedingungen bei der Athmung weder Stickstoff aufgenommen noch abgegeben. Ebensoviel Stickstoff als in der Einathmungsluft in die Lungen eintrat, finden wir in der Ausathmungsluft wieder.

Der Kohlensäuregehalt der Lungenluft muß in den verschiedenen Schichten der Lunge ein sehr verschiedener sein, das Experiment weist diese Unterschiede mit aller Exactheit nach.

Wir haben schon erwähnt, daß bei der Athmung stets nur ein Bruchtheil der gesammten in der Lunge enthaltenen Luft gewechselt wird. Die aus- und eingeathmete Luftmenge beträgt nur etwa 1/8 bis 1/7 der gesammten Lungenluft. Nach der stärksten Ausathmung bleiben noch etwa 1230 bis 1640 ccm Luft an der Lunge zurück, bei gewöhnlicher Ausathmung aber etwa doppelt so viel. Bei Athemzügen von normaler Tiefe werden nur zwischen 500 bis 600 ccm ein- und ausgegeben. Die bei der Athmung austretende Luft stammt direct gewöhnlich nur aus den größeren Bronchien und der Luftröhre, und auch bei den stärksten Athembewegungen sind wir nicht im Stande, die Lungenbläschen und die kapillaren Bronchien von der in ihnen enthaltenen Luft zu entleeren. Wenn man, nicht ganz unzutreffend, die Lungen mit einem Blasebalg vergleicht, so darf man doch nicht vergessen, daß die Luft in den Lungen nur zum kleinsten Theil direct aus- und eingepumpt wird. Der Hauptgaswechsel zwischen Lungenluft nud Atmosphäre muß daher immer nach dem Gesetze der Diffusion erfolgen, nach welchem die Gase das Bestreben besitzen, sich in einen gegebenen Luftraum — hier also zunächst in der Lungenluft selbst und dann in der durch die Luftröhre mit ihr in offener Verbindung stehenden Atmosphäre — gleichmäßig zu vertheilen. Die Bewegungen der Gase durch Diffusion sind aber relativ langsam, namentlich dann, wenn wie hier die zwei mit einander communicirenden Lufträume von verschiedenem Gasgehalte nur durch eine so enge Röhre verbunden sind, wie die Luftröhre. Auch in der Lunge selbst stehen die einzelnen Luftabschnitte nur durch enge und engste Röhrchen mit einander in offener Verbindung. Es wird daher von größter Bedeutung, daß in ziemlich raschem Rhythmus durch die Athembewegungen wenigstens ein Theil der Lungenluft direct aus- und eingepumpt wird, wodurch der Diffusionsvorgang zwischen den Luftschichten in der Lunge selbst wesentlich beschleunigt wird. Der Hauptdiffusionsvorgang findet dadurch vorzüglich in der Lunge selbst zwischen der eingeathmeten und der noch in den Lungenbläschen und Bronchien rückständigen Luft statt. Am meisten Kohlensäure enthält natürlich die Luft der Lungenbläschen, welche in directer Berührung mit dem Lungenblute steht. Nach theoretischen Gesichtspunkten wird die zunächst an den Wandungen der Lungenbläschen befindliche Luftschichte ziemlich genau die entsprechende Kohlensäuremenge enthalten müssen, wie das Blut selbst. Erst von hier aus entweicht dann die Kohlensäure in die übrigen Schichten der Lungenluft. In diesem Verhalten liegt auch die Ursache, warum in arteriellem Blute noch eine gewisse Menge von Kohlensäure enthalten ist (S. 132), da der Gaswechsel in den Lungen nicht zwischen dem Blute und der beinahe kohlensäurefreien Luft der Atmosphäre, sondern der relativ sehr kohlensäurereichen Luft der Lungenbläschen stattfindet.

Die Bedingungen der Kohlensäureausscheidung an der Haut sind denen in der Lunge in so fern analog, als auch sie wesentlich nach dem Gesetze der Gasdiffusion erfolgen.

Die Wasserabgabe in den Lungen und in der Haut bedarf kaum einer näheren Erläuterung. Ueberall wo Gase durch wässerige Flüssigkeiten hindurchstreichen oder solche Flüssigkeiten in breiter Fläche berühren, nehmen sie bald so viel Wasserdampf in sich auf, daß sie für die gegebenen Temperaturverhältnisse mit Wasserdampf gesättigt erscheinen. In den mit Feuchtigkeit reichlich durchtränkten Lungen geben die Wandungen ihrer Hohlräume der Luft die ausgiebigste Gelegenheit, sich mit Wasserdampf zu beladen; und die an der Körperoberfläche vorüberstreichende Luft entzieht den im Innern stets feuchten Schweißporenmündungen aus demselben Grunde Wasserdampf, aus welchem wir in einem Luftstrom feuchte Wäsche trocknen sehen.

Nicht so einfach sind die Bedingungen der Flüssigkeitsausscheidung in den Drüsenschläuchen der Haut und der Nieren. Wir haben zwar oben gesehen, daß sich namentlich in den letzteren Organen die Flüssigkeitsabscheidung als eine Art Filtration unter gesteigertem Druck der filtrirenden Flüssigkeit darstellt. Aber wir fragen doch, wenn der Vorgang nichts weiter ist als eine Filtration, warum gehen nicht alle im Blute gelösten chemischen Stoffe durch das Filter hindurch, warum bleibt speciell das im Serum doch gelöste Eiweiß normal vollkommen im Blute zurück? Wir haben hierauf zu erwähnen, daß das Eiweiß als solches überhaupt nur sehr schwer und langsam ein Filter durchsetzt und daß der Hindurchtritt gar nicht stattfindet, wenn die Substanz des Filters, durch welches das Eiweiß hindurchgehen müßte, mit einer saueren Flüssigkeit getränkt ist. Wir haben gesehen, daß das in den Nieren der Fall ist, welche eine saure Ausscheidungsflüssigkeit enthalten; dasselbe gilt auch für die Schweißsecretion. Immerhin kommt hier aber auch noch die innere Bekleidung der Nierenkanälchen mit einer Zellenschichte zur Geltung, welche den Uebertritt des Eiweißes unmöglich macht. Ist diese Zellenschichte, welche überhaupt, wie oben angedeutet, neben der Filtration, in specifischer Weise sich an der Herstellung des Nierensekretes mitbetheiligen, krankhaft alterirt oder zum Theil abgestoßen, wie das bei manchen Nierenerkrankungen der Fall ist, so läßt sich sofort Eiweiß in dem Nierensecrete nachweisen.

Kapitel VII.

Die Entstehung und Erneuerung des Blutes.

I. Die Entstehung und Erneuerung der chemischen Blutstoffe: Verdauung.

A. Die Chemie der Verdauung.

1. Verdauung und Verdauungsorgane im Allgemeinen.

Unserem modernen Bewußtsein erscheint zwischen belebten und unbelebten Wesen eine unüberbrückbare Kluft; eine solche Trennung sind wir geneigt für einen nothwendigen Ausfluß vorurtheilsfreier Naturbeobachtung selbst zu halten. Da wir in der populären Sprechweise Leben und Bewußtsein nicht scharf zu trennen gewohnt sind, erscheint uns schon die Lehre der Wissenschaft, welche auch den Pflanzen Leben zuspricht, als eine beinahe willkürliche. Der moderne Mensch fühlt sich nur zu gerne in einer stolzen Absonderung von der ganzen übrigen Natur. Diese Anschauungsweise war dem Alterthum wie noch heute den einem Naturzustande näher stehenden Völkern vollkommen fremd. Die ganze uns umgebende Welt erscheint der natürlichen Betrachtungsweise belebt und, von Seelen, von Göttern erfüllt, gleichsam geadelt und geheiligt. Was unserem heutigen Selbstbewußtsein so schwer eingehen will, unseren Organen einen gewissen Grad von selbständigem Leben zuzuerkennen, war eine dem Alterthum ganz geläufige Anschauung. Man objectivirte den eigenen Körper wie die übrige Natur und betrachtete mit Staunen die in ihm vorgehenden Wirkungen, auf welche, wie unser Bewußtsein uns sagt, unser Wille keine Einwirkung entfaltet, welche also in Wahrheit für unser eigentliches Selbst zur Außenwelt gehören.

In alltäglichen Redewendungen und sprichwörtlichen Aeußerungen finden wir im Alterthum zahlreiche Anspielungen auf diese Objectivirung des eigenen Körpers. Ich erinnere an die allbekannte Fabel von dem Kriege der Glieder gegen den Magen, welche, etwas modificirt, auch in die Schriften des ersten christlichen Alterthums Eingang gefunden hat. Wir haben schon mehrfach daran erinnert, daß Aristoteles das selbständig schlagende Herz „ein Thier im Thier" genannt hat, und in ganz analoger Weise sehen wir auch die activ thätigen Fleischtheile, welche wie Diener, aber ohne daß wir wissen auf welche geheimnißvolle Weise, unseren Willensbefehlen gehorchen, von dem Alterthum individualisirt und belebt. Wenn Galen sie mit einem Roßgespann vergleicht, so wählt er lediglich ein etwas geschmackvolleres Bild; das frühe Alterthum schon hatte ihre Thätigkeit mit der lebender Thiere ähnlich gefunden. Bei Homer finden wir zuerst die Wadenmuskeln als „Mäuse" bezeichnet und das Wort Muskel, das in allen modernen Sprachen Heimathsrechte erworben hat, stammt von dem lateinischen musculus, welches nichts anderes bedeutet, als Mäuslein. Daß auch unser Volk einst die Dinge ganz in diesem Sinne anzusehen gewohnt war, zeigen zahlreiche alte, meist kaum mehrverstandene Redensarten: auch uns springt noch das Mäuslein vor, wenn wir den Nerven am Ellbogen stoßen; auch unser Magen knurrt und bellt noch, wenn wir ihm seine Fütterung versagen. Der Magen erschien dem Alterthum als ein gefräßiges, unersättliches Thier, das unablässig nach Speise verlangt; er galt noch einer viel späteren Zeit als das eigentliche Centrum aller Verdauungsthätigkeit; erst seit dem vierten Jahrzehnte unseres Jahrhunderts ist es gelungen, tiefere Einblicke in das Wesen des Stoffaneignungsvorganges des Körpers in der Verdauung zu thun. Diese vegetative Seite unseres Lebens zeigt uns fast am schlagendsten, wie unser Selbstbewußtsein gleichsam außerhalb des eigenen Körpers wohnt, dessen innere Bewegungen und Leistungen vor sich gehen ohne unser Zuthun, aus eigenem ihm und seinen Organen selbständig innewohnendem Vermögen. Wenn unser Selbstbewußtsein durch die inneren Vorgänge unseres Körpers gestört oder gehoben wird, wenn wir aus inneren Ursachen Lust oder Schmerz empfinden, so sind

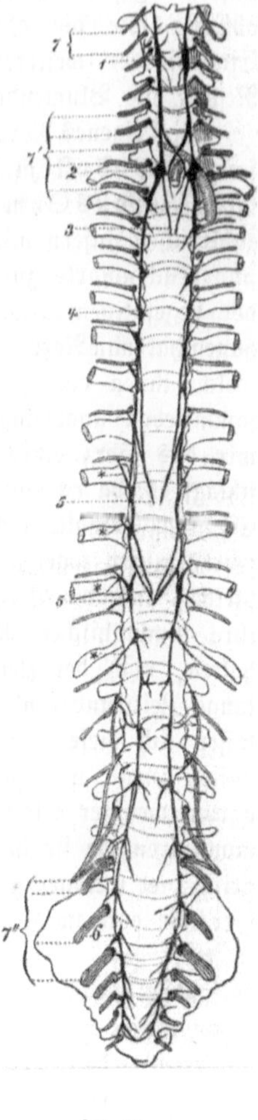

Fig. 37.

Fig. 37. Grenzstrang des Sympathicus.
1 der obere Halsknoten, 2 der untere. 3 Nerven zum Herz. 4 die Brustknoten. 5 Nerven zu den Eingeweiden. 6 Ganglien im Becken. 7 7 7 Rückenmarksnerven. * Verbindungsäste zwischen ihnen und dem Sympathicus.

unserem Ich die wahren Ursachen davon doch kaum weniger objectiv wie die ähnliche Einwirkungen hervorbringenden Einflüsse der weiteren Außenwelt: wie Sonnenschein und Regen, wie Blumenduft und Vogelsang.

Ein eigenes Nervensystem mit Nervenzellen und Nervenfasern, das System der sympathischen Nervenganglien, Nervus Sympathicus (Fig. 37), welches, jedoch mit zahlreichen Fasern mit dem Centralnervensystem des Gehirns und Rückenmarks zusammenhängt, steht diesem stillen Walten der vegetativen Organthätigkeiten vor. In allen diesen Organen hat man Nervenvorrichtungen, Nervenzellen aufgefunden, welche ihnen eine bis zu einem hohen Grade von dem Gesammtleben unabhängige Lebensthätigkeit gewähren. Wenn wir das Herz eines kaltblütigen Thieres ausschneiden, so schlägt es, da es seine Hauptnervencentren in seiner eigenen Substanz enthält, noch stunden-, ja unter besonders günstigen Verhältnissen tagelang rhythmisch fort. Bei solchen Thieren bleiben auch die Verdauungsapparate, welche alle ebenfalls ihre sympathischen Nervencentren in ihrer Substanz enthalten, nach der Zerstörung des Rückenmarks noch relativ lange Zeit unverändert thätig. Bei warmblütigen Thieren lassen sich diese von dem Gesammtleben bis zu einem gewissen Grad unabhängigen Thätigkeiten der Organe nur darum weniger leicht als bei kaltblütigen experimentell demonstriren, da sie im Allgemeinen gröbere chirurgische Eingriffe viel weniger gut vertragen; die Verhältnisse sind aber hier wie dort im Principe vollkommen die gleichen.

Die Verdauungsorgane haben die Aufgabe, die in der Nahrung aufgenommenen Substanzen in Bestandtheile des Blutes umzuwandeln; aus dem Blute erfolgt dann erst die eigentliche Organernährung. Die einfachste Beobachtung lehrt uns, daß die Ueberführung der Nährstoffe meist nicht so ohne weiteres, ohne eine tiefere physikalische und chemische Umgestaltung, durch welche die Nährstoffe den Blutstoffen verähnlicht werden, erfolgen kann. Dieser Vorgang einer chemisch-physikalischen Umgestaltung ist es, welcher von den Physiologen speciell als Verdauung bezeichnet wird. Die verdauten Stoffe unterliegen dann der Aufsaugung Resorption, aus den Verdauungsorganen in die allgemeine Säftemasse des Körpers.

Nur ein Theil der in der Nahrung aufgenommenen Stoffe kann ohne weiteres, ohne vorhergehende chemisch-physikalische Umgestaltung zu Bestandtheilen des Blutes werden. Vor allem gehört in diese Gruppe der Nährstoffe das Wasser und ein Theil der in wässeriger Lösung aufgenommenen anorganischen und organischen Salze, dann Alkohol, Zucker u. a. m. Diese Stoffe können an jeder Stelle des Verdauungskanals direct aufgesogen werden. Nicht alle wässerigen Lösungen fallen in die eben besprochene Kategorie. Ein Theil derselben wird durch die chemischen Bestandtheile der Körpersäfte, denen sie im Organismus begegnen, chemisch gebunden und verändert. Die Verdauungssäfte haben theils eine alkalische, theils eine sauere Reaction. Der alkalische Mundspeichel wirkt neutralisirend gegen Säuren und sauere Salze, der sauere Magensaft umgekehrt gegen Alkalien und alkalische Salze. Der in wässeriger Lösung aufgenommene Haupteiweißstoff der Milch, das Caseïn, wird von dem Magensaft zuerst zur Gerinnung gebracht, ehe dieser seine verdauenden Wirkungen entfaltet*).

Auch die in fester Form aufgenommenen Nährstoffe verhalten sich in Beziehung auf die Verdauung verschieden.

*) An anderen Stellen des Verdauungskanals scheint dagegen das gelöste Caseïn sowie zum Theil auch andere gelöste Eiweißkörper ohne weitere Veränderungen aufgenommen werden zu können.

Die Thätigkeit der Verdauungsorgane beruht im Wesentlichen auf den von ihnen abgesonderten wässerigen Säften, welche theils lösend, theils chemisch und physikalisch umbildend auf die Nährsubstanzen einwirken. Speichel, Magensaft, Galle sind die drei in größter Menge abgesonderten Verdauungssäfte. Zu ihnen gesellt sich noch das wichtige Sekret der Pankreas- oder Bauchspeicheldrüse und das der Darmschleimhaut. Ein Theil der in fester Form aufgenommenen Nährstoffe wie Zucker, Salze u. a. m. lösen sich in den wässerigen Verdauungssäften auf und können dann sofort dem Aufsaugungsvorgang unterliegen ganz ebenso, als wären sie in wässeriger Lösung aufgenommen worden.

Der Haupttheil der festen Nahrungsstoffe aber: geronnenes Eiweiß, leimgebendes Gewebe und Leim, Stärkemehl und Fett sind an sich in Wasser und auch in den Verdauungssäften unlöslich. Um sie aufnehmbar zu machen, müssen sie eine energische Umwandlung erleiden, welche sie theils zur Lösung in Wasser befähigt, theils so fein vertheilt, daß sie mit den Säften durch die Gewebslücken oder Porenräume, durch welche die Höhlung des Verdauungskanals mit den Anfängen des (Lymph-)Gefäßsystems in offener Verbindung steht, hindurchzutreten vermögen. In letzterer Weise tritt namentlich das Fett in die Säftemasse des Körpers ein.

Werfen wir zunächst einen orientirenden Blick auf den allgemeinen Bau der Verdauungsorgane. (Fig. 38.)

Im Wesentlichen bestehen sie aus dem eigentlichen Verdauungskanal, welcher einen ziemlich engen, langen, vielfach gewundenen Schlauch darstellt mit einer Anfangs- und Endöffnung und einer mittleren Haupterweiterung, dem Magen. Der vordere Abschnitt des Verdauungskanals beginnt mit der Mundhöhle und dem trichterförmig erweiterten Schlunde, welcher sich zur Speiseröhre verengt. Unter dem Zwerchfell, welches die Speiseröhre in einem Schlitze durchsetzt, erweitert sich der Verdauungskanal zum Magen. Die Einmündungsstelle der Speiseröhre in den Magen wird als

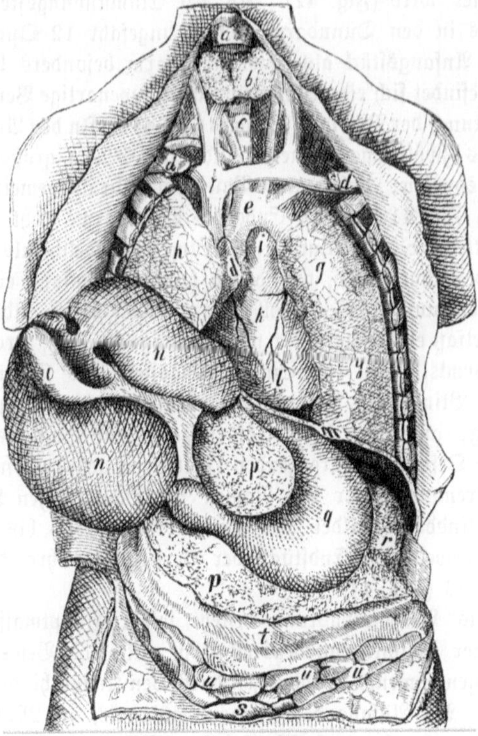

Fig. 38. Verdauungsorgane.

a der Kehlkopf. b die Schilddrüse. c die Luftröhre mit ihren Knorpelringen. d abgesägte Schlüsselbeine. e Bogen der großen Herzschlagader, aus dem nach oben und seitlich die Gefäße zu Kopf und Armen gehen. f die obere Hohlvene mit den in sie einmündenden Drosselvenen. g die zwei Lappen der linken, h der obere der rechten Lunge. i die Lungenarterie. k rechtes Herzrohr. l das Herz. m die Schnittkante des Zwerchfells. n die aufgehobene und umgelegte Leber, resp. deren hintere Fläche. o die Gallenblase. p das Netz. q der Magen. r die Milz. s die Blase. t Dickdarm. u Dünndarm.

Magenmund, Cardia, bezeichnet. Der Magen geht in den eigentlichen Darm über, dessen 13 bis 27 Fuß langer, etwa 1 Zoll weiter, vielgewundener erster Abschnitt als Dünndarm bezeichnet wird (Fig. 42). An der Einmündungsstelle des Magens in den Dünndarm, dessen ungefähr 12 Querfinger breites Anfangsstück als Zwölffingerdarm besonders benannt wird, befindet sich eine eigenthümliche klappenartige Verschluß-vorrichtung, der Pförtner, Pylorus (Fig. 41 f). In den Anfangstheil des Zwölffingerdarmes münden die beiden großen Verdauungsdrüsen: Leber und Bauchspeicheldrüse gemeinschaftlich ein (Fig. 41 h). Das Ende des Dünndarms geht in eine zweite kleinere, sackartige Erweiterung über, welche als Blinddarm bezeichnet wird, von dessen hinterem Umfang ein beim Menschen nur 3 bis 6 Zoll langer, enger blind endigender Hohlfortsatz entspringt: der wurmförmige Fortsatz, Processus vermiformis. An der Einmündungsstelle des Dünndarms in den Blinddarm befindet sich ebenfalls eine Klappenvorrichtung, aus zwei halbkreisförmigen, eine längliche spaltförmige Oeffnung begrenzenden Hautfalten gebildet, sie trägt nach ihrem Entdecker den Namen der Bauhinischen Klappe. Der Blinddarm bildet den Anfangstheil des 5 bis 6 Fuß langen erweiterten Endstücks der Verdauungsröhre, des sog. Dickdarms (Fig. 44).

Das Verdauungsrohr besteht seiner Hauptmasse nach aus einer Schichte von Muskelfasern, welche die Bewegungen der aufgenommenen Substanzen durch den Kanal hindurch besorgen. Am Anfang des Verdauungskanals, am Mund und Schlund, gehorchen diese Muskeln dem Willen, sie sind wie alle willkürlich beweglichen Muskeln aus sog. quergestreiften Fasern gebildet. Die Speiseröhre selbst und der ganze Darmkanal mit dem Magen besitzt dagegen nur sog. glatte oder organische Muskelfasern, welche eine Einwirkung des Willens nicht gestatten; erst an der unteren Mündung des Rohrs stellen sich wieder quergestreifte, willkürlich zu bewegende Muskelringe ein. Die innere Wandung des ganzen Verdauungskanals ist mit einer „Schleimhaut" ausgekleidet, deren Oberfläche aus Zellenlagen besteht, zwischen denen zahlreiche Drüsen, welche in der Substanz der Schleimhaut selbst eingebettet sind, ausmünden.

Indem wir das Speciellere den Einzelbetrachtungen überlassen, wenden wir zunächst unsere Aufmerksamkeit der Verdauung in der Mundhöhle zu.

2. Verdauung in der Mundhöhle.

Die ältere ärztliche Wissenschaft spaltete sich in zwei verschiedene Richtungen, von denen die eine die Lebenserscheinungen auf physikalische, die andere dagegen mehr auf chemische Gesetzmäßigkeiten zurückführen zu können glaubte. Während sich damals die Schulen der Jatromathematiker und Jatrochemiker bekämpften, hat die neuere Wissenschaft erkannt, daß nur durch ein Zusammenwirken und Ineinandergreifen chemischer und physikalischer Kräfte die Lebensvorgänge zustandekommen und erklärt zu werden vermögen.

Die physikalischen ärztlichen Schulen der Jatromathematiker wollten, wie sie z. B. die Wärme der lebenden animalen Wesen lediglich auf physikalische Momente z. B. auf eine Reibung des Blutes an den Wänden seiner Gefäße zurückführten, auch die Verdauungsvorgänge der Nahrungsstoffe lediglich auf mechanischem Wege erklären. Die ersten Verdauungsvorgänge in der Mundhöhle dienten ihnen dabei für ihre Theorie als Vorbild. Die festen Speisen werden in der Mundhöhle durch die Schneide- und Eckzähne zerschnitten und schließlich zwischen den wie Mühlsteine gegen einander wirkenden „Mahlzähnen" mit breiten Kauflächen zu einer krümeligen Masse zerrieben, welche durch die Zumischung der wässerigen Absonderungsflüssigkeiten der Speicheldrüsen, welche ihre Sekrete in die Mundhöhle ergießen, in eine Art festweichen Brei verwandelt wird. Durch das Andrücken der hohlen Zunge an den Gaumen wird die gekaute Masse zu einem rundlichen Bissen formirt, der in den Magen hinabgeschluckt wird. Hier mischen sich neue Flüssigkeitsmengen den verschluckten Speisen zu, wodurch sich dieselben endlich in einen dünnflüssigen Brei, Speisebrei, verwandeln. Die muskulösen Magenwände sollten nach der alten Annahme hiebei mechanisch die Zerreibung der festeren Substanzen vollenden, welche von den Zähnen eingeleitet wurde. Auch den Darmbewegungen wollte man noch eine ähnliche mechanische Zerkleinerung und Zerreibung zuschreiben.

Bei dem Menschen finden jedoch solche gröbere Zerreibungseinwirkungen auf die Nährstoffe im Magen und Speisekanal nicht mehr statt. Die starken, als zwei halbkugelige Muskeln erscheinenden und wirkenden Muskelwände des mit einem hornartigen inneren Ueberzug überkleideten Magens körnerfressender Vögel vermögen wirklich die aufgequollenen Körner der Nahrung mechanisch zu zerreiben, namentlich unter Beiwirkung des mitverschluckten Sandes. Bei gewissen niederen Thieren sind in noch höherem Maße als bei den Vögeln mechanische Einrichtungen im Magen zur Zerkleinerung der Speisen vorhanden; namentlich manche Insekten haben wahre „Kaumägen", welche mit zahnartigen Hervorragungen versehen sind. Die Muskellagen in der Wand des Menschenmagens sind dazu aber keineswegs stark genug. Sie bewegen durch ihre Zusammenziehungen den Mageninhalt an den Wänden des Magens hin und bringen ersteren dadurch mit der Absonderungsfläche des Magensafts in innigere Berührung.

Auch der Verdauungsvorgang in der Mundhöhle ist bei dem Menschen keineswegs ein rein mechanischer Act, wenn auch die mechanische Zerkleinerung der Speisen durch die

Zähne und reichliche Durchtränkung mit den Mundflüssigkeiten, welche lösend wirken und den Bissen zum Verschlucken geeigneter und schlüpfrig machen, von vorwiegender Bedeutung sind. Die Lehrer der Athletik empfahlen ihren Schülern, damit die genossenen Speisen ihnen möglichst viel Kraft verleihen, dieselben nicht nur mit den Zähnen zu zerreißen, sondern mit Muße zu zerkauen. Neben diesen mechanischen Acten beginnt in der Mundhöhle schon einer jener merkwürdigen chemischen Verdauungsprocesse, welche die moderne Wissenschaft mit Gährungsvorgängen vergleicht.

Zu einer Gährung bedarf es eines Gährungserregers und einer der Gährung fähigen Substanz. Die Substanz, welche in der Mundhöhle dem Verdauungsvorgange unterliegt, ist das Stärkemehl. Im Jahre 1831 entdeckte Leuchs die Eigenschaft des Speichels, Stärkemehl in Zucker und Stärkegummi (Dextrin) umzuwandeln. Schwann isolirte das hiebei thätige Verdauungsferment, den Gährungserreger, aus dem Speichel und bezeichnete ihn als Speichelstoff oder Ptyalin. Wenn wir stärkemehlhaltige Substanzen — Brod ꝛc. — längere Zeit kauen oder außerhalb des Mundes mit Speichel in Berührung lassen, so geht das Stärkemehl schließlich vollkommen in Dextrin und Zucker über. Die Umwandlung der in Wasser unlöslichen Stärke in Zucker, welcher sich in Wasser leicht auflöst, führt uns hier das wesentlichste Princip der Verdauung an einem leicht verständlichen Beispiele vor Augen.

Die Speisen verweilen in der Mundhöhle nur relativ kurze Zeit; die Umwandlung der Stärke in Zucker kann daher hier nicht weit vorschreiten, doch können wir immer, wenn wir einen stärkemehlhaltigen Bissen, der genügend durchkaut und durchfeuchtet nun zum Verschlucken geeignet wäre, chemisch untersuchen, den durch den Speichel gebildeten Zucker in nicht ganz geringen Mengen nachweisen. Die

Hauptmenge des Stärkemehls gelangt jedoch noch unverdaut in den Magen. Auch dort geht noch, zunächst unter der Fortwirkung des mitverschluckten Speichels, die Zuckerbildung aus Stärkemehl weiter, aber erst im Darmkanal wird diese Umwandelung vollendet.

Die Ueberführung des Stärkemehls in Dextrin und Zucker durch den Speichel steht in der organischen Natur keineswegs vereinzelt da. Am bekanntesten ist die gleiche Wirkung, welche keimende Gerste, Malz, auf stärkemehlhaltige Substanzen bei der Bier- und Branntweinbereitung ausübt. Auch hier ist es ein chemisch darstellbarer besonderer Gährungserreger im Malz, die Diastase, welche das Mehl in Zucker umwandelt; erst der auf diese Weise gebildete Zucker wird durch einen zweiten Gährungsvorgang in Weingeist, Alkohol, umgesetzt. Die Verwandlung der Stärke unreifer Früchte in Zucker im Reifungsproceß beruht ebenfalls auf einem analogen Vorgang.

Der Speichel, eine wässerige, salzhaltige Flüssigkeit, welche außer dem Speichelstoff oder Ptyalin wenig organische Substanzen enthält, wird auf Nervenreiz von den Speicheldrüsen (Fig. 39) abgesondert und in die Mundhöhle ergossen, wo er sich mit dem Sekrete zahlreicher Schleimdrüsen zu dem sog. Mundspeichel mischt. Die Speicheldrüsen sind nach dem uns schon bekannten Schema der traubenförmigen Drüsen gebaut. Es sind drei Paare solcher Drüsen vorhanden, welche symmetrisch zu beiden Seiten der Mundhöhle nicht weit von einander entfernt angeordnet sind: die Unterzungenspeicheldrüsen, die Unterkieferspeicheldrüsen und die größten dieser Organe, die Ohrspeicheldrüsen. Die letzteren liegen beiderseits dicht vor dem Ohre. Von beiden (Fig. 39a) läuft ein langer und relativ weiter Ausführungsgang quer über die Wange nach vorne und mündet gegenüber dem zweiten oberen Backenzahn in die Mundhöhle. Die Ausführungsgänge der übrigen kleineren Speicheldrüsen öffnen sich am Boden der Mundhöhle unter der Zunge.

Wie schon angegeben, erfolgt die Absonderung des Speichels wie aller Verdauungssäfte auf Nervenreiz. Durch elektrische Reizung der Drüsennerven kann man sehr starken Ausfluß des Speichels erzielen. Bei mechanischen Berührungen der Mundhöhlenschleimhaut durch die Speisen, noch stärker aber in Folge gewisser chemischer Reize auf die sensiblen Nerven der Mundschleimhaut, wie sie durch die Gewürzstoffe ausgeübt werden, wird die Speichelabsonderung befördert. Die Hauptbedeutung der Gewürze für die Ernährung liegt in dieser Wirkung auf die Speichelabsonderung und die Absonderung des Magensaftes. Indem unter ihrer Einwirkung die Verdauungssäfte in reichlicheren Mengen abgesondert werden, tritt eine energischere Verdauung ein. Geschmacklose, reizlose Nahrung ist daher für den Ernährungsproceß des Menschen im Allgemeinen weniger zuträglich. Schon die Vorstellung einer wohlschmeckenden Speise erregt bei Hungernden reichlichere Speichelabsonderung; auch dadurch beweist sich der Hunger als der bekannte gute Koch.

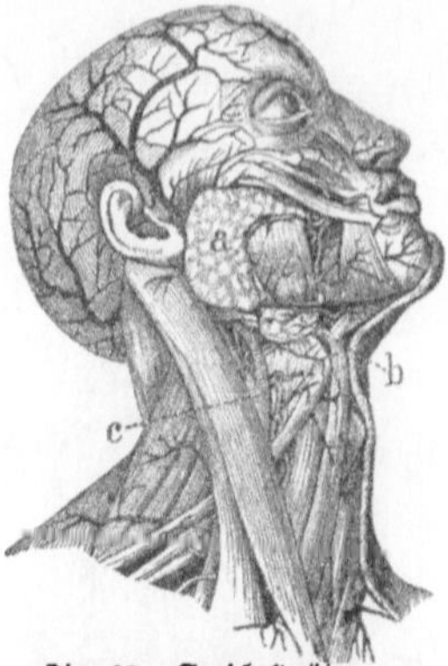

Fig. 39. Speicheldrüsen.
a Ohrspeicheldrüse. b Unterkieferspeicheldrüse. c Halsschlagader mit ihren Verzweigungen am Kopfe.

3. Magenverdauung.

Schlund und Speiseröhre üben bei dem Menschen keine „verdauenden" Wirkungen aus. Erst in dem Magen erfahren die hinabgeschluckten Speisen eine weitere chemisch-physikalische Umgestaltung.

Die Magenschleimhaut ist von zahlreichen, meist einfach schlauchförmigen Drüsen, den Magensaft- oder Laabdrüsen, durchsetzt (Fig. 40 B). Sie sind mit rundlichen Zellen aus-

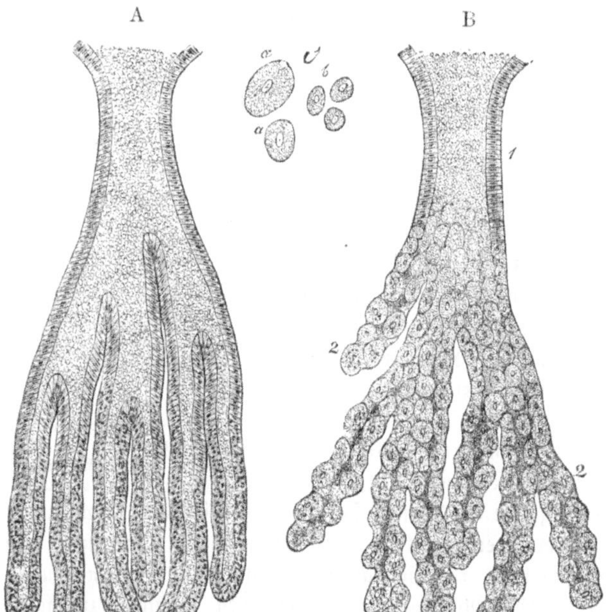

Fig. 40. Drüsen aus dem menschlichen Magen, 100 mal vergr. A Magenschleimdrüse vom Pylorustheil. B Magensaftdrüse von der Cardia. 1 gemeinschaftliche Ausmündungshöhle. 2 die einfachen Schläuche bei A mit Cylindern, bei B mit Laabzellen. C Einzelne Laabzellen, a größere, b kleinere. 350 mal vergr.

gekleidet, deren auf Nervenreiz abgesondertes flüssiges Sekret der Magensaft ist. Jede mechanische Reizung der Magenschleimhaut, also vor allem die in den Magen gelangten festeren Speisen, erregen diese Absonderung; Flüssigkeiten thun das im Allgemeinen in geringerem Grade, doch genügt schon der verschluckte Speichel, um die Absonderung des Magensaftes zu veranlassen. Hierin liegt eine weitere Aufgabe der Speichelsekretion. Außer den Laabdrüsen besitzt der Magen auch noch schlauchförmige Schleimdrüsen (Fig. 40 A). Sie sind in ihrer allgemeinen Gestalt den Laabdrüsen ähnlich, wir können aber die beiden Drüsenformen mikroskopisch durch die verschiedenen die Wandungen ihrer Hohlräume auskleidenden Zellen unterscheiden. Während die innere Zellenauskleidung der Magenschleimdrüsen nur aus cylindrischen Zellformen: Cylinderzellen, besteht, wie sie die ganze innere Magen- und Darmfläche überkleiden, sind die magensaftabsondernden Zellen der Laabdrüsen: die Laabzellen, rundlich von verschiedener Größe; nur der Drüseneingang der Laabzellen zeigt auf eine kurze Strecke ebenfalls Cylinderzellen.

So lange der Magen nicht physiologisch thatig ist, sondern nur seine Schleimdrüsen eine ziemlich geringe Menge ihres schwach alkalischen Sekretes ab; sowie aber die gesunde Magenschleimhaut gereizt wird, beginnt sofort die eigentliche Magensaftabsonderung. Man darf sich die durch die Verdauungsdrüsen abgegebenen Säftemassen in der Quantität nicht zu gering vorstellen. Während eines Tages werden etwa 1000 g oder 1 Liter Speichel abgesondert; die Masse schwankt übrigens nach auf- und abwärts von dieser Größe je nach der Art und Menge der aufgenommenen Nahrung. Noch weit größer wie die des Speichels ist die von der Magenschleimhaut während der Verdauungsperiode abgegebene Flüssigkeitsmenge, die besten Forscher geben sie zu 8000 bis 15000 g in 24 Stunden an.

In dem Magen verweilen die Speisen längere Zeit. Wenn sie endlich den Magen verlassen, so sind sie vor allem durch die zufließenden Flüssigkeiten, wie wir oben erwähnten, in einen dünnen Brei: Speisebrei, Chymus, verwandelt.

Von den drei wichtigsten Gruppen der Nahrungsbestandtheile, welche, wie wir oben angaben, einer eigentlichen Verdauung unterliegen müssen: Stärkemehle, Fette, Eiweißstoffe mit Leim und leimgebendem Gewebe, unterliegt die letztere Stoffgruppe im Magen einer specifischen Umwandlung. Unter der Einwirkung des Magensaftes werden die geronnenen Eiweißstoffe und das leimgebende Gewebe zunächst aufgelöst und dann in sog. Peptone d. h. dem Eiweiß sehr ähnliche (aber im Wasser leicht lösliche) Substanzen umgewandelt, welche die Fähigkeit zeigen, rascher in die Säftemasse des Körpers eindringen zu können. Die Peptone unterscheiden sich von den Eiweißstoffen und dem Leim durch ihr gesteigertes Diffusionsvermögen, d. h. durch das Vermögen, feuchte poröse Schichten leichter und rascher zu durchsetzen als unverändert-gelöstes Eiweiß. Die wässerige Lösung des letzteren ist meist nur eine unvollkommene. Das Eiweiß verhält sich dem Wasser gegenüber ähnlich wie Leim oder Stärkemehl, welche beide auch in heißem Wasser nur zu Gallerten aufquellen, ohne sich im strengen Wortsinne wirklich zu lösen. Die Eiweiß- und Leimpeptone bilden dagegen mit Wasser wahre Lösungen.

Der Magensaft besteht wie der Speichel der weit überwiegenden Hauptmasse nach lediglich aus Wasser, in welchem die Blutsalze gelöst sind. Auch der Magensaft enthält ein specifisches Verdauungsferment: das P e p s i n und außerdem eine gewisse Menge freier Säure: S a l z s ä u r e hinreichend, um ihm eine stark sauere Reaction zu ertheilen. Die freie Säure und das Pepsin bewirken gemeinschaftlich die Auflösung der Eiweißstoffe, des leimgebenden Gewebes und des Leims. Verdünnte Salzsäure von dem Säuerungsgrade des Magensaftes allein wirkt schon lösend auf die genannten Stoffe ein; unter Mitwirkung des Pepsins werden sie aber weit rascher in eigentliche Peptone umgewandelt.

Die Magenverdauung schreitet mit der Bildung der Peptone aus Eiweiß und Leim eben so wenig wie die Mundverdauung mit der Bildung von Zucker aus Stärkemehl zur Beendigung ihrer physiologischen Aufgabe vor. Wie noch viel Stärkemehl unverdaut die Mundhöhle verläßt, so wird auch der Speisebrei aus dem Magen in den Dünndarm entlassen weit eher, als alles Eiweiß und alle Leimsubstanzen in Peptone umgewandelt wurden. Der Speisebrei enthält noch die Hauptmasse der aufgenommenen Speisen, zwar mechanisch zur Vollendung der Verdauung wohl vorbereitet, aber doch immer noch unverdaut.

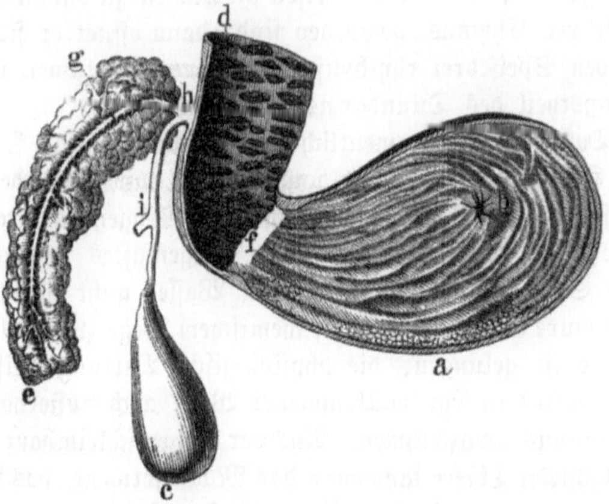

Fig. 41. Durchschnitt durch den Magen a. Magenmund b. Pylorus oder Pförtner f. Pankreas e. d Zwölffingerdarm (durchschnitten). h Gemeinsame Einmündung der Ausführungsgänge vom Pankreas (g) und der Leber (i). c Gallenblase.

Wir haben oben des Pförtners an dem Ausgang des Magens in den Dünndarm (Zwölffingerdarm) gedacht (Fig. 41 f.) Er stellt sich als eine ringförmig in die verengte Magenmündung vorspringende muskulöse Hautfalte dar mit einer kreisrunden Oeffnung. Ringförmig um die centrale Oeffnung dieser nach innen vorspringenden Hautfalte sind Muskelfasern angeordnet. Ziehen sich diese Muskelringe zusammen, so verengern oder verschließen sie die Oeffnung des Pförtners; erschlaffen sie, so erweitert sich dieselbe. Ihr Verhalten ist in dieser Beziehung etwa analog wie das der Muskelringe in der Regenbogenhaut des Auges, in der Iris, welche ebenfalls ihre centrale runde Oeffnung, die Pupille, mit Hülfe ihrer Muskelringe bald erweitert, bald verengt. Der Pförtner bleibt, da seine Muskelfasern sich reflectorisch unter der reizenden Einwirkung fester Substanzen auf die Empfindungsnerven der Magenschleimhaut zusammenziehen, so lange geschlossen, bis die Speisen im Magen zu dünnflüssigem Speisebrei, Chymus, geworden sind; dann öffnet er sich und läßt den Speisebrei rhythmisch in kleinen Portionen in den Anfangstheil des Dünndarms übertreten.

Daß im Magen namentlich durch den verschluckten Speichel noch Stärkemehl in Zucker umgewandelt wird, wurde schon mehrfach erwähnt. Rohrzucker geht im Magen in Traubenzucker über und die Säure des Magensaftes bringt auch solche Salze, welche sich in reinem Wasser nicht lösen, z. B. kohlensaure Erden, einfach auf chemischem Wege zur Auflösung.

Es ist gelungen, die physiologische Wirkungsweise des Magensaftes in sehr vollkommener Weise auch außerhalb des Organismus nachzuahmen. Aus der Magenschleimhaut frischgeschlachteter Thiere kann man das Magenferment, das Pepsin rein gewinnen und seine Eigenschaften studiren. Es zeigt sich, daß das Pepsin seine verdauenden Einwirkungen nur unter Mitwirkung einer verdünnten Säure auszuüben vermag. Am besten wirkt in dieser Hinsicht Salzsäure, doch können auch andere Säuren für die letztere wirksam eintreten. Die Menge der freien Säure im Magensaft ist nur eine geringe, von 0,02% bis 0,3% schwankend. Steigt die Menge der freien Säure im Magensafte, so nimmt die

Wirkung des Pepsins ab und hört bei höheren Säuregraden gänzlich auf.

Wir finden beim Menschen nicht selten Störungen der Magenverdauung, welche lediglich in einem übergroßen Reichthum der Magenflüssigkeit an Säure ihren Grund haben. Namentlich bei gewissen Magenleiden bildet sich aus den aufgenommenen zuckerhaltigen und stärkemehlhaltigen Speisen im Magen durch abnorme Gährungsvorgänge: Milchsäure, Buttersäure, Essigsäure. In geringer Menge können diese Säuren die Wirkung des Pepsins unterstützen; sowie sie aber zu reichlich auftreten, sehen wir Störungen in der Pepsinverdauung als Folge. Diese Störungen verschwinden sofort, wenn wir die überschüssige Säure im Magen chemisch binden, z. B. durch kohlensaure alkalische Salze (doppeltkohlensaures Natron oder auch gebrannte Magnesia). Die Alkalien verbinden sich im Magen mit den überschüssig gebildeten freien Säuren und neutralisiren dieselben.

Nicht weniger wie zu reichlicher Säuregehalt des Magensaftes hindert auch mangelnde Säureentwickelung die Magenverdauung. Bei consumirenden fieberhaften Krankheiten liegt meist die Thätigkeit aller Verdauungsorgane, die Absonderung aller Verdauungsdrüsen tief darnieder. Die Verdauung ist dadurch mehr oder weniger gestört, manchmal fast vollkommen aufgehoben. Daraus ergibt sich für den Arzt die Aufgabe, dem leidenden Organismus, der sich auf dem normalen Wege nicht mehr genügend zu ernähren vermag, die Speisen schon im halb oder ganz verdauten Zustande zuzuführen. Justus von Liebig verdanken wir zwei Methoden der praktischen Ausführung dieses Heilgedankens. Sein Fleischsaft oder Fleischinfus wird aus gehacktem, fettfreiem Fleisch bereitet, indem man aus demselben durch verdünnte Salzsäure (von 0,3 % Säuregehalt) die Hauptmenge der

Eiweißkörper im gelösten Zustande auszieht. Auch der kranke Magen sondert meist genügend Pepsin ab, um dieses schon halb verdaute Eiweiß noch weiter physiologisch umzugestalten, in Peptone umzuwandeln. Schon eine äußerst geringe Pepsinmenge bringt diese Wirkungen hervor. Liebig's: Nahrungsmittel für Kranke, Kinder und Altersschwache folgt dem gleichen Principe. Hier wird Stärkemehl durch die Einwirkung von Malz schon „verdaut" d. h. in Zucker umgewandelt dem Organismus gereicht. Bei neugeborenen Kindern wie bei Personen, die durch Alter und schwere Krankheit geschwächt sind, sondern die Speicheldrüsen nur sehr geringe Mengen eines wenig wirksamen Speichels ab. Sie vermögen das Stärkemehl der Nahrung daher nur unvollständig und langsam zu verdauen; es erfolgt leicht die Bildung von Milchsäure, die dann störend sowohl auf die Magenverdauung als namentlich auf die Thätigkeiten der Gedärme einwirkt. Liebig's Nahrungsmittel hat, in geeigneten Fällen angewendet, oft überraschende Ernährungs- und Heilerfolge.

Die Untersuchungen der Magenverdauung wurde durch Beobachtungen an sogenannten „Magenfisteln" wesentlich gefördert. Die Physiologen haben es gelernt, solche verheilte, offene Verbindungen zwischen äußerer Bauchhaut und Magenhöhle bei Thieren ohne weitere Störungen der Gesundheit anzulegen. Noch wichtiger ist es, daß man auch bei Menschen zufällig entstandene Magenfisteln zur ärztlichen Beobachtung benützen konnte. Im Jahre 1834 erschienen zu Boston die Untersuchungen Baumont's über den Magensaft und die Physiologie der Verdauung, des Menschen, begründet auf Studien, die er an seinem Diener: St. Martin hatte anstellen können. Dieser Mann, sonst vollkommen gesund und rüstig, hatte in Folge einer Schußwunde eine ansehnliche bleibende Oeffnung, welche von der äußeren Leibesfläche in den Magen führte, indem die Ränder der Hautwunde mit den Rändern der Magenwunde verwachsen waren. Durch eine vom oberen Rande der Wunde ausgehende Falte der Magenhäute war die Wundöffnung gewöhnlich so gut verschlossen, daß die Magenverdauung ohne Störung vor sich ging. Durch Eindrücken der Falte konnte der unnatürliche Eingang in die Magenhöhle aber geöffnet werden, sodaß man in den Hohlraum bis zu einer Tiefe von 5 bis 6 Zoll hineinzublicken vermochte. Etwa 20 Jahre später als Baumont beobachteten Bidder und Schmidt mit ihren Schülern in Dorpat ebenfalls die Magenverdauung des Menschen an einer zufällig entstandenen Magenfistel einer sonst ebenfalls gesunden esthnischen Bäuerin.

So lange man den Magen für das Centralverdauungsorgan hielt, schienen die Versuche an den Magenfisteln bei Menschen und Thieren vollen Aufschluß über die „Verdaulichkeit“ der Speisen geben zu können. Immerhin ergeben auch noch jetzt, nachdem man weiß, daß der Hauptact der Verdauung im Dünndarm erfolgt, diese Versuche für den Arzt wichtige Anhaltspunkte für die zweckmäßige Wahl von Nahrungsmitteln, namentlich bei chronischen Magenleiden. Baumont hat bei seinem canadischen Jäger vor allem die zubereiteten Speisen, wie sie von den gebildeten Ständen genossen zu werden pflegen, auf ihr Verhalten im Magen geprüft. Er beobachtete, daß die Zeit für die Verdauungsarbeit des Magens bei verschiedenen dieser Speisen von 1 bis 6 Stunden schwanke. Es ist das gewiß ein sehr beherzigenswerthes Resultat, wenn es darauf ankommt, zu entscheiden, welche Speisen einem geschwächten Magen zugemuthet werden dürfen. Gekochte Kaldaunen und Schweinsfüße sah Baumont schon nach 1 Stunde aus dem Magen seines Magenfistelmannes verschwunden; gebratenes Wildpret nach 1½; Brod und Milch nach 2; wilde Gans, junges Schwein nach 2½; Austern nach 2¾ bis 3½; eben so lang bedurfte gebratenes Rindfleisch; gekochtes Rindfleisch erscheint schwerer verdaulich, seine Verdauungszeit stieg auf 3 ½ bis 4 ½ Stunden; eben so lang war sie für frisches gebratenes Schweinefleisch; geräuchertes Rindfleisch bedurfte im Maximum 5, geräuchertes Schweinefleisch 6 Stunden, um den Magen zu passiren. Merkwürdiger Weise erscheint in dieser Liste das Kalbfleisch erst sehr spät mit einer Magenzeit von 5 ½ Stunden, eben dieselbe Zeit brauchten harte Eier; Lammfleisch nur 4 ½ Stunden.

Man begegnet sehr häufig dem Vorurtheil, daß rohe Eier eine besonders leicht verdauliche Nahrung seien. Kein fester, geronnener Eiweißstoff widersteht aber der verändernden Wirkung des Magensaftes so lange wie ungeronnenes Hühnereiweiß. Der Magensaft kann in das ungeronnene Eiweiß nicht oder wenigstens nur sehr schwer eindringen, was ihm in die zerkauten und dadurch in kleinste Partikelchen mit relativ großer Oberfläche zerfallenen geronnenen Eiweißstoffe viel leichter und rascher gelingt. — Wenn wir Milch trinken, so gelangt der Haupteiweißstoff derselben: der Käsestoff, das Caseïn, gelöst in den Magen; man könnte versucht sein, zu vermuthen, daß deswegen die Milch, welche für das erste Kindesalter die Normalnahrung ist, auch für Erwachsene vor allem leicht verdaulich sein müßte. Man vergißt aber dabei, daß die Milch d. h. ihr Caseïn in Berührung mit dem Magensaft sofort gerinnt. So kommt es, daß Milch für Manche sogar eine schwer verdauliche Nahrung darstellt. — Die Fleischeiweißstoffe werden im Allgemeinen durch Erhitzen leichter verdaulich, doch muß die Erhitzung wenigstens in Wasser einen gewissen Grad nicht übersteigen. **Donders** bemerkte, daß das Eiweiß um so schwerer löslich wird, je härter es durch das Kochen geworden ist. Gebratenes Fleisch ist daher (s. oben) meist leichter zu verdauen als gekochtes. Zur raschen Verdauung des Fleisches ist es wichtig, daß die die eigentliche Fleischsubstanz umhüllenden häutigen Theile, welche vorwiegend aus leimgebender Substanz bestehen, schon durch die Zubereitung (Erhitzen) größeren Theils in Leim verwandelt wurden. Der Leim ist leichter zu verdauen als das leimgebende Gewebe, da letzteres unter der Einwirkung der Verdauungssäfte erst in Leim umgewandelt werden muß. Die Umwandlung des leimgebenden Gewebes in Leim durch Erhitzen bei der Zubereitung der Speisen erfolgt leichter und rascher, wenn das Fleisch durch längeres Liegen von selbst reichlich Säure gebildet hat, oder wenn man es künstlich, etwa mit Essig- oder Citronensäure, ansäuert.

Auch Stärkemehl widersteht der verdauenden Auflösung weniger lang, wenn Hitze auf dasselbe eingewirkt hat. Durch hohe Temperaturen wird das Stärkemehl in Dextrin, Stärkegummi umgewandelt, welches wir oben als die erste Stufe der Stärkeverdauung kennen gelernt haben. Die Hüllen der Pflanzenzellen, welche aus Cellulose bestehen, schließen die eigentlich nahrhaften Bestandtheile der vegetabilischen Stoffe in sich ein. Holzige, alte, dicht gewordene Cellulose ist für den Menschen ganz unverdaulich, dagegen kommt von jugendlicher, zarter Cellulose der Gemüse: Mören, Sellerie, Kohl &c. ein großer Theil zur Lösung, etwa 47 bis 63 %. Durch die geeignete Zubereitung der Pflanzenstoffe zu Speisen werden auch die härteren unverdaulichen Zellhüllen großentheils mechanisch zerrissen, und der Inhalt der Zellen dadurch den Verdauungssäften zugänglich gemacht. Je feiner das Mehl ist, desto vollständiger sind die Zellhüllen, welche die nahrhafte Stärke, die vegetabilischen Eiweißstoffe, Fette und Salze einschließen, zersprengt, desto verdaulicher wird daher gebackenes Brod. Gut gebackenes Weißbrod ist darum besonders leicht verdaulich. Hier spielt aber noch ein anderes wichtiges Verhältniß herein. Je feiner die Speisen vertheilt (gekaut) sind, desto leichter und vollkommener dringen in dieselben die Verdauungssäfte ein, um so rascher können sie aufgelöst werden; größere verschluckte Stücke, auch von sonst leicht verdaulichen Speisen wie Fleisch, Käse, Wurzelstücke, verlassen dagegen den Verdauungskanal oft unverändert. In gut gegangenes, trockenes, poröses Brod saugen sich der Speichel und die übrigen Verdauungssäfte leicht und reichlich ein, während frisches, feuchtes Brod sich beim Kauen klumpig zusammenballt, wodurch der Eintritt der Verdauungsflüssigkeiten gehindert wird. Analog erklärt sich die bekannte Erfahrung, daß größere der Nahrung zugemischte Fettmengen die Verdauung erschweren, ja hindern können. Das Fett bildet einen für wässerige Flüssigkeiten undurchdringlichen Ueberzug über die Speisetheile. Die einfache Ueberlegung sagt uns, daß unter diesen Umständen die Art der Zubereitung der Speisen ein sehr wichtiges Moment für die Magenverdauung sein müsse.

Wie eine übergroße Säuremenge die Magenverdauung hindert, so tritt auch eine Störung derselben dadurch ein, daß sich übergroße Mengen von verdautem Eiweiß, Peptone im Magensaft anhäufen; daraus erklärt es sich zum Theil, warum so leicht nach sehr reichlichen Mahlzeiten Verdauungsstörungen eintreten.

Sehr beachtenswerth ist noch die Bemerkung der Aerzte, daß manchmal an harte oder stark gewürzte Kost gewöhnte Mägen leichtere Speisen weniger gut vertragen. Bei solchen Individuen veranlassen die reizloseren Speisen keine genügende Absonderung von Verdauungssäften. Es gibt uns das Aufschluß über die hohe physiologische Bedeutung der Gewürze sowie aller stark schmeckenden Nährstoffe. Alle Nerven stumpfen sich gegen oftmals auf sie einwirkende Reize nach und nach ab, der gleiche Reiz von gleicher Reizstärke bringt eine immer schwächer und schwächer werdende Erregung hervor. Speisen, welche längere Zeit ohne Abwechselung genossen werden, erregen endlich die Verdauungsnerven nicht mehr in dem erforderlichen Grade, um die normale Höhe ihrer physiologischen Energie zu erreichen; die Verdauung leidet dadurch. Abwechselung in den Speisen ist daher als ein rationelles Erforderniß einer physiologischen Magenpflege zu verlangen.

4. Verdauung im Dünndarm.

Die im Magen unter der Einwirkung des Speichels und Magensaftes verdauten und dadurch gelösten Substanzen: Peptone, Zucker, Salze, unterliegen zum Theil sofort der Aufsaugung. Der weit größere Theil aller aufgenommenen Nährstoffe gelangt aber im Speisebrei chemisch unverändert aus dem Magen in den Dünndarm, um dort erst seine physiologisch-chemischen Umwandlungen zu erleiden. Theilweise sind die Verdauungsvorgänge im Darm den bisher besprochenen ganz analog und betreffen die gleichen Substanzen. Die Eiweißstoffe mit dem Leim und leimgebenden Gewebe und das Stärkemehl werden, indem sie durch die Verdauungssäfte in diffusionsfähige Stoffe, in Zucker und Peptone umgewandelt werden, möglichst vollkommen zur Lösung gebracht. Im Darm finden aber in ganz anderer Weise auch die Fette die Bedingungen ihrer Ueberführung in die Säftemasse des Körpers.

Drei Verdauungsflüssigkeiten, alle von alkalischer Reaction, durch deren Zumischung der aus dem Magen als stark saure Masse austretende Speisebrei rasch von außen nach innen fortschreitend alkalisch gemacht wird, betheiligen sich an diesem Resultate. Die Schleimhaut des Verdauungsrohres sondert, namentlich aus ihren meist einfach schlauchförmigen Drüsen, welche im mikroskopischen Bau den Magenschleimdrüsen sehr ähnlich, namentlich mit ganz analogen Cylinderzellen ausgekleidet sind, eine specifische Verdauungsflüssigkeit ab, den Darmsaft. Außerdem ergießen sich in den Zwölffingerdarm nahe dem Pförtner des Magens die Absonderungen der Leber: die Galle, und der Pankreasdrüse: der Pankreassaft oder Bauchspeichel. Diese drei Verdauungssäfte mischen sich dem aus dem Magen kommenden Speisebrei zu und vollenden in diesem die Verdauungsveränderungen. Die physiologische Arbeit, welche Mundhöhle und Magen begonnen haben, wird im Darm beendigt. Die Hauptleistung des Verdauungsgeschäftes fällt auf den letzteren, sodaß wir den Dünndarm als das Hauptorgan der Verdauung anerkennen müssen.

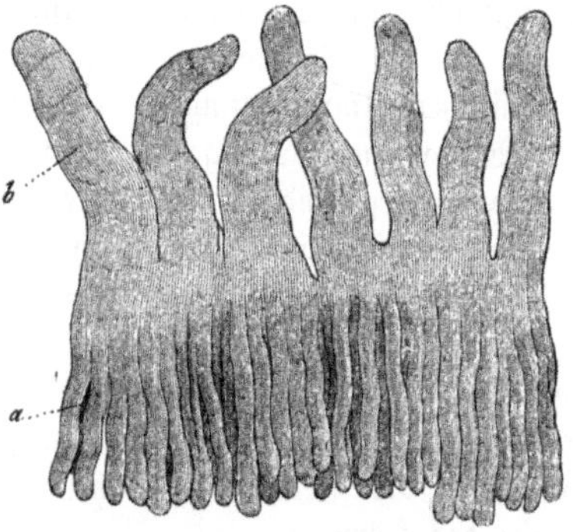

Fig. 42. Die Dünndarmschleimhaut der Katze im senkrechten mikroskopischen Durchschnitt. a die Lieberkühn'schen Drüsen; b die Darmzotten.

In der Schleimhaut des Darms stehen dicht gedrängt neben einander jene schon oben erwähnten einfachen schlauchförmigen, mikroskopischen Drüschen: die Lieberkühn'schen Drüsen (Fig. 42a). Die innere Darmoberfläche erhebt sich in äußerst zahlreiche feine Fältchen und Zöttchen, die sog. Darmzotten (Fig 42b), welche der Schleimhaut gewissermaßen ein sammtartiges Aussehen verleihen. Rings um die einzelnen

Darmzotten, deren Betheiligung an der Aufsaugung wir in der Folge noch näher zu besprechen haben werden, öffnen sich jene Drüsenschläuche. Im Zwölffingerdarm finden sich außerdem noch kleine traubenförmige Drüsen: die Brunner'schen Drüsen (Fig. 43), welche in Bau und physiologischer Thätigkeit Aehnlichkeit mit der Pankreasdrüse besitzen.

Fig. 43. Eine Brunner'sche Drüse des Menschen.

Ueber die Wirkungsweise des Darmsaftes sind die Untersuchungen noch nicht abgeschlossen. Am sichersten scheint erwiesen, daß er (bei alkalischer Reaction) Eiweißstoffe (Fibrin) zu wahrem Pepton umzuwandeln vermag. Er soll, wie weiter angegeben wird, auch Stärkemehl in Zucker, Rohrzucker in Traubenzucker umsetzen und die Eigenschaft haben, Fette in außerordentlich feine Tröpfchen mechanisch zu vertheilen. Bei dem Menschen ist die normale Absonderungsmenge des Darmsaftes nur eine sehr geringe, und es sind noch keine vollkommen sicheren Methoden gefunden, um reinen, normalen Darmsaft, oder solchen ohne Bei=

mischung von anderen Verdauungsflüssigkeiten, aus gesunder Schleimhaut in genügender Menge zum entscheidenden Versuch zu erhalten. Um so besser bekannt sind die physiologischen Veränderungen, welche die in den Dünndarm sich ergießende Absonderungsflüssigkeit des Pankreas: der Bauchspeichel hervorruft.

Die Pankreasdrüse (Fig. 41 und 44) ähnelt in ihrem anatomischen Bau einigermaßen den Speicheldrüsen,

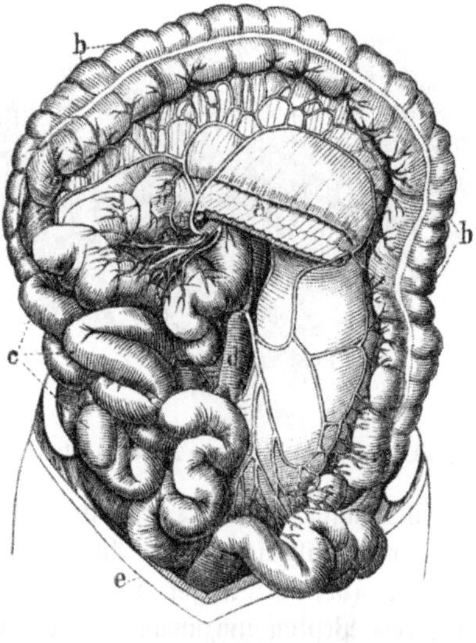

Fig. 44.
a Pankreas. b Dickdarm. c Dünndarm. d Aorta.

sie erscheint als eine ziemlich große, langgestreckte traubenförmige Drüse, welche der ganzen Länge nach von einem Hauptausführungsgang (Fig. 41 g) durchzogen wird, in welchen seitlich feinere Drüsengänge in ziemlich gleichmäßigem Abstand einmünden. Die letzteren verästeln sich und tragen am Ende die eigentlichen Drüsenbläschen, deren auf Nervenreiz abgesondertes Zellensekret der Bauchspeichel ist.

Der Bauchspeichel, welcher normal nicht fortwährend sondern nur während der Verdauung abgesondert wird, ist eine klare, farblose, alkalische, sehr klebrige Flüssigkeit, welche weit mehr feste Stoffe — zwischen 10 und 12% — enthält als die übrigen Verdauungssäfte. Etwa 1/10 der festen Stoffe sind anorganische Salze, Aschenbestandtheile, welche denen des Blutserums sehr ähnlich sind. Unter seinen organischen Bestandtheilen findet sich reichlich Eiweiß.

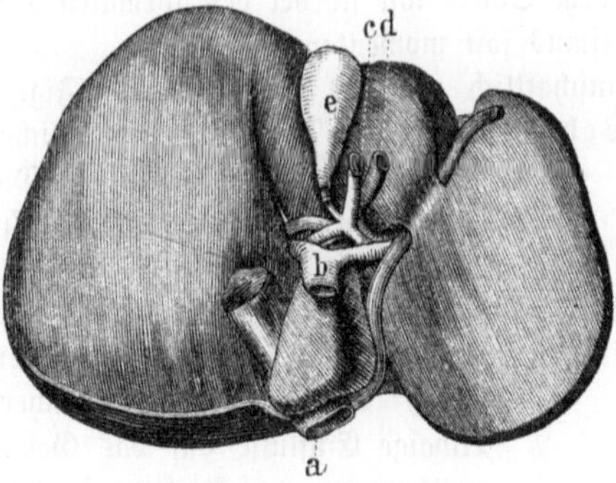

Fig. 45. Unterfläche der Leber.
a untere Hohlvene. b Pfortader. c Gallengang. d Leberarterie. e Gallenblase.

Die Leistungen des Pankreassekretes für die Verdauung sind: Umwandlung von Stärkemehl in Zucker, Verdauung der Eiweißsubstanzen, des leimgebenden Gewebes und des Leims zu Peptonen und Vorbereitung der Fette zur Aufsaugung. Das Pankreas ist also ein Universalverdauungsorgan. Was die übrigen Verdauungsflüssigkeiten einzeln leisten, combinirt es zu einer Gesammtleistung. Es ist gelungen, die beiden Hauptverdauungsfermente des Bauchspeichels chemisch zu isoliren: das zuckerbildende Ferment, welches in seinen physiologisch-chemischen Leistungen dem Ptyalin des Mundspeichels und der Malzdiastase entspricht, und das peptonbildende Ferment. Das letztere entspricht nicht vollkommen dem Magenfermente, dem Pepsin; letzteres vermag, wie wir hörten, die Umwandlung der Eiweißstoffe in Peptone nur unter Mitwirkung von Säuren zu vollbringen, während das Pankreasferment die Peptone auch in alkalischer Lösung bildet. Die Umwandlung der Stärke in Zucker geschieht von der Pankreasflüssigkeit viel rascher und energischer als vom Mundspeichel; nicht nur gekochte, sondern auch rohe Stärke löst sie bei der normalen Temperatur des Organismus fast momentan.

Gemeinschaftlich mit der Pankreasdrüse (Fig. 41 h) ergießt die Leber, die größte Drüse des menschlichen Organismus (4—6 Pfund schwer), ihr Sekret in den Darm.

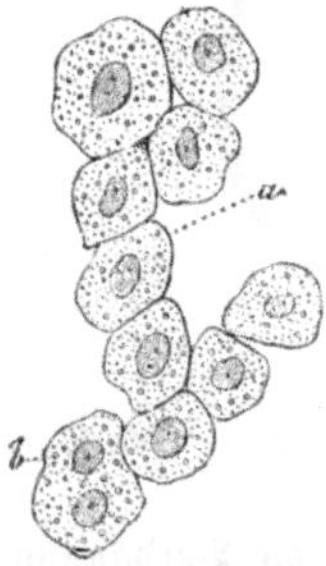

Fig. 46. Leberzellen des Menschen. a einkernige, b eine mit doppeltem Nucleus.

Während bei den bisher besprochenen Drüsen die Absonderung der Verdauungssäfte wenn nicht als die einzige so doch als die bei weitem wichtigste ihrer Thätigkeiten erschien, hinter welcher andere etwaige Einflüsse auf das Gesammtleben vollkommen zurücktreten, so können wir das von der Absonderungsthätigkeit der Leber nicht sagen. Die Ausscheidung der Galle in den Darm hat zwar eine hohe physiologische Bedeutung, namentlich für die Aufnahme des Fettes der Nahrung, aber mit dieser Leistung ist die Aufgabe der Leber im Haushalte des Organismus keineswegs erschöpft. Wir werden sehen, daß sich mit hoher Wahrscheinlichkeit die Leber an der Bildung der geformten Elemente des Blutes mitbetheiligt, und außerdem findet auch in der Leber selbst, in ihren Drüsenzellen, den Leberzellen (Fig. 46) ein eigenthümlicher Stoffvorgang statt, welcher in gewissem Sinne mit der Verdauung verglichen werden muß. Durch diesen Vorgang, welcher wahrscheinlich zum Theil in einer chemischen Spaltung der Eiweißsubstanzen besteht, wird ein stärkemehlähnlicher Stoff: Glykogen gebildet, der in Zucker umgewandelt aus der Leber dem Blute zugeführt wird.

Auch die Leber erinnert in ihrem anatomischen Bau bis zu einem gewissen Grad an die traubenförmigen Drüsen. Ein gemeinsamer Hauptausführungsgang verästelt sich in der Lebersubstanz. In die aus der Theilung seiner Aeste hervorgehenden feinsten Aestchen ergießen die absondernden Zellen ihre Flüssigkeiten, doch sind die Drüsenzellen nicht in solche regelmäßigen Drüsenbläschen mit eigener deutlicher Wandung eingeschlossen, wie wir sie bei den eigentlichen traubenförmigen Drüsen fanden. Sehr beachtenswerth ist die Art der Blutversorgung der Leber. Wie jedes Körperorgan erhält die Leber aus der Arteria aorta ihr arterielles Blut durch die Leberarterie (Fig. 45 a). Die letztere löst sich in der Leber in ein zartes, engmaschiges Kapillarnetz auf, aus welchem sich endlich das Blut in die Lebervene wieder sammelt. Aber außer dem arteriellen Blute strömt durch ein weites Blutgefäß, die Pfortader (Fig. 45 b), auch eine große Menge venöses Blut in die Leber ein, welches dort gewisse Umwandlungen erleidet. Die Pfortader verhält sich bis zu einem gewissen Grad der Lungenarterie analog, welche auch venöses Blut zur chemischen Umgestaltung in die Lungen führt. Die Pfortader ist aber eine wahre Vene. Die aus den Verdauungsorganen hervortretenden Kapillaren und Venen sammeln sich zuerst zu einem weiten aber kurzen Venenstamm, welcher die Pfortader darstellt. Diese tritt in die Leber ein, zerfällt hier in Zweige, welche sich zum zweiten Male in Kapillaren auflösen. Die Kapillaren der Pfortader in der Leber verbinden sich zu einem gemeinsamen Kapillarnetz mit den Kapillaren der Leberarterie, und das Blut, welches aus der Leber durch die Lebervene abgeführt wird, stammt sonach aus zwei Quellen: aus der Leberarterie und aus der Pfortader. Das Pfortaderblut passirt also, ehe es zur Lunge kommt, zwei Kapillarsysteme. Das arterielle Blut der Verdauungsorgane strömt zunächst in diesen Organen in ein Haargefäßnetz ein. Aus diesem Kapillargefäßsystem der Verdauungsorgane bilden sich die größeren Venen, welche sich zu dem Stamme der Pfortader vereinigen, um sich in der Leber noch ein zweites Mal kapillar zu verästeln. Pfortader, Lebervene und Leberarterie sind in ihren Zweigen in

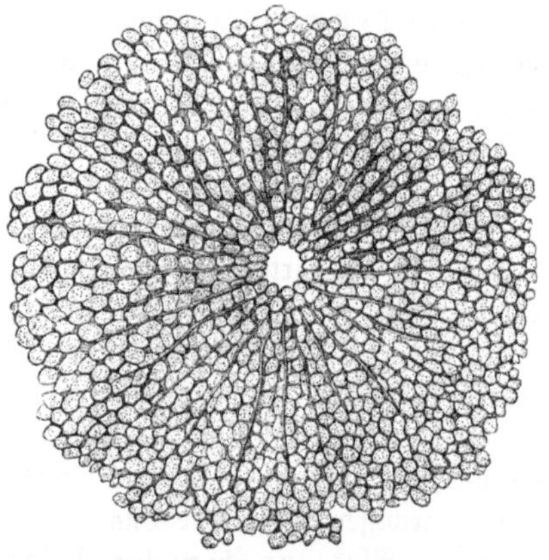

Fig. 47. Leberläppchen eines 10jährigen Knaben mit dem Querschnitt des Lebervenenstämmchens in der Mitte.

der Leber vollkommen regelmäßig durch einander geschoben, dadurch werden kleine (1''' im Durchmesser) kugelige Läppchen der Lebersubstanz: Leberläppchen (Fig. 47) ziemlich selbständig abgegrenzt, indem sich in ganz regelmäßigen Ab=

ständen in der Lebersubstanz immer wieder die gleiche Anordnung der drei Blutgefäße wiederholt. Bis zu diesen Leberläppchen und in ihre Substanz hinein kann man die das Lebersekret, die Galle, abführenden Röhrengebilde: die Gallengänge und Gallenkapillaren verfolgen. Aus der Unterfläche der Leber, aus der sogenannten Leberpforte, wo auch die Blutgefäße ein- und austreten, tritt der Hauptausführungsgang der Galle aus (Fig. 45 c). Ehe er aber die gemeinsame Einmündungsstelle mit dem Ausführungsgang der Bauchspeicheldrüse am Zwölffingerdarm erreicht, gibt er, nach rückwärts auf der unteren Leberfläche verlaufend, einen kürzeren Seitengang ab. Dieser leitet zu einem mit der Leber verwachsenen Hohlorgan, der Gallenblase (Fig. 45 e), in welche zum Theil die abgesonderte Galle, wie in ein Reservoir, eintritt, während die Hauptmenge der stetig abgesonderten Leberflüssigkeit direct in das Verdauungsrohr ergossen wird.

Die eigenthümliche Anordnung der Blutgefäße der Leber, durch welche die Bewegung des Blutes in den Kapillaren noch weiter verlangsamt wird, bildet die Ursache der häufigen krankhaften Störungen in der Blutbewegung innerhalb dieses besonders lebenswichtigen Organs.

Die Menge der stetig abgesonderten Galle ist ziemlich bedeutend. In 24 Stunden werden vom Menschen etwa 400—1000 g flüssiger Galle in den Dünndarm entleert. Wir konnten die Absonderungsgröße der Galle an einem Menschen mit einer zufällig entstandenen vollständigen Gallenfistel direct bestimmen.

Die Galle ist eine bräunlichgrüne, intensiv bitter schmeckende Flüssigkeit, von schwach alkalischer oder neutraler Reaction. Sie besteht der Hauptmasse nach aus Wasser, in welchem beim Menschen etwa 20 % fester Stoffe gelöst sind. Ueber die Hälfte der letzteren bilden die sogenannten

Gallensäuren, welche in der Galle vorwiegend an Natron gebunden vorkommen. Sie sind es, welche der Galle ihren sprüchwörtlichen bitteren Geschmack ertheilen. Man unterscheidet zwei Gallensäuren in der Menschengalle: Glykocholsäure und Taurocholsäure; beide sind stickstoffhaltig, die letztere enthält außerdem auch Schwefel. Außerdem enthält die Galle abgesehen von anorganischen Salzen — Blutsalzen — noch geringe Mengen von Fett und größere eines krystallisirbaren fettähnlichen Körpers, des Cholesterin. Die Farbe der Galle wird von einem besonderen, aus dem Blutfarbestoff entstehenden eisenhaltigen Farbstoff: Gallefarbstoff gebildet. Die Galle wird in der Gallenblase etwas eingedickt und erhält hier Schleim zugemischt.

Da die Gallensäure und der Gallefarbestoff, so viel man weiß, nicht im Blute vorgebildet enthalten sind, so müssen wir annehmen, daß sie ein Bildungsproduct der chemischen Thätigkeit der Leberzellen sind, aus welchen sie in wässeriger Lösung in die Gallengefäße austreten. In den Drüsenzellen der Leber (Fig. 46) können wir alle Bestandtheile der Galle nachweisen, daneben aber noch jenen anderen obenerwähnten Stoff: das sogenannte Glykogen.

Diese Stoffvorgänge in der Leber zeigen uns, wie groß der Unterschied in der physiologischen Thätigkeit der Verdauungsdrüsen im Allgemeinen und der im vorhergehenden Kapitel besprochenen Ausscheidungsdrüsen sind. Die letzteren: Lungen, Schweißdrüsen, Nieren, durften wir mit einer Art Filter vergleichen, durch welche fast ausschließlich im Blute schon befindliche, meist aus der Organoxydation stammende, für den Organismus schädliche oder wenigstens unnütze und überschüssige Stoffe: Kohlensäure, Wasser, Salze, Harnstoff, Harnsäure ꝛc. von den Hauptbestandtheilen des Blutes abgetrennt und zur Ausscheidung gebracht werden. Die von den Verdauungsdrüsen abgegebenen Flüssigkeiten enthalten dagegen vorwiegend wichtige Stoffe, welche, so viel wir wissen, im Blute nicht vorgebildet sind, sondern der Lebensthätigkeit der Drüsenzellen selbst entstammen. Diese specifischen Drüsenstoffe sind freilich auch gemischt mit Wasser und anorganischen Salzen, welche die Drüse dem Blute direct entzogen. In dem Protoplasma der Drüsenzellen bilden sich die Verdauungsfermente, hier bilden sich auch die Gallensäuren und Glykogen. Mit der Bildung der Verdauungssäfte in den Verdauungsdrüsen ist also zunächst ein Verlust für den Organismus und damit für das Blut verbunden, erst in zweiter Instanz zahlen sie bei der Verdauung diesen vom Blut gelieferten Vorschuß mit überreichen Zinsen an das Blut zurück. Namentlich die Bildung der Galle beansprucht viel Stoffmaterial. Die stickstoff- und schwefelhaltigen Gallensäuren stammen zweifellos aus der Zersetzung von Eiweißstoffen, und auch das Glykogen scheint dieser Quelle zu entstammen. Daß bei diesen Stoffverlusten bei der Gallebildung die Blutstoffe besonders betheiligt sind, ergiebt sich direct aus dem Gallefarbstoff, welcher als ein Zersetzungsproduct des Blutfarbestoffs angesprochen werden muß.

Die physiologische Bedeutung der Galle beruht zum größten Theil auf der durch sie und das Pankreassekret vermittelten Aufsaugung der Fette im Darm.

Die Frage, wie das Fett die mit Wasser getränkten Gewebe des Darms durchdringen könne, mit denen es sich primär eben so wenig mischt, wie ein Oeltropfen in ein mit Wasser getränktes Papier eindringt, hat unzählige Untersuchungen hervorgerufen.

Bei der mikroskopischen Untersuchung des Darms in der Verdauungsperiode geschlachteter Thiere ergab sich, daß sich das Fett in dem Darminhalt in feinster, staubförmiger Vertheilung findet, noch feiner vertheilt als das Fett in der Milch. Man konnte feststellen, daß das Fett in dieser feinen

Zertheilung in die Gewebe eindringt. In den Apotheken nennt man eine derartige feine Vertheilung von Fett in Flüssigkeiten eine Emulsion, und die Pharmazeuten verstehen es, durch Schütteln des Fettes mit wässerigen Flüssigkeiten, denen sie durch verschiedene Zusätze eine klebrige Beschaffenheit ertheilt haben, solche Emulsionen herzustellen.

Bei der Verdauung wird das Fett der Nahrung in eine höchst feine Emulsion verwandelt. Alle drei genannten Verdauungssäfte des Darms: der Darmsaft selbst, dann die Pankreasflüssigkeit und die Galle zeigen die Eigenschaft der Fettemulsionirung in hohem Grade. Die mechanische Bewegung des Darminhalts durch die Bewegungen des Darmrohres reicht mit Beihülfe der Verdauungssäfte hin, das Fett der Nahrung, welches bei der Körpertemperatur flüssig geworden ist, zu den feinsten staubförmigen Theilchen zu zerspalten. Am wirksamsten zeigt sich in dieser Beziehung die Absonderungsflüssigkeit des Pankreas, aber auch die Galle steht ihr darin wenig nach. Diese kleinen Fettpartikelchen sind zart genug, um durch die feinen, der Stoffaufnahme dienenden Porenräume der Verdauungsgewebe ein- und durch sie hindurchtreten zu können.

Man hat vielfach auch andere, noch directere Wirkungen der Verdauungssäfte zur Erklärung der Fettaufnahme herbeigezogen. Seifenlösungen haben die Eigenschaft, sich sowohl mit Fett als mit Wasser zu mischen. Die Fette s. v. v. zerfallen unter gewissen chemischen Einwirkungen in Fettsäuren und Glycerin. Eine Verbindung von Fettsäure mit Natron oder Kali wird vorzugsweise Seife genannt. Würden die Fette unter der Einwirkung der Verdauungssekrete in Seifen verwandelt und auf diese Weise gelöst, so könnte also ihrem Durchtritt durch die Gewebe kein wesentliches physikalisches Hinderniß mehr im Wege stehen. Wirklich tritt eine solche Fettzerlegung und Seifenbildung bei der Verdauung ein.

Das Pankreassekret bildet aus den Fetten Fettsäuren und Glycerin, und die Alkalien der Galle geben das Material ab, um aus den freien Fettsäuren Seifen zu bilden. Die Seifenbildung im Darm findet aber nur in relativ geringen Mengen statt, und wir bemerken, daß das Fett der überwiegenden Hauptmenge nach chemisch unzerlegt in die Säftemasse des Körpers gelangt. Jedenfalls erklärt sonach die Seifenbildung die Fettaufnahme im Verdauungskanal keineswegs vollkommen. Immerhin dürfen wir uns aber vorstellen, daß die gebildeten Seifen die Fettaufnahme befördern. Indem in den Verdauungsflüssigkeiten sich Seifen auflösen, erhalten sie dadurch die Fähigkeit, sich — wie Seifenwasser — mit Fett zu mischen. Die Gewebsporen, welche das Fett durchsetzen muß, um in die aufsaugenden Gefäße zu gelangen, füllen sich mit diesen „Seifenlösungen" an, und das Fett findet nun bei seinem Eintritt einen geringeren Widerstand. In ganz analogem Sinne wie die Seifenlösungen wirkt nun aber auch die Galle; auch sie mischt sich bekanntlich mit Wasser und mit Fett und bahnt dadurch, indem sie mit in die Porenkanäle, welche das Fett zu durchsetzen hat, eindringt und sie erfüllt, dem letzteren den Weg. Die Wirkung der Galle auf die Fettaufnahme ist eine sehr auffällige. Bei Thieren, bei welchen man den Zufluß der Galle zum Darm experimentell ausgeschlossen hat, wird, wenn überhaupt, nur sehr wenig Fett aufgesaugt. Bei Menschen, bei welchen durch krankhaften Verschluß, z. B. durch katarrhalische Entzündung und Schwellung der Darmschleimhaut, d. h. der Einmündungsstelle des Gallengangs in das Verdauungsrohr die Galle vollkommen in der Leber zurückgehalten wird, sehen wir die Haut des ganzen Körpers sich gelb färben, weil die nicht abgeschiedene Galle aus den Gallengängen der Leber wieder ins Blut aufgenommen und von hier in alle Gewebe des Organismus abgelagert wird.

Dieser krankhafte Zustand, welcher als Gelbsucht oder Icterus bekannt ist, ist stets mit einer fast vollständigen Unfähigkeit der Patienten zur Verdauung von Fett verbunden. Dieses Resultat combinirt sich aber aus zwei Ursachen. Da die Einmündung des Gallengangs und der Pankreasdrüse in den Zwölffingerdarm gemeinsam stattfindet, so ist bei jenen Arten von Gelbsucht meist auch das Pankreassekret ausgeschlossen.

5. Rückblick auf den Chemismus der Verdauung.

Der Schleier, welcher die wichtigsten vegetativen Vorgänge im lebenden Organismus so lange vollkommen verhüllte, ist, wie uns die vorstehenden Betrachtungen lehrten, durch die Fortschritte der neueren chemischen Forschung etwas gelüftet. Wir erkennen in den Erscheinungen der Verdauung die Wirkungen bekannter physikalischer und chemischer Kräfte, welche diese Vorgänge in den Kreis des naturwissenschaftlich Gewußten einfügen. Wir stehen jetzt auf sicherem Boden, wo sich eine frühere Periode der Wissenschaft mit oft sehr weit hergeholten, meist falschen Analogien behelfen mußte.

Das Alterthum pflegte nach dem Vorgang des Hippokrates die Verdauung, welche man sich wesentlich im Magen concentrirt dachte, mit einer Kochung zu vergleichen. Es war bekannt, daß im Magen die Speisen sich lösen, zu einem Brei verflüssigen. Galen, welcher eine genaue Beschreibung des Magens gab, sagt z. B. vom Pylorus, er werde Pförtner genannt, „weil er wie ein guter Thürhüter darüber wacht, daß nur der aufgelöste und verdaute (gekochte) Speisebrei durch seine Pforte hindurchgeht, während er, sobald sich ihm etwas Unverdautes oder Hartes naht, die Oeffnung vor ihm zuschließt und dasselbe zurücktreibt in den Magen“. Die Pförtnerklappe erscheint hier wie die anderen oben erwähnten Organe mit einem gewissermaßen individuellen Leben bekleidet. Wir führten schon an, daß man später die Hauptthätigkeit des Magens in einer Zerreibung der Speisen finden wollte, analog dem Verkleinerungsvorgange der Nahrung in der Mundhöhle. Man wendete auch den Gedanken der individuellen Belebung der im Magen wirkenden Kräfte noch etwas anders; man fabelte von einer Unzahl kleiner Würmer, welche im Magen die Speisen angreifen und zerstören sollten. Dieser Gedanke hing mit der einst vielverbreiteten Meinung zusammen, daß die Verdauung im Magen mit einer wahren Fäulniß zu vergleichen sei. Bei Fäulniß dachte man dann unwillkürlich an Würmer, welche wie der berühmte „Grabeswurm" als die Ursache der fauligen Zerstörung angenommen wurden. A. von Haller nannte die Verdauung eine Maceration, Auslaugung, während sie von Boerhaave und seinen Anhängern als eine Gährung (Fermentation) bezeichnet wurde. Hiebei sollten die chemischen Bestandtheile der Speisen selbst auf einander „fermentirend" einwirken. Der Begriff der Gährung, welcher bei den verschiedensten Lebenserscheinungen angewendet wurde, war in jener Zeit jedoch ein wesentlich anderer als heute. Ueberall wo man eine Gasentwickelung, ein „Aufbrausen" durch den Zusammentritt verschiedener chemischer Substanzen stattfinden sah, sprach man die „Fermentation" als Ursache davon an. Beispielsweise sollten die Kohlensäureentwickelung bei der Alkoholgährung und die Austreibung der Kohlensäure aus ihren Verbindungen durch eine fixe Säure im Principe analoge Vorgänge sein.

Unsere Darstellung ergibt, in wie großer Ausdehnung auch die neuere Thierchemie wieder auf die Gährung als Ursache der Verdauungsvorgänge zurückgreift. Die von den Verdauungsdrüsen abgesonderten Flüssigkeiten enthalten Fermente, welche unter gewissen gegebenen und zwar verschiedenen Bedingungen chemisch verändernd auf die aufgenommenen Speisebestandtheile einwirken. Diese in den Verdauungssäften enthaltenen Fermente oder Gährungserreger stellt sich die mo=

derne Wissenschaft „ungeformt“ vor, während die Mehrzahl der Gährungen, welche wir sonst kennen: Alkoholgährung, Milchsäuregährung u. a., durch die Einwirkung von Gährungsorganismen: Hefepilze hervorgerufen und fortgepflanzt werden. Man hat zwar die zahlreichen größeren und kleinsten Pilzformen, welche sich in der Mundhöhle und wohl auch im Magen und Darm finden (Fig. 48), auch neuerdings wieder als die eigentliche Ursache der chemischen Vorgänge im Verdauungskanale ansprechen wollen, es gelang aber mit aller Bestimmtheit, diese Meinung zurückzuweisen, wenigstens für die normalen Verdauungsvorgänge. Bei Kranken und kleinen Kindern, deren Mund nicht genügend rein gehalten wird, wachsen im Munde und Magen Pilze, im Munde die Soorpilze, im Magen Hefezellen und die sog. Sarcine, daneben eine Unmasse von jenen kleinsten Pilzformen: Spaltpilze, welche in allen faulenden Stoffen auftreten und die chemischen Vorgänge dabei beeinflussen. Aus dieser Ursache sehen wir unter Umständen namentlich bei kleinen Kindern, aber häufig auch bei schwer darniederliegenden erwachsenen Kranken anormale, durch jene Pilze hervorgerufene Zersetzungen, Gährungen im Verdauungskanal eintreten, welche aber, weit entfernt die normale Verdauung zu unterstützen, diese wesentlich zu stören geeignet sind. Vor allem haben wir auf diese „krankhaften“ Gährungen die Entstehung großer Mengen von Milchsäure und Buttersäure im Magen und Darm zu beziehen, welche z. B. an den lebens=

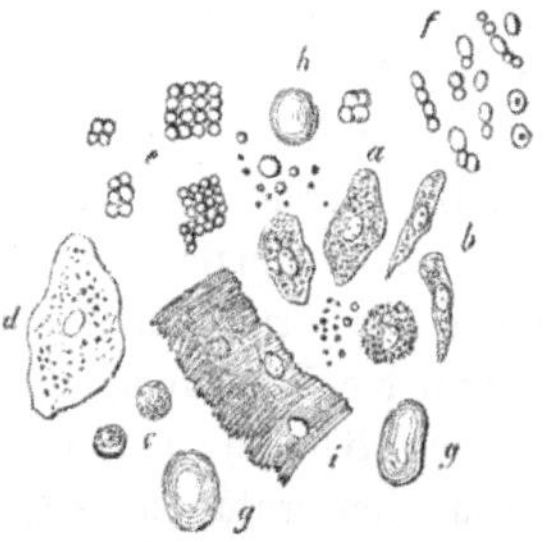

Fig. 48. Formbestandtheile eines krankhaft veränderten Mageninhalts.
a Labzellen. b Cylinderepithelien. c Schleimkörperchen. d Pflasterzelle der Mundhöhle. e und f Pilze. e Sarcina ventriculi. f Hefezellen, Cryptococcus cerevisiae. g Stärkemehlkörner. h Fetttropfen. i Fleischfaser.

gefährlichen „unstillbaren Diarrhöen“ der neugeborenen Kinder so wesentlich mit betheiligt sind.

Aus dem Mitgetheilten ergibt sich, daß mit den in den Verdauungsorganen verflüssigten Nährstoffen auch die Verdauungssäfte zum größten Theil selbst wieder in die allgemeine Säftemasse aufgesaugt werden. Zum Theil verlassen sie aber, namentlich gilt das von den festen Gallenstoffen, meist in verändertem chemischen Zustande, mit dem unverdauten Reste der Nahrung den Organismus. Die Galle hat hiebei noch eine nicht unwichtige Nebenwirkung, indem sie eine eigentlich faulige Zersetzung der im Verdauungskanal befindlichen leicht zersetzlichen Substanzen hindert.

B. Der mechanische Vorgang der Verdauung.

Die chemischen Veränderungen der Nahrungsstoffe durch die Acte der Verdauung werden durch eine Reihe mechanischer Vorgänge unterstützt und theilweise erst ermöglicht. Eine andere Reihe mechanischer Vorgänge sehen wir dem Endzwecke aller Verdauung vorstehen: die unter den physiologischen Einflüssen der Verdauungsorgane genügend vorbereiteten Nahrungsstoffe aus dem Verdauungskanal in die Säftemasse des Organismus überzuführen.

Durch willkürliche Thätigkeiten wird der Aneignungsvorgang der Nährstoffe eingeleitet. Die Nahrung wird von den Lippen ergriffen, durch die Zähne in der Mundhöhle zerkleinert, namentlich durch die Zunge zum Bissen geformt, und, gemischt und überzogen mit den in die Mundhöhle sich ergießenden Verdauungsflüssigkeiten durch einen besonderen, willkürlich in Thätigkeit versetzten Muskelapparat dem Schlunde und dem Anfangstheil der Speiseröhre übergeben. Von hier an beginnen die dem Einflusse unseres Willens entzogenen Verdauungsthätigkeiten. Der Bissen wird durch die von oben nach unten fortschreitende Zusammenziehung der Speiseröhre in den Magen hinabgedrückt. Die Bewegungen des verdauenden Magens lassen abwechselungsweise verschiedene Partien der aufgenommenen Nahrung an den Mündungsöffnungen der den Magensaft absondernden Drüsen hingleiten und befördern auf diese Weise durch den Reiz der mechanischen Berührung die Absonderung dieser wichtigen Verdaungsflüssigkeit. Gleichzeitig bewirken sie eine innige und vollkommene Mischung des Magensaftes mit den Nährstoffen. Ist endlich die Nahrung im Magen zum gleichmäßigen Speisebrei geworden, so öffnet sich der Muskelverschluß des Pförtners und in rhythmischen Stößen wird der Mageninhalt dem Anfangstheil des Dünndarms (Zwölffingerdarm) übergeben, welcher ihn, gemischt und noch weiter verdünnt durch die hier zufließenden Verdauungsflüssigkeiten der Leber und der Bauchspeicheldrüse, durch „wurmförmige" Zusammenziehungen langsam den langen Windungsweg hinabdrückt. Auf dieser ganzen Strecke sind die Bedingungen gegeben, um den in Flüssigkeiten verwandelten Nahrungsstoffen den Durchtritt durch die „porösen" Wandungen des Verdauungskanals in die aufsaugenden Gefäße des Organismus zu gestatten. Ein muskulöser Schließapparat regulirt am Ende des Weges den Austritt der nicht aufgenommenen Nahrungsreste wieder willkürlich.

Wir müssen die wichtigsten Acte dieses physikalischen Vorgangs der Verdauung noch etwas eingehender betrachten.

1. Mechanik der Mundverdauung.

Die Oeffnung des Mundes erfolgt durch Herabsinken des durch Gelenke mit dem übrigen knöchernen Kopfgerüste beweglich verbundenen Unterkiefers. Die festen Speisen werden der Mundhöhle durch die Hände übergeben, Flüssigkeiten werden durch die Mundhöhle activ eingesaugt oder eingeschlürft. Diese beiden Aufnahmsbewegungen der Mundtheile beruhen im Grunde auf einer Luftverdünnung in der Mundhöhle. Bei dem Saugen werden die Luftzugänge zur Mundhöhle in Nase und Rachen durch Muskelwirkungen des Gaumens und der Zunge abgeschlossen. Auch die Lippen schließen sich fest um die Mündung des die Flüssigkeit enthaltenden Gefäßes. Nun wird die Mundhöhle erweitert, indem sich der ganze Mundhöhlenboden senkt; dadurch tritt eine Luftverdünnung in der Mundhöhle ein, in Folge deren die Flüssigkeit in den erweiterten Raum eingesaugt wird. Bei dem gewöhnlichen Trinken verschließen wir den Mund mit der Flüssigkeit selbst und erweitern, bei vollkommenem Abschluß der Luftzugänge zur Mundhöhle durch die Nase, Mundhöhle und Brustraum. Auf diese Weise wird sehr energisch die Luft in der Mundhöhle verdünnt und die Flüssigkeit stürzt herein. Aus demselben Grunde sehen wir bei sehr mageren Personen die Wangen bei dem Trinken gegen die Mundhöhle einsinken. Bei dem Schlürfen wird durch die verengte Mundspalte, namentlich durch Erweiterung der Brust, rasch ein Luftstrom eingezogen, welcher die an die Lippen gebrachte Flüssigkeit mit sich in die Mundhöhle hereinreißt. Wir können diesen Vorgang mit der Lufteinsaugung durch Wassergebläse vergleichen, bei welchen durch einen raschen in die Hauptgebläseröhre eingeleiteten Wasserstrom Luft in dieselbe eingesogen wird.

Die Verkleinerung der festen Speisen besorgen die Bewegungen des Unterkiefers gegen den feststehenden Oberkiefer; die Zahnreihen werden an einander gedrückt und schleifend gegen einander bewegt. Zwischen die Schneid- und Quetschapparate der Zähne werden die Speisen durch die Bewegungen der Lippen, Wangen und vornehmlich der Zunge hereingepreßt, gehalten und wieder daraus entfernt, um endlich durch Zunge und Gaumen zum Bissen geformt zu werden.

Die Zunge ist von den genannten beweglichen Organen (Fig. 49) unstreitig das wichtigste. Ihr wunderbar gewebtes

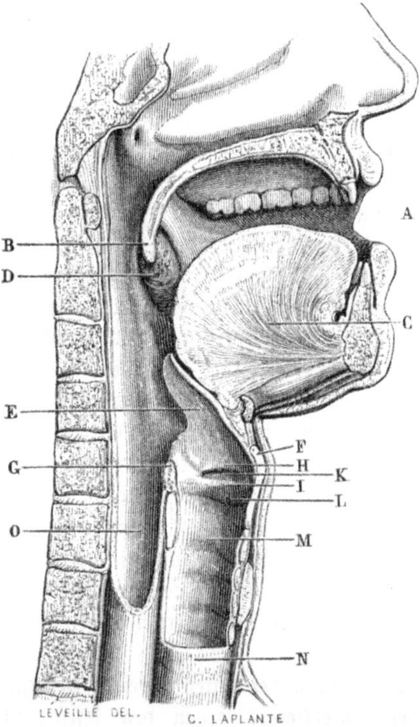

Fig. 49. Durchschnitt durch die Mundhöhle &c.
A Mundöffnung. B weicher Gaumen (Zäpfchen). C Zunge. D linke Mandel. E Kehldeckel. F und G Kehlkopfknorpel. H, I, K, L linke Seite der Stimmritze. H falsche, I wahre Stimmbänder. M innere, N äußere Fläche der Luftröhre. O Speiseröhre.

Netz vielfach verschlungener Muskelfasern ermöglicht nicht nur die uns hier beschäftigende vergleichsweise niedrige thierische Function, sondern auch die höchste der menschlichen Muskelthätigkeiten, die Sprache. Die eigenen Muskelsysteme der Zunge lassen an allen Abschnitten derselben vorwiegend drei Verlaufsrichtungen der Muskelfasern erkennen. Von vorne nach hinten durchsetzen die Zunge Längsfasern, senkrecht auf die Längsrichtung verlaufen überall Querfasern und von oben nach unten steigen in der ganzen Länge und Breite der Zunge senkrechte Fasern in die Höhe. Außerdem ist die Zunge durch Muskeln mit dem Unterkiefer und dem Zungenbeine verbunden, sie muß also passiv allen Bewegungen der letzteren folgen.

Die speciellen Zungenbewegungen werden durch die obengenannten drei Muskelfasergattungen vermittelt. Die Bewegungen werden dadurch so mannigfaltig, daß sich die Gruppen der Längs-, Quer- und senkrechten Fasern nicht nur jede in ihrer Gesammtheit, sondern auch nur theilweise z. B. halbseitig zusammenzuziehen vermögen. Die Zusammenziehung aller senkrecht von unten nach oben verlaufenden Zungenmuskelfasern allein macht die ganze Zunge breit und platt. Verkürzen sich alle Längsfasern der Zunge, so wird sie im Ganzen verkürzt. Sind die Längsfasern schlaff, so bewirkt eine Zusammenziehung der Querfasern eine Verlängerung der Zunge; sind die Längs- und Querfasern gleichzeitig thätig, so wird aus der Zunge ein fester rundlicher, vorne etwas zugespitzter Zapfen. Bei einmal angenommener Gestalt kann die Zungenspitze nach allen Richtungen in der Mundhöhle bewegt werden. Zur Bewegung in horizontaler Richtung ist lediglich eine einseitige Zusammenziehung der äußeren Längsfasern der Zunge erforderlich. Durch alleinige Zusammenziehung der innersten senkrechten Fasern wird der Zungenrücken zum Löffel ausgehölt, durch die Zusammenziehung der untersten Querfasern wird er dagegen nach oben gewölbt.

An den Zähnen (Fig. 50) unterscheiden wir je drei Abschnitte: die frei über das Zahnfleisch hervorragende Krone, den vom Zahnfleisch bedeckten Hals und die in eine Höhlung des Kiefers (Zahn-Alveole) eingekeilte Wurzel. Jeder Zahn hat im Innern seiner festen Masse eine Höhlung, welche durch einen engen Kanal an jeder Wurzelspitze ausmündet. Diese Höhlung in der festen knochenähnlichen Zahnsubstanz wird durch das zarte Gewebe des nerven- und blutgefäßreichen Zahnkeims ausgefüllt. Zahlreiche feine Kanälchen, welche den festen Zahn durchziehen und in die Zahnhöhle münden, besorgen die Zahnernährung. Die Hauptmasse der eigentlichen Zahnsubstanz wird von dem Zahnbein oder Elfenbein gebildet; sie ist es, welche von jenen eben erwähnten zahlreichen Kanälchen durchsetzt wird. Die Oberfläche der Zahnkrone wird, gleichsam von einer Haube, überkleidet durch den Zahnschmelz oder Email, welche aus mikroskopischen, meist sechsseitigen Säulchen: den Schmelzprismen zusammengesetzt wird. Er enthält bis zu 4 % Fluorcalcium, wodurch er sich auch chemisch von der Knochensubstanz unterscheidet, welche viel weniger von diesem Stoffe enthält. Im Uebrigen besteht die feste Zahnsubstanz wie die Substanz aller Knochen der Hauptmasse nach chemisch aus phosphorsaurem Kalke. Wurzel und Hals des Zahnes werden von dem sog. Cement überzogen, welches mit einer dünnen Schichte an der unteren Grenze des Zahnschmelzes beginnt. Das Cement zeigt den gewöhnlichen Bau der Knochensubstanz.

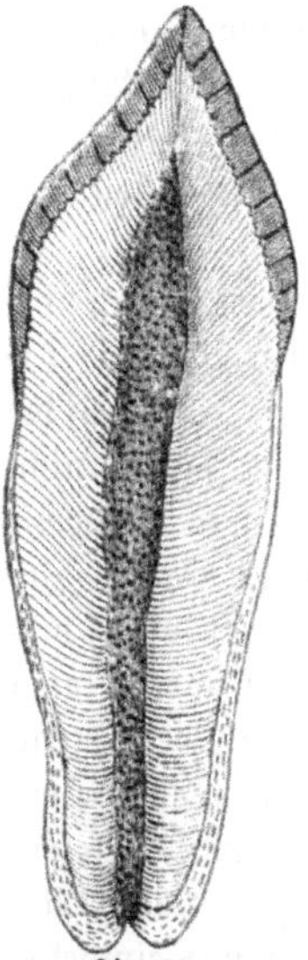

Fig. 50.
Ein menschl. Schneidezahn mit der Zahnhöhle in der Axe, umgeben von dem Zahnbeine, welches im unteren Theile vom Cement, im oberen vom Schmelz bedeckt wird.

Die Zähne entwickeln sich in kleinen Knochensäckchen, Zahnsäckchen im Innern der Kiefer. Indem sie wachsen, durchbrechen sie endlich das Dach der Säckchen und schieben sich durch das Zahnfleisch hervor. Die 20 zuerst entstehenden „Milchzähne" werden in der Folge von den bleibenden Zähnen verdrängt, welche neben den ersteren in Reservesäckchen schon lange vorher angelegt erscheinen, ehe sie hervorbrechen.

Die Ordnung, in welcher die Milchzähne hervorkommen, ist zwar keine vollkommen feststehende, doch wird in den meisten Fällen eine ziemlich regelmäßige Aufeinanderfolge beobachtet. In der Regel erfolgt der Durchbruch der Zähne gruppenweise je zu zweien. Mit dem siebenten Lebensmonat treten normal die inneren Schneidezähne des Unterkiefers hervor; nach kurzer Pause folgen die entsprechenden Zähne des Oberkiefers. Etwa nach einem weiteren Monat kommen die äußeren Schneidezähne. Am Anfang des zweiten Lebensjahres folgen die ersten Backenzähne, in der Mitte desselben Jahres die Eckzähne, zu Ende desselben die zweiten Backenzähne, wodurch die Zahl der Milchzähne (20) complet wird. Im siebenten Lebensjahre beginnt der Zahnwechsel mit der Anlage des dritten Backenzahns. Die inneren und dann die äußeren Schneidezähne wechseln zuerst, am Ende des siebenten oder im achten Lebensjahre. Hierauf je der erste und dann der zweite Backenzahn im achten und neunten, dann der Eckzahn im zehnten oder elften Jahre. Im zwölften Jahre bricht der zweite Backenzahn hervor, ihm folgen dann die übrigen. Der letzte Backenzahn, der Weisheitszahn, kommt erst zwischen dem 16 bis 24 Lebensjahre zum Vorschein. Das Ausfallen der Zähne im Alter ist Folge mangelhafter Zahnernährung, die gleiche Ursache, welche das Ausfallen der Milchzähne veranlaßte. Man hat Fälle beobachtet, daß im hohen Alter neue Zähne zum Durchbruch kamen, zweiter Zahnwechsel. Theils sind das Zähne, welche schon in der Jugend vorgebildet waren, zum Theil scheinen es aber auch neugebildete zu sein.

Sind die Speisen gekaut und mit den Flüssigkeiten der Mundhöhle gemischt, so erfolgt die Bildung des Bissens. Die gekauten durchfeuchteten Speisen werden von den Seiten her auf den Zungenrücken geschoben (Fig. 49); dieser höhlt sich löffelförmig aus und preßt sich an die knöcherne Decke der Mundhöhle, den sog. harten Gaumen an. Dadurch erhält der Bissen seine charakteristische, etwas elliptische Gestalt. Indem dieses Andrücken der Zunge von ihrer Spitze nach rückwärts fortschreitet, wird der Bissen weiter nach hinten, endlich hinter den sog. weichen Gaumen geschoben und von hier aus dem Schlunde übergeben. Die hinteren inneren Oeffnungen der Nase in den Schlund werden durch Muskelzusammenziehung geschlossen, der sog. Kehldeckel legt sich wie eine Brücke über den Eingang des Kehlkopfes (Fig. 49). Nun kann der Bissen direct in die Speiseröhre hinabgleiten, welche ihn durch die schon oben erwähnten wurmförmigen, peristaltischen Bewegungen, die sie mit Magen und Gedärme theilt, in den Magen hinabdrückt.

2. Die Aufsaugungsvorrichtungen im Verdauungskanale.

Die Zeit ist vergangen, in welcher man den Vorgang der Aufsaugung in dem Verdauungskanal in rein vitalistischer Weise erklären durfte. Der Magen ist nicht mehr das reißende Ungethüm, welches beständig nach Nahrung knurrt und die ihm gereichte unersättlich zerreißt. Kein großer Fortschritt über diese kindliche Anschauung hinaus war es, als man den „Saugadern" oder den Blutkapillaren einen „Mund" zuschrieb, welcher activ die verflüssigten Nahrungssubstanzen einsaugen sollte.

Aber es wäre verfrüht, wenn wir uns rühmen wollten, daß wir zur Erklärung der betreffenden Vorgänge schon aller vitalistischen Momente entbehren könnten. Wir hören auch jetzt noch dem Protoplasma der die Darmwände auskleidenden Zellen eine active d. h. vitale Aufnahmsfähigkeit für Stoffe zugeschrieben. Es kann das doch kaum etwas Anderes heißen, als daß es uns bisher noch nicht gelungen ist, die mechanischen Bedingungen der Stoffaufnahme in das Protoplasma ausreichend aus den uns bekannten physikalischen Gesetzen zu erklären.

Es ging mit der Lehre von der Auffaugung oder Resorption der durch die Verdauung gelösten Nährstoffe ähnlich wie auf so manchem anderen Gebiete der Physik des Organismus. Die Entdeckung, daß durch die Verdauungssäfte die Nährsubstanzen in wahre Lösungen übergeführt werden, schien im Zusammenhalt mit den Entdeckungen jener Gesetze der Flüssigkeitsbewegungen und Mischungen, welche man noch jetzt meist als Endosmose bezeichnet, alle Erscheinungen der Stoffaufnahme im Darme vollständig zu erklären. Es war das eine jener erwähnten Ueberschätzungen eines großen Fortschritts in der Erkenntniß der Lebensvorgänge, welche dem Fortschritt der Wissenschaft zunächst Hemmung bereiteten, deren Ueberwindung nicht ohne eine Summe geistigen Kraftaufwandes gelingt.

Im Jahre 1816 hatte Porret das Phänomen entdeckt, welchem Dutrochet die Bezeichnungen: Endosmose und Exosmose beilegte. Trennen wir zwei Flüssigkeiten von verschiedener chemischer Mischung nur durch eine poröse Scheidewand, etwa durch eine Schichte getrockneter Darmhaut, so bemerken wir, daß durch die Scheidewand hindurch Strömungen eintreten, welche schließlich zu einer vollkommnen gleichmäßigen Mischung der Bestandtheile beider Flüssigkeiten führen. Das Verhalten der Flüssigkeiten zeigt sich sonach vollkommen jenem analog, welches wir oben (S. 123) für die Mischung von Gasen kennen gelernt haben. Die neuere Physik spricht daher beide Vorgänge, die der Flüssigkeiten- und die der Gasenmischung, als Erscheinungen der Diffusion an, welche man als Flüssigkeits- und Gasdiffusion unterscheidet. Dadurch beginnt die Bezeichnung Endosmose für Flüssigkeitsdiffusion mehr und mehr in den Hintergrund zu treten.

Der Austausch der chemischen Bestandtheile zweier verschiedener Flüssigkeiten nimmt bei den Grundexperimenten der Endosmose eine ganz eigenthümliche Gestalt an. Senkt man ein an dem unteren Ende durch eine feine getrocknete thierische Haut verschlossene Glasröhre, welche man mit einer sehr concentrirten Salzlösung gefüllt hat, in ein Gefäß mit Wasser, so ist der Strom des letzteren in die Glasröhre zunächst viel bedeutender als der Strom aus der Röhre zum Wasser heraus. Durch den Strom in die Glasröhre — Endosmose im engeren Sinn — sehen wir die Flüssigkeit in derselben sehr beträchtlich ansteigen. Es macht den Eindruck, als ob die in der Glasröhre eingeschlossene Flüssigkeit das Wasser activ an- und in die Glasröhre einsauge. Der entgegengesetzte Strom aus der Röhre in die umgebende Flüssigkeit — die Exosmose — ist namentlich im Anfang des Experimentes ein weit geringerer. Bringen wir Eiweiß, welches sich, wie wir hörten, in Wasser nur unvollkommen löst, statt der Salzlösung in die innere Röhre, so saugt dieses eine fast unbegrenzte Flüssigkeitsmenge in sich ein, während von ihm nur sehr geringe Mengen in die umgebende Flüssigkeit austreten. Das Verhalten bleibt sich ziemlich gleich, wenn wir an Stelle des reinen Wassers eine Lösung von „leichtlöslichen" Stoffen als äußere Diffusionsflüssigkeit anwenden.

Da die Blutgefäße und die in der Folge näher zu besprechenden „Saugadern" der Lymph- und Chylusgefäße einen sehr eiweißreichen Inhalt besitzen und durch die Verdauung die meisten Nährsubstanzen in leichtlösliche, relativ leicht diffundirbaren Stoffe umgewandelt werden, so schien mit der Entdeckung der Endosmose die Ursache der Säfteaufnahme aus dem Verdauungskanale erschlossen. Der weißreiche Inhalt der Gefäße, sollte durch die porösen Wandungen des Verdauungsrohres die durch die Verdauung gebildeten Lösungen durch Endosmose in sich einsaugen.

Es unterliegt keinem Zweifel, daß die Endosmose bei der Aufsaugung im Verdauungskanal eine nicht zu unterschätzende Rolle spielt. Eine Anzahl von Experimenten mit verschiedenen, verschieden leicht diffundirenden Salzlösungen, deren Aufsaugung im lebenden Organismus man studirte, beweisen das mit aller Schärfe. Aber die Verhältnisse gestalten sich doch bei lebenden Geweben wesentlich anders als bei den getrockneten Hauten, welche zu den Grundexperimenten dienten. Das endosmotische Durchlassungsvermögen lebender Gewebe ist sehr verschieden von dem todter oder gar getrockneter Häute. Für Flüssigkeiten, welche die Lebensenergie der Gewebe nicht herabsetzen oder verändern, sind die lebenden Gewebe so gut wie undurchlässig, und wir sind daher gezwungen nach anderen Momenten auszuschauen zur Erklärung des großartigen Phänomens, daß täglich eine Flüssigkeitsmenge, welche viele Kilogramme wiegt, aus dem Hohlraume der Verdauungsorgane in die Säftemasse des Körpers eintritt.

Es ist gelungen, Ursachen klar zu legen, welche dieser Aufgabe sehr vollkommen gewachsen erscheinen. Es sind zahlreiche, kleine Pumpwerke aufgefunden worden, welche die Flüssigkeiten aus dem Verdauungsrohre in die Säftemasse einpumpen, bei welchen die Kleinheit der Einzelleistung durch die große Zahl der gleichzeitig arbeitenden Apparate ausgeglichen wird. Diese Pumpwerke sind die sogenannten

Darmzotten, in welchen die Anfänge der Lymphgefäße liegen, durch welche die Hauptmasse der im Darme aufgenommenen Flüssigkeiten dem Blute zugeführt wird.

Legen wir ein aufgeschnittenes Stückchen Dünndarm eines frisch geschlachteten Thieres in Wasser und lassen dasselbe darin etwas flottiren, so bemerken wir mit freiem Auge eine Anzahl kleiner zottenförmiger Angänge der inneren Darmwandung, die Darmzotten, welche sich im Wasser bewegen und der Darmschleimhaut ein gewissermaßen an groben Sammt erinnerndes Aussehen verleihen (Fig. 42).

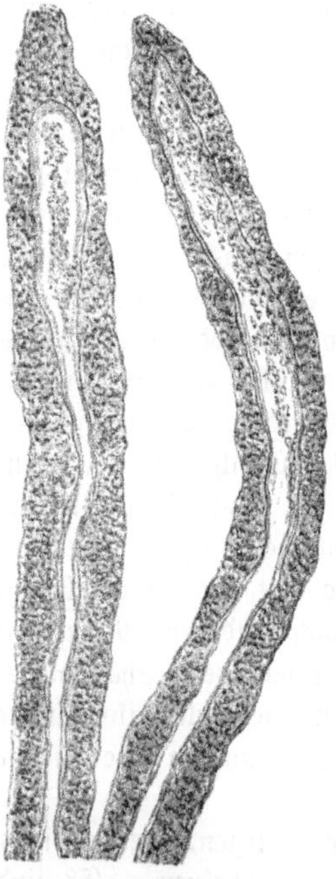

Fig. 51.
Zwei Zotten ohne Epithel mit dem Chylusgefäß im Innern, vom Kalbe, 350 mal vergrößert.

In der Axe jedes dieser Zöttchen (Fig. 51), welche reichlich mit Blutkapillaren (Fig. 53) durchzogen sind, läßt sich ein Hohlraum nachweisen, welcher da, wo die Zotte der Darmschleimhaut aufsitzt, in ein wahres Lymphgefäß übergeht, nach oben aber unter der Spitze der Zotte mit einer meist etwas kolbig angeschwollenen Ausbuchtung zu endigen scheint. Wir haben hier „Wurzeln" jener dritten, von uns bisher zwar schon öfter erwähnten aber noch nicht näher besprochenen Gefäßart, der Lymphgefäße vor uns, welche in Verbindung mit den bluthaltigen Arterien und Venen das Gesammtgefäßsystem der höheren animalen Wesen bildet.

Bei feinerer Untersuchung bemerken wir, daß diese Wurzeln der „Darmlymphgefäße" durch zahlreiche Porenkanälchen in offener Verbindung mit dem Hohlraume des Darmes stehen. Die Oberfläche der Zotten ist wie die ganze Darmschleimhaut mit jenen schon erwähnten cylinderförmigen Zellen, Cylinderzellen vollkommen überkleidet (Fig. 52). Jede dieser Zellen zeigt auf ihrer der Darmhöhlung frei zugewendeten Oberfläche eine senkrechte Streifung als Ausdruck zahlreicher die Zellenoberfläche durchbohrender Kanälchen, welche in das Innere der Zelle münden. Heidenhain beschreibt weiter, daß diese Cylinderzellen sich an ihrem unteren, der Zottensubstanz aufsitzenden Ende verjüngen und schließlich in feine Kanälchen ausgehen, welche sich mit den analogen Kanälchen anderer Zellen zu einem engen Röhrennetze in der Zottensubstanz verbinden. Schließlich münden diese Röhrennetze in den, in der Axe der Zotte gelegenen, relativ weiten Lymphraum ein.

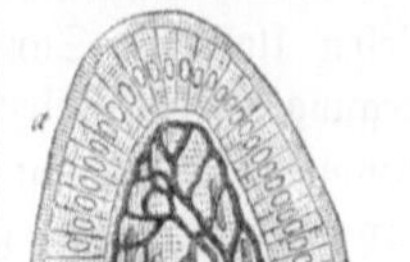

Fig. 52. Eine Darmzotte, sehr stark vergrößert.
a Das mit verdicktem Saume versehene Cylinderepithelium. b das Kapillarnetz. c Längslagen glatter Muskelfasern. d das in der Axe befindliche Chylusgefäß.

Beobachtet man mikroskopisch die Zotten an der Darmschleimhaut von Thieren, welche während der Verdauung, namentlich fettreicher Nahrungsstoffe, geschlachtet wurden, so sieht man die ganze Zotte mit den aus dem Darm eingedrungenen Flüssigkeiten erfüllt. Man kann den Weg, welchen die eindringenden Stoffe nehmen, direct mit dem Auge verfolgen. Die winzigen, undurchsichtigen Moleküle, in welche das Fett durch die Einwirkung der Verdauungssäfte zerstäubt wird, machen dabei die durchsichtige, gleichzeitig mit aufgesaugte Flüssigkeit sichtbar. Von den Porenkanälchen der äußeren

Zellwände an, in die Zelle hinein, von den Zellen durch ein feinstes Kapillarnetz in das centrale Lymphgefäß sehen wir alle Wege, welche die Darmflüssigkeit passirt, vor unseren Augen.

Die Zotten sind, wie wir oben sagten, kleine Saugpumpen, welche die Flüssigkeit aus dem Verdauungskanale, welche zu Darmlymphe oder Chylus wird, mechanisch an- und einsaugen.

Wie bei den Kreislauforganen des Blutes wird auch bei diesen kleineren Saugvorrichtungen die Ansaugung und Bewegung der Flüssigkeit durch Klappeneinrichtungen in einer bestimmten Richtung, und zwar, wie in den Venen (Fig. 14 S. 42), nur in der Richtung gegen das Herz, ermöglicht. Die für die Bewegung der Darmlymphe wirksam werdenden Klappen befinden sich in den Anfängen der Lymphgefäße. Sie zeigen ziemlich denselben Bau wie die Venenklappen, ihre Anzahl ist aber eine noch bei weitem größere. In der Zottensubstanz verlaufen in der Längenaxe, dem centralen Lymphgefäße parallel, organische Muskelfasern (Fig. 52), welche sich auf gewisse Reize (wobei auch die Galle mitwirken soll) verkürzen und dadurch die ganze Zotte zusammendrücken. Durch diese Zusammenziehung der Zotte werden nicht nur ihre Blutgefäße (Fig. 53) entleert, sondern auch der Inhalt des centralen Lymphgefäßes in der Richtung, in welcher der Flüssigkeitsbewegung der geringste Widerstand entgegentritt, also in die weiteren Lymphgefäße hineingepreßt. Nach einiger Zeit erschlaffen die zusammengezogenen Muskelfasern der Zotten. Nun kann wieder Blut in ihr Kapillarnetz einströmen, wodurch die Zotte ausgedehnt, erigirt wird. Auch das centrale Lymphgefäß wird dadurch mit erweitert und wirkt durch den dabei entstehenden Saugdruck ansaugend auf die sie umspülenden Darmflüssigkeiten. Der durch die Zusammenziehung der Zotte in die weiteren Lymphgefäße eingepreßten

Flüssigkeit ist durch die Lymphgefäßklappen der Rückweg in die Zotte versperrt. Die Lymphgefäßklappen verhindern das Rückströmen der Lymphe ganz ebenso, wie das einmal in die großen Arterien vom Herzen aus eingepreßte Blut durch die zuschlagenden Klappen an den Arterienmündungen des Herzens bei dessen Erweiterung abgehalten werden, in die Herzkammern zurückzuströmen. Die Saugwirkung der Zotte kann daher nur neue Flüssigkeiten aus dem Verdauungskanal durch die Poren der Cylinderzellen und durch das feine Kanalnetz der Zottensubstanz ansaugen. Nun folgt nach einer längeren Pause eine neue Zusammenziehung und dann wieder eine Erschlaffung der Darmzotte mit demselben Erfolge für die Lymphbewegung.

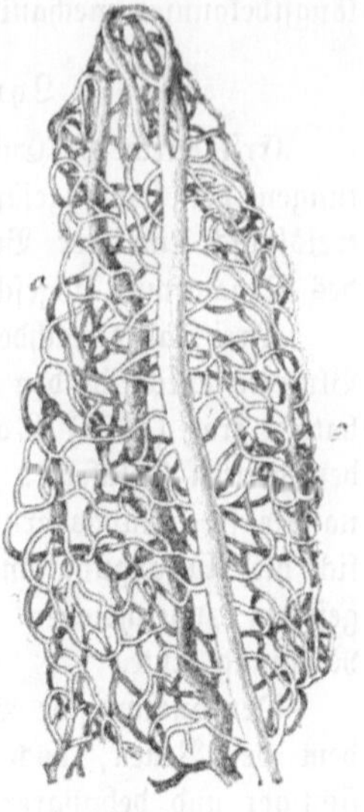

Fig. 53.
Das Gefäßnetz einer Darmzotte des Hasen mit dem arteriellen Stamm b, dem Kapillarnetz c und dem venösen Zweig a.

Wir dürfen uns nicht verhehlen, daß auch dieser Vorgang noch nicht alle Erscheinungen der Stoffaufnahme aus dem Verdauungsrohre in die Säftemasse vollkommen erklärt. Auch in die Blutgefäßkapillaren des Darms treten Flüssigkeiten ein, ein Vorgang, den wir uns zunächst doch durch die Wirkungen der Flüssigkeitsdiffusion, Endosmose, anschaulich machen müssen. Noch eine Anzahl anderweitiger Beobachtungen, z. B. die neuerdings behauptete Aufsaugung von unverändertem Eiweiß drängt uns zu dem Ausspruch, daß auch der Vorgang der Aufsaugung im Verdauungskanal ein sehr complicirter Act ist. Aber das steht fest, daß wir gerade an diesem Lebensvorgange, welcher so lange ausschließlich nur nach vitalistischen Principien sich erklären zu lassen schien, ein treffendes Beispiel haben, wie auch sehr verwickelte Erscheinungen des vegetativen Lebens, sich bei näherer Erforschung in Acte einfacher, längstbekannter mechanischer Kräftewirkungen auflösen.

3. Lymphe und Chylus.

Erst durch die Entdeckung der anatomischen Baueinrichtungen der Lymphgefäße wurde die Physiologie des Blutkreislaufs und der Bewegung der allgemeinen Säftemasse des Organismus abgeschlossen.

Drei Jahre nachdem Havey seine große Entdeckung der Blutcirculation in den Arterien und Venen bekannt gemacht hatte, trat (1622) Caspar Aselli mit der Auffindung der dritten Gefäßart: der Lymphgefäße hervor. Man nannte sie „Saugadern" vasa absorbentia, da man namentlich die Aufsaugung im Darm, welche man früher den Blutgefäßen zugeschrieben hatte, nun fälschlich allein auf ihre Rechnung setzte.

Der anatomische Bau der Lymphgefäße entspricht etwa dem der Venen, doch sind die Häute der ersteren durchsichtiger und dehnbarer, aber fester. Wir können uns ein Bild von den allgemeinsten Verhältnissen des Lymphgefäßsystems machen, wenn wir uns das Venensystem mit den Kapillaren von dem arteriellen System abgetrennt denken; die Kapillaren würden dann gleichsam die Wurzelfasern eines gemeinsamen Venenstammes bilden. Aus einem derartigen Netze selbständiger engster Hohlräume: Lymphkapillaren, gehen die größeren Lymphstämme hervor.

Die Lymphkapillaren werden aber nicht wie die Blutkapillaren von einem direct mit ihnen verbundenen anderen Gefäßsystem gespeist. Sie bilden ein außerordentlich fein verzweigtes, die Organe durchsetzendes Röhrennetz, welches aus den zartesten Gewebslücken die in den Organen befindlichen Flüssigkeiten in sich aufnimmt. Die Lymphkapillaren stehen sonach nur in indirecter Verbindung mit den Blutkapillaren. Die Stämmchen der Lymphgefäße setzen sich aus feinen Wurzelkanälchen zusammen, welche gleichsam blind in den Geweben endigen. Aus den Stämmchen bilden sich dann die beiden Hauptstämme des Systems.

Vor der Entdeckung der Blutkapillaren hatte man angenommen, daß die feinsten Arterien ihren Inhalt in Gewebslücken (S. 49) ergössen, und daß die Venen aus den letzteren das Blut wieder aufnähmen. Bis zu einem gewissen Grade behält diese Anschauung für die Aufnahme der Lymphe in das Blutgefäßsystem Geltung. Durch die Arterien strömt die Blutflüssigkeit in die Kapillaren der Organe. Die Kapillarwandungen sind, namentlich unter dem Einfluß der in der physiologischen Organverbrennung gebildeten Kohlensäure, bis zu einem gewissen Grad durchlässig für die wässerige Blutflüssigkeit. Im normalen Verhalten des Organlebens passiren, so viel wir wissen, keine Blutkörperchen die Kapillarwände, nur ungeformte wässerige Blutflüssigkeit tritt aus den Blutkapillaren in die Gewebe und ihre feinen und gröberen Gewebszwischenräume ein. Je stärker die Füllung der Blutgefäße mit Blut ist, je größer daher auch der Druck ist, welcher von dem Blute gegen die gespannten Gefäßwandungen ausgeübt wird — Blutdruck — desto reichlicher kann unter sonst gleichen Lebensbedingungen Flüssigkeit aus den Kapillaren in die Organe austreten. Diese Flüssigkeit ist es, aus welcher die Lymphe sich bildet. Die Organlymphe ist meist eine leicht opalescirende, ziemlich durchsichtige Flüssigkeit. Sie enthält die Hauptbestandtheile des Blutes; indem sie aber auch aus den Organen außer Eiweiß auch noch specifische Stoffe zugemischt erhält, bekommt sie für jedes Organ ihre eigenthümliche Zusammensetzung. Die Lymphe der Drüsen zeigt sich daher chemisch nicht identisch mit der Lymphe, welche aus der Haut oder aus den Muskeln und Knochen kommt. Am meisten aber weicht zeitweilig die Darmlymphe von der Lymphe der übrigen Organe in ihrer chemischen Zusammensetzung ab. In die Lymphgefäße des Darms wird die Mehrzahl der im Verdauungskanal verflüssigten Nährstoffe mit den Verdauungssäften eingesaugt. Namentlich das Fett nimmt bei der Resorption vorzugsweise diesen Weg. Daher rührt es, daß, namentlich nach einer fettreichen Nahrung, die Darmlymphe nicht mehr durchsichtig ist, sondern eine rahm- oder milchähnliche Beschaffenheit zeigt. Wie in der Milch, so finden sich auch in der milchähnlichen Darmlymphe zahllose feinste Fettstäubchen und Tröpfchen, und wie bei der Milch so rührt auch hier das weißliche, undurchsichtige Aussehen von diesem reichlichen, staubförmig vertheilten Fettgehalte her. Wegen dieser chemischen Verschiedenheit der übrigen Organlymphe von der Darmlymphe pflegt man die letztere mit einem eigenen Namen: Chylus zu benennen. Dem entsprechend bezeichnet man die Gefäße, in denen sich der Chylus bewegt, als Chylusgefäße, ohne daß ein weiterer anatomischer oder physiologischer Unterschied zwischen Lymph- und Chylusgefäßen existirte.

Im Allgemeinen müssen wir das System der Lymphgefäße als einen Anhang des Blutgefäßsystemes bezeichnen, als eine Art zweites Venensystem. Die Lymphgefäße sind gleich den Venen in den Organen verbreitet und sind dazu bestimmt, die blutähnliche Flüssigkeit der Lymphe in sich aufzunehmen und dem Herzen zuzuleiten. Aus den in den Gewebslücken der Organe zu suchenden feinsten Lymphgefäßwurzeln gehen einzelne etwas ansehnlichere Lymphgefäße hervor, welche oft in größerer Anzahl eine Strecke weit neben einander herlaufen (Fig. 55), um sich endlich zu stärkeren

Stämmchen zu vereinigen. Die überwiegende Mehrzahl aller Lymphgefäße bildet endlich auf der Vorderseite der Wirbelsäule einen weiteren, etwa rabenfederdicken Gefäßstamm: den Brustlymphstamm oder Milchbrustgang — Ductus thoracicus. — (Fig. 54 c.) Dieser erweitert sich an seinem unteren Ende, in welches zahlreiche feinere Lymphstämmchen, namentlich aus den Gedärmen stammend, einmünden, zur Chyluscisterne, Cisterna chyli. (Fig. 54 d.) Der Milchbrustgang steht in der Nähe des Herzens in offener Verbindung mit dem Venensystem; er ergießt seine Flüssigkeit in die Blutadern an der Vereinigungsstelle der linken Kopf- und Armvene. (Fig. 54 e.) Nur die Lymphgefäße der rechten oberen Körperhälfte und der rechten Seite der Brusthöhle münden nicht in den Milchbrustgang ein, sondern bilden einen selbständigen kleineren Lymphstamm, welcher seine Lymphe an der Vereinigungsstelle der rechten Kopf- und Armvene in das Venensystem ergießt. (Fig. 54 f.)

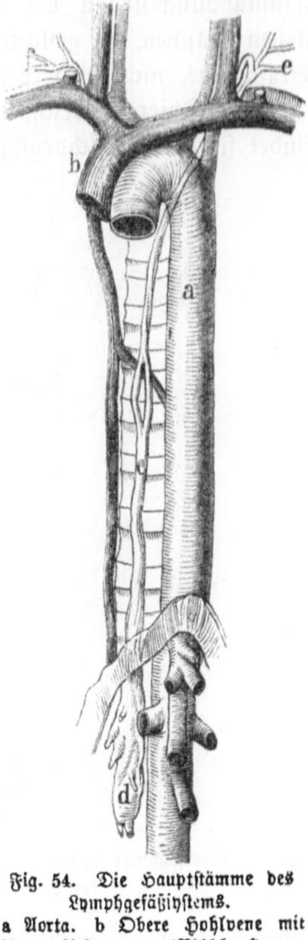

Fig. 54. Die Hauptstämme des Lymphgefäßsystems.
a Aorta. b Obere Hohlvene mit ihren Aesten. c Milchbrustgang. d Chyluscisterne. e Einmündung des Milchbrustgangs. f Einmündung des rechten gemeinsamen Lymphstammes in das Venensystem.

Die Lymphgefäße besitzen noch weit zahreichere Klappen als die Venen (Fig. 14 S. 42.) Die Klappen stehen sich meist paarweise gegenüber und erlauben, wie wir hörten, die Bewegung der Lymphe nur in der einen Richtung gegen das Herz. An beiden Einmündungsstellen der Lymphgefäßstämme in die Venen stehen Klappen, sie gestatten den Eintritt der Lymphe in die Blutgefäße, nicht aber den des Blutes in die Lymphgefäße.

Bei Thieren, welche man in der Verdauung geschlachtet, findet sich der Milchbrustgang vollgefüllt mit der milchigen

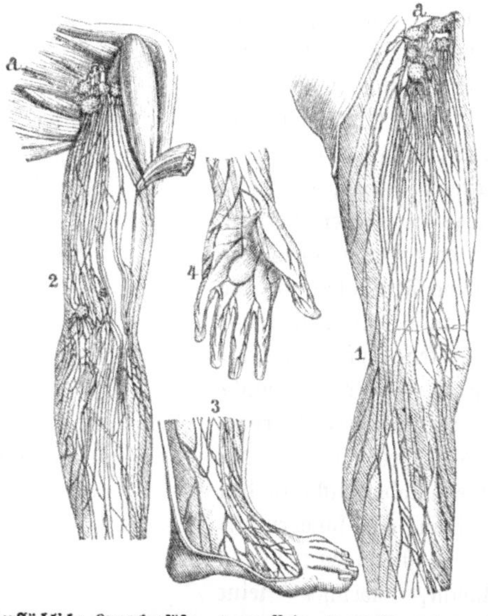

Fig. 55. Oberflächliche Lymphgefäße. 1 am Bein, 2 am Arm, 3 am Fuß, 4 an der Hand. a, a, 2 Lymphdrüsen.

Lymph- oder Chylusflüssigkeit, welche der Hauptmasse nach aus dem Darm aufgenommen wurde. Nach der Verdauung führt der Milchbrustgang den Chylus in starkem Strome in das Venensystem ein. Die im Darme aufgesaugte Flüssigkeit gelangt sonach durch ein speciell diesem Zwecke dienendes

Gefäßsystem direct in das Blut, zu dessen Erneuerung sie bestimmt ist.

Auf diesem Wege finden sich zahlreiche Organe eingeschaltet, in welchen die aus dem Verdauungskanal aufgesaugten Flüssigkeiten dem Blute noch weiter verähnlicht werden. Diese Organe sind die Lymphdrüsen (Fig. 55). Sie sind von verschiedener Massenentwickelung, von mikroskopischer Kleinheit erheben sie sich im normalen Organismus etwa zu Linsen- bis Erbsengröße. Meist liegen sie zu größeren oder kleineren Haufen vereinigt. Zur Lymphdrüse tritt ein Lymphstämmchen heran, ein anderes geht wieder aus ihr ab. Zahlreiche kleinste Lymphdrüschen liegen schon in der inneren Haut des Darms. Im Gekröse, d. h. in dem häutigen Gebilde, welches den Darm an die Rückwand der Bauchhöhle befestigt, und auch die Blutgefäße und Nerven mit den Lymphgefäßen des Darms enthält, liegen zahlreiche größere Lymphdrüsen, die Gekrösdrüsen, Mesenterialdrüsen. Aehnliche Drüsen finden sich zahlreich an den inneren Organen, namentlich reichlich an der Lunge. Andere Anhäufungen von Lymphdrüsen haben eine mehr oberflächliche Lage, namentlich an der Beugeseite der Gelenke (Fig. 55); wir finden sie z. B. in der Kniekehle, der Schenkelbeuge, der Achselgrube, am Winkel des Unterkiefers und am Halse. Bei gewissen Allgemeinerkrankungen schwellen die Lymphdrüsen an und die Skrofulose der Kinder hat ihren Namen daher, daß die geschwollenen Lymphdrüsen am Unterkiefer und Hals dem Gesicht einen gewissermaßen thierischen*) Ausdruck verleihen.

Vom chemischen Standpunkte aus erscheint die Lymphe als eine Art Blut, welcher der rothe Blutfarbestoff fehlt. Wir unterscheiden bei der Lymphe wie bei dem Blute eine farblose Flüssigkeit — Lymphplasma —, in welcher, namentlich im

*) Skrofa = Schwein.

Chylus neben feinen Fettpartikelchen, zahlreiche ungefärbte kugelige Zellen: Lymphkörperchen (Fig. 56) schwimmen. Sie stimmen im Bau vollkommen mit den „weißen oder farblosen Blutkörperchen“ (S. 77) überein, sie sind in Wahrheit mit ihnen identisch. Die farblosen Blutkörperchen sind nichts Anderes als Lymphkörperchen, welche mit der Lymphe in das Blut ergossen wurden. Die Lymphe gerinnt wie das Blut unter Ausscheidung eines Faserstoffkuchens. Die Darmlymphe, der Chylus, zeigt sich, je nach der Verschiedenheit der aufgenommenen Nahrung, chemisch verschieden zusammengesetzt. Mangelt das Fett in der Nahrung, so ist die Lymphe des Darms wie jene der übrigen Organe fast durchsichtig, nur wenig opalescirend. Aehnlich ist jene Flüssigkeit, mit welcher sich die Lymphgefäße des Darms im Zustande vollkommener Nahrungsenthaltung, im Hunger, gefüllt zeigen. Ist die Nahrung dagegen sehr fettreich, so wird die Darmlymphe mehr und mehr rahmähnlich durch reichliches, in ihr emulsionirtes Fett. Außerdem hat man auch Fettseifen, meist aus der Pankreasverdauung stammend, nachgewiesen, ebenso Eiweißpeptone, doch in relativ geringer Menge. Die Hauptmasse des Eiweißes in Lymphe und Chylus unterscheidet sich nicht vom Serumeiweiß des Blutes. Nach stärkemehl- und zuckerreicher Nahrung enthält die Darmlymphe Zucker (Traubenzucker) bis zu 1—2%.

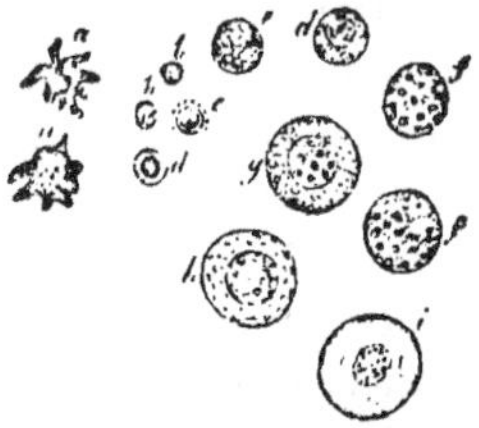

Fig. 56. Mikroskopische Elemente des Chylus.

a Durch theilweise Zusammenziehungen sternförmig gewordene Lymphkörperchen. b freie Kerne. c ein Kern von einigen Körnchen umgeben. d, e kleine Lymphzellen, die eine mit deutlichem Kerne. f, g größere Zellen, eine mit sichtbarem Kerne. h eine solche nach Zusatz von wenig Wasser. i von Essigsäure.

Die Ursachen der Lymphbewegung sind ziemlich die gleichen, welche die Bewegung des Venenblutes vermitteln.

Es ist vorwiegend der Saugdruck des Herzens und der Brusthöhle, welche die Lymphe dem Herzen zutreibt. Außerdem kommen wie bei den Venen noch äußere mitwirkende Momente für die Flüssigkeitsbewegung zur Geltung. Jeder Druck auf die Lymphgefäße treibt, da ihre Klappen wie die der Venen die Bewegung der Flüssigkeit nur in einer Richtung gestatten, die Lymphe dem Herzen zu. Namentlich wird diese Druckunterstützung wirksam bei den oberflächlichen, oder zwischen Muskeln gelegenen Lymphgefäßen und Venen. Die kleinen Pumpvorrichtungen der Darmzotten treiben ebenfalls durch Nachschub neuer Flüssigkeit von hinten her die Lymphe vorwärts. An manchen Lymphgefäßstämmen*) hat man auch rhythmische von der Peripherie gegen das Herz zu fortschreitende — peristaltische — Bewegungen wahrgenommen, welche sich mit an der Lymphbewegung betheiligen. In den Körperhöhlen hat man Lymphgefäße mit relativ weiten „Saugöffnungen“ frei einmünden sehen.

Die Energie der Lymphbewegung ist stets nur eine ziemlich geringe, weit geringer wie die der Bewegung des Venenblutes. Es rührt das daher, daß dem Lymphstrom der Durchgang durch die zahlreichen Lymphdrüsen als bedeutendes Hinderniß entgegensteht.

Die Menge der als Lymphe im Organismus des Menschen sich bewegende Flüssigkeit ist sehr beträchtlich, sie ist weit größer als die Menge des Blutes. Man pflegt die gesammte Lymphbewegung im Körper als intermediären Säftekreislauf zu bezeichnen. Aus den Blutkapillaren treten die Flüssigkeiten in die Gewebe aus, welche, nachdem sie mit den Organen und ihren Zellen im ausgiebigsten Wechselverkehr gestanden haben, durch die Lymphgefäße wieder dem Blute zurückgegeben werden. Es besteht sonach wirklich

*) Bei Meerschweinchen.

zwischen Lymphe und Blut eine Art von Kreislauf. An diesem intermediären Säftekreislauf betheiligen sich, wie wir sahen, auch die Verdauungsflüssigkeiten. Sie werden aus dem den Drüsen gelieferten Bildungsmaterial des Blutes zunächst dem Darme übergeben und von hier aus der Hauptmasse nach wieder eingesaugt. Sie treten vornehmlich in die Lymphgefäße ein, und kehren auf diesem Wege zum Blute zurück.

Der intermediäre Säftekreislauf hat, wie wir leicht erkennen, die wesentlichste Bedeutung für die Organernährung und Organthätigkeit. Nimmt die Blutmenge ab, so vermindert sich unter sonst normalen Lebensbedingungen auch die in die Organe aus dem Blute abgegebene Gewebsflüssigkeit, damit sinkt die Möglichkeit der Ernährung und des Stoffaustausches. Im umgekehrten Falle sehen wir mit der Blutmenge die Menge der Gewebsflüssigkeit und damit die Möglichkeit der Organernährung und der Reinigung der Organe von den Gewebszersetzungsstoffen ansteigen.

Unter krankhaften Verhältnissen wird eine übergroße Menge von wasserreicherer Gewebsflüssigkeit in die Organe und Körperhöhlen ergossen und hier gestaut. Es bilden sich auf diese Weise die Wassersuchten und Oedeme, letztere pflegen zuerst namentlich als Schwellungen an den Extremitäten aufzutreten. Die Ursachen dafür sind vorwiegend in einer entweder localen oder allgemeinen mangelnden Energie der Blutbewegung und Resorption zu suchen, wodurch sich dem Arzte die Gesichtspunkte und die Möglichkeit für eine heilende Einwirkung auf diese Leiden darbieten. Meist sind es Krankheiten des Herzens, der Leber oder der Lunge, welche auf die Blutbewegung und den intermediären Säftekreislauf die störendsten Folgen entwickeln und zu derartigen krankhaften Flüssigkeitsansammlungen in den Körperhöhlen und Geweben führen.

II. Die Entstehung der Blutkörperchen. Lymphdrüsen und Blutdrüsen.

Bei einem Gesunden, welcher durch eine Blutgefäßverletzung größere Blutmengen mit einer bedeutenden Anzahl rother und weißer Blutkörperchen verloren hat, ersetzt sich der Blutverlust bei geeigneter Ernährung relativ rasch wieder. Nicht nur die Menge der Blutflüssigkeit, sondern auch die Anzahl der Blutkörperchen steigt in kurzer Zeit wieder zur normalen Höhe. Diese Beobachtung lehrt uns unwidersprechlich, daß sowohl rothe wie weiße Blutkörperchen auch im erwachsenen animalen Organismus neu gebildet werden können.

Andererseits haben wir schon darauf hingewiesen, daß in gewissen Drüsen und zwar namentlich in der Milz und der Leber während des Lebens fortwährend ein Zerfall von rothen Blutkörperchen stattfindet. Den reichlich abgesonderten Farbstoff des Lebersecretes z. B. haben wir als verändertes Blutroth aus zerstörten Blutkörperchen stammend, angesprochen. Da die relative Anzahl der rothen Blutkörperchen bei gleichbleibenden physiologischen Lebensbedingungen nur äußerst wenig schwankt, so müssen wir schließen, daß die rothen Körperchen des Blutes keine dauernden Gebilde sind. Ihre Zahl bleibt im Blute Gesunder nur darum annähernd constant, weil der fortwährende Abgang durch eine ebenfalls stetig stattfindende Neubildung rother Blutzellen ausgeglichen wird. Dasselbe gilt mit einigen Einschränkungen von den weißen Blutkörperchen. Nach der Verdauung einer reichlichen Mahlzeit sehen wir die letzteren im Blute nicht unbeträchtlich vermehrt, in der Folge werden sie dann wieder seltener, und nach dem Verlauf einiger Stunden stellt sich das normale Verhältniß: 1 weißer auf etwa 360 rothe Blutkörperchen wieder her. Auch den weißen Körperchen dürfen wir danach keine langwährende Lebensdauer zusprechen, sie werden, wodurch ihre Anzahl im Blute annähernd constant erhalten wird, fortwährend neu aus der Lymphe zugeführt. Da die Anzahl der weißen Blutkörperchen innerhalb eines Tages schwankt, so kann sich die Zeit, in welcher sie in dieser Gestalt bestehen, nur nach Stunden berechnen. Ueber die Grenze der Lebensdauer der rothen Blutkörperchen können wir noch keine ganz sicheren Angaben machen. Da wir aber aus den Beobachtungen an Verbluteten wissen, daß sie sich innerhalb weniger Stunden sehr ansehnlich vermehren können, dürfen wir wohl schließen, daß sie normal auch ziemlich ebenso rasch zu Grunde gehen.

Die Herkunft der weißen Blutkörperchen ist mit aller Sicherheit festzustellen. Sie strömen, wie wir sahen, mit der Lymphe in das Blut; in die Lymphe gelangen sie aus den Lymphdrüsen.

Die einfachsten Lymphdrüsen sind die mikroskopisch kleinen „geschlossenen Follikel“, welche in allen Schleimhäuten der Verdauungsorgane sich finden und hier unter verschiedenen Namen beschrieben werden. Analoge Bildungen finden sich als „Milzbläschen“ auch in der Milz. Alle diese kleinen Bläschen (von $^1/_{10}$ — $^1/_4$''' Durchmesser) zeigen eine ziemlich feste faserige Hülle, welche in das Innere des Drüsenbläschens ein feines häutiges Balkennetz entsendet. Die Oberfläche der „geschlossenen Follikel“ ist reichlich mit Blutkapillaren durchzogen, welche auch ins Innere der Follikel eindringen. Zu jedem der letzteren läuft ein Lymphgefäßchen, ein anderes tritt von ihm ab, beide öffnen sich direct in die Follikelhöhle. Der Inhalt der Lymphdrüsenbläschen besteht, abgesehen von einer geringen Menge alkalischer Flüssigkeit, aus kugeligen Zellen. Alle Maschenräume des genannten Balkennetzes im Innern der Follikel sind mit diesen kleinen, rundlichen, farblosen Zellen dicht erfüllt, es sind Lymphkörperchen, deren Bildungsstätte in diesen Drüsenfollikeln ist. Die in den Follikel durch das zuführende Lymphgefäßchen einströmende Lymphe muß die engen Zwischenräume zwischen diesen Drüsenzellen durchsetzen, um in das abführende Lymphgefäßchen ein- und damit aus der kleinen Lymphdrüse wieder austreten zu können. Auf diesem nur langsam zurückgelegten Wege finden von Seite der Drüsenzellen jene chemischen Umwandlungen des noch „rohen“ aus dem Darmkanal aufgenommenen Saftes statt, welche diesen dem Blute verähnlichen. Von dem Lymphstrome werden einige der Drüsenzellen mitgerissen, welche nun als Lymphkörperchen oder weiße Blutkörperchen in der Lymphflüssigkeit schwimmen. Die größeren und größten Lymphdrüsen entsprechen im Baue ganz den eben geschilderten kleinsten Gebilden dieser Art. Wir können uns ihren Bau in der Weise veranschaulichen, daß wir uns eine Anzahl von geschlossenen Follikeln zu einem größeren Ganzen combinirt denken. Indem die Zwischenwände zwischen den vereinigten Follikeln zum Theil schwinden, entsteht ein größerer vielkammeriger Hohlraum, von welchem aber noch jede Kammer einen einfachen Follikel repräsentirt. Auch bei den größeren Lymphdrüsen unterscheiden wir zuführende und abführende Lymphgefäße, deren flüssiger Inhalt die Drüse langsam zu durchsetzen hat.

Wie und wo entstehen aber die rothen Blutkörperchen? Für den sich bildenden Organismus kann diese Frage ebenfalls mit voller Sicherheit gelöst werden. Die embryonale Anlage des Herzens ist, wie wir oben hörten, zuerst solid, ebenso die der großen Blutgefäße. Die runden, kernhaltigen Bildungszellen, welche in der Mitte der noch soliden Herz- und Gefäßanlagen sich befinden und in Form und Ansehen den übrigen Bildungszellen dieser Organe vollkommen entsprechen, lösen sich bei dem Wachsthum der blutführenden Organe von einander unter Ausscheidung einer Flüssigkeit — Blutplasma — und rollen, schon vom Blutroth gefärbt, bei den ersten Contractionsbewegungen des Herzens als erste embryonale Blutzellen in jenem ursprünglichen Plasma umher. (Fig. 57.) Die zuerst gebildeten haben einen Kern, sind kugelig und ziemlich viel größer als die späteren bleibenden Blutzellen. Anfänglich vermehren sie sich, wie behauptet wird, durch Theilung. Im Herzen des Embryo sind also primär alle Bedingungen zur Bildung rother Blutkörperchen gegeben. Wir sehen sie aus kernhaltigen wahren Bildungszellen entstehen.

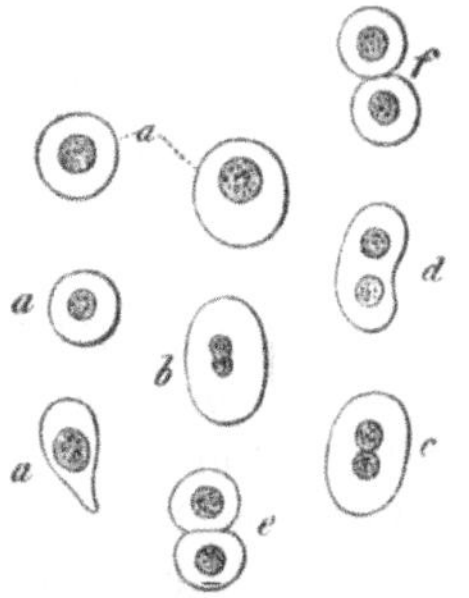

Fig. 57. Blutkörperchen junger Hirschembryonen.
bei a die meist kugeligen Zellen.
b—f Theilungsproceß derselben.

Es ist noch immer vorwiegend die Meinung vertreten, daß die weißen Blutkörperchen sich im Blute irgendwo in rothe Blutkörperchen umwandeln. Diese Umwandlung hat man jedoch noch niemals wirklich beobachten können. Dagegen ist es gelungen, in der Milz und in der Leber namentlich aber durch die Untersuchungen von E. Neumann im rothen Markgewebe der Knochen Beobachtungen zu machen, welche mit Sicherheit darauf hinweisen, daß hier rothe Blutkörperchen neu entstehen. In dem Blute der Leber und der Milz hat man zahlreiche „jugendliche rothe Blutkörperchen" aufgefunden. Im rothen Knochenmarke finden sich auch bei Erwachsenen in reicher Anzahl kernhaltige rothe Blutkörperchen in der Form den embryonalen Blutkörperchen mehr oder weniger ähnlich. Hier haben wir sonach eine der Bildungsstätten der rothen Blutkörperchen zu suchen; von hier aus gelangen die neugebildeten in die Blutgefäße.

Die Thymusdrüse und die Schilddrüse scheinen sich mit den Lymphdrüsen an der Erzeugung weißer Blut=

körperchen zu betheiligen, ebenso die geschlossene Follikel der Milz, die Milzbläschen.

Man hat die Lebensdauer der rothen Blutkörperchen durch ein interessantes Experiment näher zu bestimmen versucht. Wie wir hörten, haben die rothen Blutkörperchen der Vögel und Amphibien eine wesentlich andere Gestalt als die der Säugethiere. Man kann mit ziemlicher Sicherheit die runden Säugethierblutkörperchen im Vogelblut von den ovalen Vogelblutkörperchen unterscheiden. Man spritzte lebenden Vögeln (Hühnern) etwas Säugethierblut in die Blutgefäße ein, und suchte, nachdem man annehmen konnte, daß die neue Zumischung sich gleichmäßig im Gesammtblute vertheilt habe, in einem Tröpfchen Blut, welches man den Thieren entzog, die scheibenförmigen Säugethierblutkörperchen wieder auf. Man hoffte, indem man die Zeit bestimmte, bis alle Säugethierblutkörperchen wieder aus dem Blute des lebenden Vogels verschwunden seien, einen sicheren Rückschluß auf die normale Lebensdauer dieser Körperchen machen zu können. Es ergab sich, daß die Säugethierblutkörperchen der Mehrzahl nach ziemlich rasch aus dem Vogelblute verschwinden. Keineswegs aber dürfen wir in dieser Beobachtung einen sicheren Beweis für die geringe Lebenszähigkeit der rothen Blutkörperchen erkennen. Abgesehen von der immerhin etwas verschiedenen chemischen Zusammensetzung des Vogel- und Säugethierblutes ist das erstere um mehrere (3—4) Grade wärmer als das letztere. Die Säugethierblutkörperchen werden in dem Vogelblute gleichsam in ein heißes, ihnen fremdes Klima versetzt. Unter den dadurch wesentlich veränderten Lebensbedingungen besitzen sie sehr wahrscheinlich auch eine wesentlich geringere Lebensenergie und Lebensdauer als in ihren heimathlichen Blutgefäßen. Aus den Versuchen Panums scheint hervorzugehen, daß nicht einmal das Blut von Thieren, welche zu derselben zoologischen Klasse aber nicht zu derselben Art (Species) gehören, wenn es aus den Blutgefäßen des einen in die des anderen Thieres übergeleitet wurde, seine volle Lebensenergie behält. Die Zusammensetzung des Blutes und alle seine normalen Lebenseigenschaften sind bedingt von dem physiologischen Zustande des Organismus, in welchem es entstanden ist, und zunächst nur für diesen berechnet.

Wir haben damit die Erzählung der Lebensgeschichte des Blutes und seiner Bestandtheile in den Hauptumrissen beendigt.

Kapitel VIII.

Blut und Organthätigkeit.

1. Blutvertheilung.

Der ungestörte Verlauf des animalen Lebens bedingt eine Abwechselung in der Thätigkeit der Körperorgane. Unter normalen Bedingungen tritt mit einer Steigerung in der Thätigkeit eines Organs oder einer Organgruppe eine entsprechende Verminderung der Thätigkeit eines oder aller übrigen Organe des Körpers ein.

Den Aerzten und jedem an Selbstbeobachtung Gewöhnten ist die Erfahrung geläufig, daß ein solches Wechselverhältniß in der jeweiligen Arbeitsleistung zwischen den Organen der Verdauung und dem Bewegungsapparat des Körpers existirt. Nahrungsaufnahme, welche die Verdauungsorgane in volle Thätigkeit setzt, hindert bis zu einem gewissen Grade die Bewegungsfähigkeit der willkürlichen Körpermuskulatur. Umgekehrt setzt übermäßig gesteigerte Arbeitsleistung der Muskeln während der Verdauung die Intensität des Verdauungsvorganges herab.

Die Arbeitsfähigkeit des menschlichen Körpers beruht wesentlich auf der Zufuhr arteriellen Blutes zu seinen Organen. Es konnte experimentell festgestellt werden, daß Muskeln und Nerven, welchen ein reichlicherer Blutgehalt zur

Verfügung steht, eine größere Summe von mechanischer Arbeit zu leisten vermögen. Auch die vorwiegend chemischen Leistungen der Drüsenzellen nehmen an Intensität zu, wenn den Drüsen mehr Blut zugeführt wird. Wir sehen z. B. die Leber und die Nieren unter sonst normalen Lebensbedingungen größere oder geringere Flüssigkeitsmengen absondern, je nach der Menge des zugeführten arteriellen Blutes.

Die constatirte Abwechselung in der Energie der Thätigkeit der einzelnen Körperorgane beruht im Wesentlichen darauf, daß alle stärker arbeitenden Organe eine gesteigerte Blutzufuhr erhalten. Da die Gesammtmenge des Blutes im lebenden Körper eine nach den allgemeinen Lebensbedingungen regulirte constante Größe ist, so muß, wenn zu einem Organ oder einer Organgruppe mehr Blut strömt, eine andere Organgruppe oder der ganze übrige Organismus relativ weniger Blut zugeführt erhalten. Das Organ, welches eine gesteigerte Blutfülle zeigt, kann dann unter normalen Verhältnissen mehr, das, dessen Blutfülle compensatorisch vermindert wurde, weniger physiologische Arbeit leisten.

Bei Thieren, welche während der Verdauung geschlachtet wurden, sehen wir die gesammten Verdauungsorgane: die großen Verdauungsdrüsen und die Schleimhaut des ganzen Verdauungsrohres reichlich mit Blut gefüllt, geröthet, während bei hungernden Thieren die gleichen Organe blaß erscheinen. Namentlich die Bauchspeicheldrüse zeigt diese Farbenveränderung durch den verschiedenen Blutgehalt bei der Verdauung sehr auffallend. Die blutreicheren Organe nehmen selbstverständlich an Volumen zu. Im späteren Verlaufe der Verdauung tritt regelmäßig eine physiologische Anschwellung der Bauchspeicheldrüse, namentlich aber der Leber durch gesteigerte Blutzufuhr zu diesen nun besonders stark thätigen Organen ein. Einige Zeit nach der Mahlzeit kann der Arzt die Vergrößerung der Leber mit den bekannten physikalischen Untersuchungsmethoden der inneren Organe — durch Beklopfen — regelmäßig auf das Sicherste nachweisen. Ist die Verdauung vollendet, so verkleinert sich die nun ruhende Leber wieder, indem ihr Blutreichthum abnimmt. Nach längerem Fasten ist diese Verkleinerung des Lebervolums eine sehr auffallende.

Was sich an der Leber so leicht und sicher nachweisen läßt, gilt aber auch für alle übrigen Organe des menschlichen Körpers. Alle nehmen an Volum zu, wenn sie willkürlich oder unwillkürlich thätig sind, indem sie dann eine größere Blutmenge erhalten.

Strengen wir unsere Muskulatur etwa durch Turnen, auf dem Fechtboden oder durch Fußwanderung und Bergsteigen über die gewöhnliche Norm an, so nimmt das Volum der Muskeln und dadurch das der ganzen Glieder zu. Durch Messen mit dem Centimeterbande kann man diese Umfangsvergrößerung deutlich nachweisen; an den Waden kann die Zunahme 1—1,5 Centimeter betragen; sie beruht zunächst auf dem stärkeren Blutgehalt der stärker arbeitenden Muskeln. Bei dauernd fortgesetzter Muskelübung nimmt endlich die Muskelsubstanz selbst an Masse zu, sodaß dadurch die Volumszunahme der stärker arbeitenden Glieder eine dauernde wird. Die Arterien, welche zu fortgesetzt stärker arbeitenden Organen verlaufen, werden weiter; bei Gliedern, welche wenig arbeiten, nehmen die Arterien dagegen an Weite ab, am auffallendsten bei ganz unthätigen, gelähmten Organen. Der geringe Blutzufluß zu gelähmten oder zu wenig arbeitenden Gliedern spricht sich, da das Blut „die Heizung der Organe" besorgt, auch darin aus, daß sie weniger warm sind als die normal thätigen. Glieder, welche längere Zeit gelähmt sind, fassen sich daher kälter an als gesunde.

Die physiologische Steigerung der Blutzufuhr zu den stärker arbeitenden Organen beruht zum Theil auf einer durch nervöse Einflüsse vermittelten Erweiterung der Organblutgefäße. Mit der Erweiterung verbindet sich meist auch eine Beschleunigung des Blutlaufs. Nicht nur das gleichzeitig in dem Organe vorhandene Blutquantum ist vermehrt, auch die Blutmenge, welche in einer gegebenen Zeit das Organ durchströmt, ist eine beträchtlichere.

In der Abwechselung und gegenseitigen Ablösung in der Thätigkeit zwischen den einzelnen Organen liegt ein Hauptmoment des ungestörten Verlaufs der Gesundheit.

Anhaltender Nichtgebrauch der Muskulatur schadet bekanntlich nicht nur dieser Organgruppe selbst dadurch, daß die Ernährung derselben beeinträchtigt wird. Nur die Organe, welche innerhalb der Grenzen ihrer normalen Arbeitsfähigkeit thätig sind, werden normal ernährt; nur sie erhalten den normalen Zufluß der Ernährungsflüssigkeit; nur sie vermögen diese genügend in sich aufzunehmen und zu verarbeiten. Erhalten aber die unthätigen Muskeln nicht die normale Blutmenge, so wird die letztere in den Verdauungsapparaten gleichsam aufgestaut, und zwar vorzugsweise in der Leber, in welcher dem Blutlaufe durch das doppelte Kapillarsystem, wie wir oben sahen, ohnedieß die größten Hindernisse im Wege stehen (S. 220). Die ununterbrochen gesteigerte Blutfülle der Verdauungsorgane, verbunden mit Verlangsamung ihrer Blutbewegung, bringt dann auch in diesen Organen Störungen der physiologischen Thätigkeit zu Wege. Die Gesundheit des Organs bedarf eben des Wechsels zwischen Ruhe und Thätigkeit, zwischen größerer oder geringerer Energie des Stoffumsatzes. Schlaf und Wachen sind derartige natürliche, regelmäßige Abwechselungen zwischen der Thätigkeit der vegetativen und animalen Organgruppe im Großen und Ganzen. Weitere derartige Abwechselungen werden im größeren Maßstabe einerseits durch die Nahrungsaufnahme, andererseits durch gesteigerte Muskelthätigkeit hervorgerufen.

Personen oder ganze Stände, welche durch ihren Lebensberuf zur überlangen, mehr oder weniger gänzlichen Muskelunthätigkeit gezwungen werden, müssen den Muskeln zur Erhaltung des allgemeinen Gleichgewichts der Gesundheit durch zeitweise absichtlich gesteigerte Thätigkeit, z. B. Turnen, Fechten, Reiten, Wandern, Tanzen ꝛc. ihren periodisch nöthigen Mehrantheil an Blut zuführen, theils zur Muskelernährung selbst, theils zum Zwecke der Entlastung der übermäßig mit Blut überfüllten Unterleibsorgane.

Die reichen und wohllebenden Stände üben sehr häufig, vor allem gilt das von dem weiblichen Geschlecht, die Muskulatur zu wenig. Das Gleiche gilt für Leute mit sitzender Berufsthätigkeit. Stauungen des Blutes in den Unterleibsorganen, namentlich in der Leber, mit den bekannten krankhaften Folgen stellen sich ein als eine specifische Krankheit ebenso des müßigen Reichthums wie der gelehrten Armuth. Hier wirkt, so lange sich noch nicht tiefere Störungen ausgebildet haben, als Entlastungsmittel für die Leber und die übrigen Unterleibsorgane besonders Reiten ganz vorzüglich. Es gelingt meist ohne Schwierigkeit dadurch die übermäßige Blutfülle der Leber zu mäßigen oder zu beseitigen. Hiebei macht sich gleichzeitig die mechanische Einwirkung durch die stoßenden Bewegungen auf die Lebergegend geltend, wobei die Leber mechanisch gepreßt und dadurch der Blutlauf in ihr beschleunigt wird. Aehnlich wirkt auch das Turnen und Tanzen, welches letztere, vernünftig betrieben, namentlich für das weibliche Geschlecht, als eine gesunde und rationelle Art der Körperbewegung angesprochen werden darf.

Man muß das unruhige Treiben der nicht mechanisch arbeitenden Stände bei Tisch und in ihrer abendlichen Erholungszeit mit der behaglichen Muße des Arbeiters vergleichen, wenn er sich nach harter Anstrengung in der Zwischenstunde des Essens oder am Abend seiner Ruhe freut. Man wird dann einen lebhaften Eindruck davon erhalten, wie innere Naturgesetze, meist unbewußt, den verschiedenen Schichten der menschlichen Gesellschaft ihren charakteristischen Stempel aufdrücken. Für die eine Gruppe ist die Thätigkeit des Bewegungsapparates, für die andere die ungestörte Arbeit der Verdauungsorgane Bedürfniß der Erholung, die das Gefühl der Kraft und Gesundheit erweckt und deren Bestand bedingt.

Die methodische Muskelbewegung hat noch hochwichtige Nebenwirkungen für die Gesundheit. Die Steigerung der Blutzufuhr zu der arbeitenden Gesammtmuskulatur setzt eine gesteigerte Thätigkeit des Centralorgans der Blutbewegung, des Herzens voraus. Das stärker arbeitende Herz erhält wie jedes innerhalb der normalen Grenzen seiner physiologischen Arbeitsfähigkeit stärker arbeitende Organ eine reichlichere Blutmenge in seinen ernährenden Gefäßen. Seine Ernährung nimmt dabei zu, es wächst an Masse und Leistungsfähigkeit. Herzschwäche ist eine der häufigsten Ursachen, aus welcher Kranke Leiden erliegen müssen, welche Andere mit kräftigem Herzen zu überstehen vermögen. Gymnastik der Muskeln ist sonach auch, wie sich Beneke so schön ausdrückt, eine Gymnastick des Herzens und die „Heilgymnastik“ kann bei keinem anderen Organe eine für das Gesammtleben günstigere Wirkung entfalten als bei dem Herzen. Alles was normal, d. h. innerhalb der richtigen Grenzen die Thätigkeit des Herzens anregt und steigert, z. B. auch die Empfindung der Freude, wirkt heilsam auf das Befinden bei Gesunden und bei der Mehrzahl der Kranken. Schwächung des Herzens, z. B. durch fortgesetzt mangelnde Körperbewegung oder schwere psychische Depressionen wird nicht nur zu einer Todesursache in schon bestehenden Krankheiten, es bringt auch eine höhere Disposition zu gewissen häufigen Erkrankungen hervor.

Die günstigen Wirkungen der gesteigerten Blutzufuhr zu den Organen beruht jedoch keineswegs allein oder nur in erster Linie in dem Beischaffen reichlicheren Nährmaterials. Auch die reichlichere Zufuhr des Sauerstoffs, obwohl von größter Wichtigkeit für die Möglichkeit des Organlebens, ist es nicht, welche die zunächst in die Augen springenden Veränderungen in der Lebensenergie der Organe herbeiführt. Bei der gesteigerten Blutdurchströmung werden die Organe, da das Blut eine Auswaschung derselben von den in ihnen sich anhäufenden Gewebszersetzungsstoffen besorgt, von gewissermaßen giftigen, das Organleben beeinträchtigenden Stoffen rascher und vollständiger gereinigt. Diese „Auswaschung der Organe" ist für den normalen Ablauf der Organfunctionen von der hervorragendsten Bedeutung.

2. Die ermüdenden Stoffe und das Blut.

Die objectiven Erscheinungen der Ermüdung, die Unfähigkeit, die Arbeitsleistung über ein bestimmtes Maß von Zeit und Kraftaufwand fortzusetzen, beruhen nicht sowohl auf dem Verbrauch jener Organstoffe, welche zur Kraftproduction durch ihre Zersetzung unter Sauerstoffaufnahme — Oxydation — im Körper vorräthig sind. Bis zu einem Ausbrauchen des kraftproducirenden Stoffmaterials kommt es auch bei den extremsten Formen der Ermüdung nicht. Verbrennlicher, krafterzeugender Stoff und Sauerstoff zur organischen Verbrennung kann noch reichlich vorhanden sein, und doch versagen unsere Arbeitsorgane endlich den Dienst, wenn wir zu lange fortgesetzte und in der gegebenen Zeit sehr große physiologische Leistungen von ihnen fordern. Es gilt das für alle Organe und Organgruppen, am bekanntesten sind aber diese Erscheinungen bei den Systemen der Muskeln und Nerven.

Nach sehr energischen Kraftleistungen der Muskeln innerhalb kurzer Zeit, oder nach längere Zeit fortgesetzten Anstrengungen auch geringeren Grades, schwindet die Fähigkeit der Muskeln, den nervösen Willensantrieben zu gehorchen, und durch Zusammenziehung Lasten, sei es auch nur die eigene Körperlast, zu bewegen und zu heben. Die Verkürzung, welche der Muskel unter der Einwirkung eines gleichbleibenden Reizes, erfährt, wird bei der Ermüdung kleiner und kleiner; wir müssen die Reizantriebe auf den Muskel steigern, um die gleiche Leistung von ihm zu erhalten; endlich stellt er seine Thätigkeit ganz ein. Aehnlich wie die Muskeln verhält sich auch das Nervensystem, nur tritt hier als erster Erfolg der beginnenden Ermüdung zunächst eine Erhöhung der Reizbarkeit ein, welche aber schließlich ebenfalls in Unfähigkeit zu physiologischen Leistungen übergeht.

Untersucht man im Stadium extremer Ermüdung Muskeln und Nerven, so bemerken wir, daß eine chemische Veränderung in ihrer Substanz eingetreten ist. Der vorher alkalische oder neutral — weder alkalisch noch sauer — reagirende Muskelsaft zeigt sich nach der Entdeckung E. du Bois-Reymond's sauer. Es hat sich Milchsäure — Fleischmilchsäure — in dem Muskelsafte gebildet und angehäuft. Dieselbe Erscheinung, das Sauerwerden des Muskelsaftes durch Bildung und Anhäufung von Milchsäure in seiner Substanz, tritt auch bei dem absterbenden Muskel ein. Der todte Muskel wird nach einiger Zeit stark sauer. Wie die Milch außerhalb des Organismus bei längerem Stehen eine Säure bildet — Milchsäure —, so stellt sich also ein analoger Vorgang auch bei dem Absterben und der gesteigerten Thätigkeit des Fleisches, der Muskeln ein. Wie die Eiweißkörper der Milch unter der Einwirkung der ausgeschiedenen Milchsäure gerinnen und fest werden, so bemerken wir das auch bei Eiweißkörpern des Fleisches, (Myosin), auch sie gerinnen und werden fest und machen dadurch den absterbenden Muskel immer weniger beweglich, bis endlich das sonst so elastische Fleischgewebe vollkommen starr ist, ein Zustand, welchen man als Todtenstarre bezeichnet. Auch der Wärme gegenüber verhalten sich Milch und Muskel analog. Gelinde Wärme beschleunigt die Säuerung der Milch und ihre Gerinnung. Durch Erwärmen des frischen Fleisches auf eine Temperatur, welche einige Grade über der normalen Körperwärme des lebenden Thieres liegt, von welchem das Fleisch genommen wurde, tritt auch im Fleische Säuerung und die daraus sich entwickelnde Starre sehr rasch ein. Wird dagegen frische Milch und frisch geschlachtetes (alkalisches) Fleisch rasch auf die Siedetemperatur erwärmt, so bleibt bei beiden die Säuerung aus.

Während der Muskelarbeit, durch welche der Muskel sauer wird, tritt nach dem Gesagten eine chemische Veränderung in ihm ein, welche in Beziehung auf die Säurebildung dem chemischen Vorgang des Absterbens analog erscheint. Extrem ermüdete Muskeln stehen also dem Zustande des Abgestorbenseins, der Todtenstarre gewissermaßen schon nah und wir bemerken, daß der Zustand äußerster Ermüdung, wenn das Leben während dieser Zeit entflieht, viel rascher wie sonst, oft fast plötzlich, in den Zustand der Todtenstarre übergeht. Die Muskeln und Glieder des menschlichen und thierischen Organismus erstarren dann in der Stellung, in welcher sie sich gerade während des Augenblicks des Todes befinden. Nirgends hat man öfter Gelegenheit, diesen raschen, fast momentanen Uebergang höchster Ermüdung nach übermenschlichen Kraftleistungen in die Starre des Todes zu beobachten, als auf Schlachtfeldern. Jeder Schlachtbericht schildert uns mit Entsetzen die Stellungen der unter den äußersten Kraftanstrengungen gestorbenen Kämpfer, welche in schaudererregender Weise die letzten Bewegungen der Lebenden auch noch im Tode festhalten.

Die chemischen Veränderungen, welche der Muskel bei der Arbeitsleistung erfährt, beschränken sich nicht auf die Bildung und Anhäufung von Milchsäure. Auch andere Säuren und sauere Salze, z. B. saueres phosphorsaueres Kali treten im Safte der arbeitenden Muskeln auf, neben reichlicher Kohlensäure. Auch noch einige andere bei der Muskelaction gebildete Stoffe wären hier zu erwähnen, namentlich Kreatinin.

Diese chemischen Veränderungen sind es, welche die arbeitenden Organe ermüden. Die genannten Stoffe, welche im Muskelsafte bei gesteigerter Arbeitsleistung des Muskels sich anhäufen, bezeichnen wir daher als ermüdende Stoffe.

Ein Muskel, welcher die „ermüdenden Stoffe" in größerer Menge enthält, wird zur Arbeitsleistung unfähig. Bei dem Nerven zeigt sich wie gesagt unter ihrer Einwirkung als erste Ermüdungserscheinung eine erhöhte Reizbarkeit, sodaß schon geringere äußere Einwirkungen als sonst Erregung des Nerven bewirken. Endlich sinkt aber unter der Einwirkung der ermüdenden Stoffe auch die nervöse Erregbarkeit und geht zuletzt in Leistungsunfähigkeit über. Man kann alle diese Erscheinungen experimentell durch künstliche Imprägnirung der Muskeln lebender Thiere mit diesen ermüdenden Stoffen hervorbringen.

Die ermüdenden Stoffe sind die Producte des normalen Stoffumsatzes der Muskel- und Nervensubstanz, sie bilden sich also auch, aber in geringerer Menge, im ruhenden Muskel. Hier reicht der alkalische Blut- und Lymphstrom, welcher den Muskel durchfließt, hin, die gebildeten Säuren zu binden, zu neutralisiren und die Producte des Muskelstoffumsatzes, die ermüdenden Stoffe, auszuwaschen. Bei dem übermäßig arbeitenden Muskel ist die Bildung der ermüdenden Stoffe in der gegebenen Zeit größer, als daß diese auch durch den während der Muskelthätigkeit gesteigerten Blutstrom fortgesetzt vollkommen neutralisirt und entfernt werden könnten. Sie häufen sich daher im Muskel an.

Im Lichte dieser Erfahrungen werden uns nun die Erscheinungen der Ermüdung und namentlich der Wiedererholung nach Ermüdung klar.

Haben wir in einer gegebenen Zeit eine maximale Leistung mit Hülfe unserer Muskeln ausgeführt, so verweigern die letzteren ihren Dienst. Aber eine kurze Zeit der Ruhe reicht hin, die Glieder wieder arbeitsfähig zu machen. Wir bedürfen nur einer so lange dauernden Ruhepause, um dem Blute Zeit zu geben, die ermüdenden Stoffe im überangestrengten Muskel und Nerven zu neutralisiren und auszuwaschen. Sowie das normale chemische Verhalten der Nerven- und Muskelsubstanz dadurch wieder hergestellt ist, ist auch die organische Maschine wieder leistungsfähig. Das Blut spielt hiebei, wie das Experiment lehrt, keineswegs eine specifische Rolle. Es kann in diesen seinen wiederherstellenden Wirkungen ersetzt werden durch jede das Organleben nicht beeinträchtigende, schwach alkalische Flüssigkeit.

Wir bemerken, daß rhythmische Bewegungen viel länger ausgehalten werden können als einseitig fortgesetzte. Rhythmus bedeutet regelmäßige Abwechselung zwischen Ruhe und Bewegung der thätigen Muskeln. Wir können daher den Rhythmus leicht so wählen, daß die Ruhepausen, die er den Muskeln gewährt, lange genug sind, um eine Unschädlichmachung der ermüdenden Stoffe in den arbeitenden Organen eintreten zu lassen. Das ist der Grund, warum wir besonders schwere Arbeiten, wie das Ziehen der Ramme, das Aufwinden des Ankertaues auf Schiffen ꝛc. nach einem die

Ruhepausen fixirenden einfachen Tonfalle geregelt sehen. Auch das taktmäßige Gehen nach dem Rhythmus der Trommel oder eines Wanderliedes erleichtert aus derselben Ursache die Anstrengungen des Marsches. Auch Bewegungen auf coupirtem Terrain, wie z. B. beim Bergsteigen, welche die abwechselnde Anstrengung verschiedener Muskelgruppen erfordern, sind daher auf die Dauer weniger ermüdend als fortgesetztes Marschiren in der Ebene, wobei immer die gleichen Muskeln angestrengt werden.

Die Erfahrungen über die Wirkung der ermüdenden Stoffe lassen uns noch tiefere Einblicke in bisher vollkommen unerklärliche Lebenserscheinungen thun.

Schon eine Behinderung und Verlangsamung der Circulation des Blutes, eine Schwächung der Energie der Herzbewegungen wirkt ermüdend und zwar aus den gleichen Ursachen, wie gesteigerte Organthätigkeit.

Sperren wir experimentell den Blutzufluß zu irgend einem Gliede des thierischen Körpers vollkommen ab, so häufen sich in dessen Geweben die ermüdenden Stoffe, die Gewebszersetzungsproducte, welche sich während der Lebensthätigkeit fort und fort bilden, an. Werden diese nicht ausgewaschen und neutralisirt, so gehen endlich die chemischen Veränderungen, welche zuerst nur eine Leistungsunfähigkeit des Gliedes hervorbringen, in den wahren Tod des Gliedes, in Todesstarre über. Lassen wir dagegen noch rechtzeitig das Glied wieder von Blut durchströmen, so verschwinden die Zeichen der Ermüdung und des beginnenden Absterbens sehr rasch vollkommen.

Eine mangelhafte Energie der Blutbewegung reicht also hin, um in den Organen die ermüdenden Stoffe sich in größerer Menge als normal anhäufen zu lassen. Wir finden daher bei Leuten mit schwacher Circulationsthätigkeit die Muskeln schlaff und leicht ermüdend, überhaupt zu größeren Arbeits=

leistungen unfähig, dagegen die Nerven übererregbar, „reizbar". Kommt dann noch, wie bei dem Beginne fieberhafter Krankheiten, eine Steigerung des Gewebszerfalls, eine Ueberproduction ermüdender Stoffe in den Muskeln und den anderen Körperorganen hinzu, so treten jene äußersten Grade der Muskelschwäche und des Ermüdungsgefühles ein, verbunden mit nervöser Ueberreizbarkeit — reizbarer Schwäche —, welche als die Vorläufer schwerer acuter Krankheiten so allgemein bekannt sind.

Wir finden den Zustand der Muskelschwäche, welche bei allen Anstrengungen sehr rasch Ermüdungserscheinungen hervortreten läßt, auch bei Solchen, welche im Allgemeinen keine zu schwache Herzthätigkeit besitzen, welche aber ihre Muskeln durch eine sitzende Lebensweise zu dauernder Unthätigkeit freiwillig verurtheilen oder verurtheilen müssen. Die Muskelermüdung rührt bei solchen Zuständen daher, daß die zu lange unthätig gewesenen Muskeln zu wenig Blut erhalten. Bei den ersten Versuchen einer gesteigerten Muskelthätigkeit häufen sich daher die Muskelzersetzungsproducte, die ermüdenden Stöffe zu rasch an. Für Solche wirkt nun, wie wir schon oben anführten, die methodische Muskelübung in der auffallendsten und günstigsten Weise kräftigend. Turnen, Fußwanderungen, Bergsteigen, Reiten 2c. sind hier wahre Heilmittel.

Wir brauchen nur die Zahl unserer Herzschläge zu zählen in der Ruhe und bei und nach stärkerer Muskelthätigkeit, um an uns selbst zu constatiren, daß unter dem Einfluß der letzteren die Herzthätigkeit sehr beträchtlich gesteigert wird. Die Blutcirculation nimmt unter der Einwirkung der in ihrer Energie gesteigerten und beschleunigten Herzaction entsprechend zu. Wir hörten oben, daß gleichzeitig unter dem nervösen Einfluß auf die Wandungen der Blutgefäße, die Gefäße der Muskeln sich erweitern. In dem erweiterten Strombette strömt dann reichlicher und rascher das Blut durch die Glieder. Auch die Athemzüge werden bei Muskelanstrengungen tiefer und häufiger: dem Blute wird die ebenfalls „ermüdende“ Kohlensäure rascher und vollkommener entzogen, das Blut wird rascher und vollkommener mit Sauerstoff gesättigt. Auch die übrigen Ausscheidungsorgane für das Blut, namentlich die Haut, arbeiten stärker unter dem Einfluß der im Allgemeinen gesteigerten Blutcirculation.

Diese Veränderungen machen sich sogleich auf alle Organe bemerkbar. Der Austausch der Flüssigkeiten und Gase zwischen Organ und Blut wird rascher und lebhafter. Die ermüdenden Stoffe werden aus den Muskeln und Nerven mit größerer Beschleunigung abgeführt.

So erklärt es sich, daß die anfängliche Unlust, die wir nach längerer Ruhe zur Muskelbewegung fühlen, unter der Bewegung selbst abnimmt, schließlich verschwindet und in das Gefühl des Wohlbehagens und der Kraft übergeht. Die Muskelanstrengung, welche wir sonst als einen Ermüdungsgrund kennen, wird hier zur Hauptursache des Kraftgefühles. Gleichzeitig beruht das Kraftgefühl auf der reichlicheren Blutzufuhr und Ernährung des thätigen Muskels. Nach einer ermüdenden Fußwanderung ist Appetit und Durst bedeutend gesteigert, der Magen, dem für die Muskeln das Blut entzogen, bringt uns die Blässe und Blutarmuth seiner Schleimhaut, welche das Leben seiner den Hunger und Durst vermittelnden Nerven stört, zum Bewußtsein. Reichliche Nahrung führt im folgenden Schlafe zu einer reichlichen Aufnahme von Sauerstoff, wir erwachen nach einer in tiefem Schlaf hingebrachten Nacht mit gesteigertem Kraftbewußtsein.

Von der entlastenden Wirkung der Muskelbewegung auf die übergroße Blutfülle der Leber haben wir schon oben ausführlich gehandelt. Wie die Leber, so verhalten sich aber auch alle inneren Organe, namentlich bemerkbar ist das bei dem Gehirne und dem gesammten Nervensystem.

Jene gesteigerte Reizbarkeit und Schwäche, welche Jedermann als Zeichen der Nervenermüdung kennt, sind ebenfalls Folgen der Anhäufung der ermüdenden Stoffe im Nervensystem. Auch aus den Nerven werden sie durch gesteigerte Circulation ausgewaschen. Am deutlichsten für die subjective Empfindung können wir diese Reinigung der Nervensubstanz durch gesteigerte Blutbewegung in Folge von erhöhter Muskelleistungen am Gehirne nachweisen. Wie eine Wolke hebt sich die geistige Mißstimmung von der Stirne weg, wenn wir nach langer sitzender Berufsthätigkeit bei einer frischen Fußwanderung, namentlich im Gebirge, unserem Herzmuskel und unserem gesammten Muskelsysteme sein Recht gewähren. Ganz analog wirkt das Turnen und die sprichwörtliche Fröhlichkeit der ächten Turner beweist unsere Behauptung. Schön hat Maßmann diese Wirkung des Turnens auf den ermüdeten und sorgenvollen Geist ausgesprochen, indem er die Wirkungen des Turnens mit der der Poesie vergleicht; „— wie durch die Dichtkunst die poetischen Gemüther über alle Noth und Kleinheit des irdischen Daseins weit hinaufgehoben werden, so entrückt uns auch das Turnen — — aus dem Gebiete trüber Sorgen in ein helleres, heiteres Reich der Freude. Ich habe in trüben Stunden, wo mir Groll und Angst und Noth in bitteren Wogen ans Herz stieg, daß es schier war, als wollte mir Kopf und Brust zerspringen, die Sorgen mir fortgeturnt und Vergessenheit errungen, wenn auch nur auf kurze Stunden, die nicht mit Gold zu bezahlen waren.— — Allgemein aber zeugt die Turnkunst in uns einen hohen Lebensmuth und eine gewisse Freudigkeit am Dasein, mit welcher nichts zu vergleichen ist."

Durch die allgemeine Steigerung der Blutbewegung in Folge erhöhter Muskelthätigkeit, namentlich aber dadurch, daß durch die letztere die peripherischen Körperorgane und auch die Haut mehr Blut als während der Ruhe zugeführt erhalten, erfährt die Hautthätigkeit eine sehr beträchtliche Steigerung. Der Körper verliert durch sie sehr beträchtliche Wassermengen, die Wasserabgabe durch die Haut (und die Lungen) kann durch Muskelthätigkeit um das Dreifache gesteigert werden. Unter geschwächter Herzthätigkeit sehen wir alle Organe wasserreicher werden. Die Lymphcirculation, der intermediäre Flüssigkeitskreislauf, wird durch Herzschwäche herabgesetzt. Ist die Herzaction krankhaft geschwächt so treten die oben erwähnten Anschwellungen, namentlich der unteren Extremitäten — die Oedeme der Füße — durch Flüssigkeitsstauung in den Geweben ein, welche auf mangelnden Abfluß hindeuten. Alle Erscheinungen der Wassersucht beruhen auf Behinderung des Abflusses der im intermediären Kreislaufe circulirenden Säftemasse aus den Organen, namentlich aus solchen, bei welchen die Blutbewegung schon im normalen Zustande eine schwächere ist. Höhere Energie der Blutcirculation saugt umgekehrt rascher die Organflüssigkeiten auf und bringt das überschüssige Wasser zur Ausscheidung. Unter methodischer Muskelbewegung schwindet daher meist rasch das „gedunsene" Aussehen von Leuten, welche sich wenig Bewegung machen, das meist weniger auf Fettanhäufung unter der Haut als auf übergroßem Wasserreichthum aller Gewebe beruht, und macht einer gesunden Straffheit der Faser Platz. Uebergroßer Wasserreichthum der Gewebe, welcher auch in fortgesetzt mangelnder oder schlechter Ernährung oder in Abminderung der Herzenergie aus anderen Ursachen seinen Grund hat, ist aber ein Dispositionsgrund zu vielfältigen Erkrankungen. Die Organe sind dann widerstandsloser gegen äußere Einwirkungen. Auch nach dieser Seite wirkt daher die methodische Muskelaction geradezu als Heilmittel.

Doch dürfen wir nicht vergessen, daß Alles das, was wir von der methodischen Muskelübung Gutes zu sagen wußten, nur gilt, wenn gleichzeitig eine ausreichende (eiweißreiche) Ernährung stattfindet. Körperanstrengung bei schlechter oder mangelnder Ernährung verbraucht den Körperstoff rasch, und reibt in kurzer Zeit den Organismus auf. Bei dauernder großer Muskelanstrengung genügt auch jene Nahrungsmenge nicht mehr, welche bei relativer Körperruhe zur Erhaltung des Gleichgewichtes zwischen Verbrauch und Ersatz hinreichte. Uebermüdung wirkt wie Hunger. Die Organe werden bei ungenügender Kost, durch Uebermüdung, da die gesteigerte Arbeitsleistung die Körperstoffe rascher verbraucht, ebenfalls wasserreicher. Alle Veränderungen des Organismus, welche wir im Gefolge ungenügender Ernährung auftreten sehen, stellen sich schneller und energischer ein, wenn zu ungenügender Ernährung auch noch Muskelanstrengung hinzukommt.

Unter den Körperstoffen, welche unter der Einwirkung der gesteigerten Arbeitsleistung der Muskeln reichlicher verbraucht werden, steht das Fett des Körpers oben an. Unthätige Muskeln sind fettreicher als stärker angestrengte. Wenn die Muskeln vollkommen gelähmt sind, so setzen sie nicht nur zwischen ihren Muskelfaserbündeln Fett an, sondern die Muskelsubstanz selbst, der Inhalt der mikroskopischen Fasern, erleidet eine Umwandlung in Fett. Ein Herz, dessen Thätigkeit zu gering ist, verhält sich genau ebenso wie andere zu wenig thätige Muskeln, es verfettet und wird dadurch schließlich zu kräftigeren Anstrengungen unfähig. In unzähligen Fällen ist eine solche „Herzverfettung“ die Ursache, warum schwere Allgemeinkrankheiten von dem betreffenden Kranken nicht überstanden werden können. Auch dieser Gefahr beugt eine methodische Muskelübung vor, welche, wie wir schon oben nach Beneke aussprachen, gleichzeitig eine wahre Gymnastik des Herzens ist.

Werfen wir noch einen Blick auf die Einwirkungen der „ermüdenden Stoffe“ und der Zersetzungsprodukte der Organstoffe überhaupt auf das Nervensystem, vor allem auf das Gehirn.

Den Organzersetzungsproducten gegenüber verhält sich das Nervengewebe zwar im Allgemeinen analog wie das Muskelgewebe, es treten hier aber doch bei näherer Betrachtung ganz charakteristische Unterschiede hervor.

Die Nervenstämme werden, wie wir sahen, von den ermüdenden Stoffen des Muskels gleichfalls ermüdet. Die Ermüdung der beiden Organsysteme zeigt sich aber etwas verschieden. Die primäre Erhöhung der Reizbarkeit, welche die Mehrzahl der ermüdenden Stoffe in den Nerven hervorruft, zeigt das Muskelgewebe nicht. Der Harnstoff wirkt nur auf ganz beschränkte Hirnpartien physiologisch verändernd ein, während er auf Nervenstämme und Muskeln so gut wie unwirksam bleibt. Auffallender Weise verhalten sich dagegen die Nerven gegenüber der Kohlensäure, welche auch den Muskel ermüdet, ganz wie die Muskeln. Eine größere Anhäufung von Kohlensäure im Blute setzt die Erregbarkeit und Leistungsfähigkeit sowohl der Muskeln wie der Nerven sofort herab. Die übrigen ermüdenden Stoffe, namentlich die oben (S. 270) genannten Säuren, vermindern die Erregbarkeit des Muskels, erhöhen aber primär die Erregbarkeit der Nerven.

Es ist das ein Beispiel der tausendfältig zu constatirenden Compensationserscheinungen im lebenden Organismus. Die Leistungsfähigkeit des ganzen Bewegungsmechanismus, Muskeln und Nerven zusammengenommen, verändert sich in den ersten Stadien der chemischen Veränderung der Ermüdung der Muskeln und Nerven nicht, da die Herabsetzung der Lebenseigenschaften der Muskeln zunächst noch durch eine den gleichen Ursachen entspringende Erhöhungen der Lebenseigenschaften der Nerven ausgeglichen, ja in Wirklichkeit sogar übercompensirt wird. Wir sehen gewöhnlich die Leistungsfähigkeit und Erregbarkeit der Gesammtbewegungsapparate der Glieder — der Muskeln und Nerven in Gemeinschaft — nach den ersten Contractionen deutlich zunehmen.

Die Ermüdung des Gehirns und Rückenmarks, sowie aller nervöser Ganglien (Sympathicus) geht ebenfalls mit Veränderungen im Chemismus dieser Organe Hand in Hand. Theils entstehen, durch die Thätigkeit in den nervösen Gebilden selbst, ermüdende Stoffe in größerer Quantität, theils werden solche den Nervencentren durch das Blut aus anderen Organen zugeführt. Es ist in den Bedingungen des Flüssigkeitsaustausches — Diffusion — zwischen Blut und Nervensubstanz — d. h. der sehr wasserreichen grauen Masse des Gehirns (sie enthält normal mehr Wasser als das Blut) — begründet, daß die in das Blut aus anderen Organen aufgenommenen ermüdenden Stoffe in die Nervensubstanz eintreten können, um hier noch eine ganz specifische Wirksamkeit zu entfalten.

Daher rührt es, daß alle Organanstrengungen — Anstrengungen der Bewegungs- oder Verdauungsapparate — ermüdend auf das Gehirn und das gesammte Nervensystem einwirken. Wird das Blut mit den Producten des normalen Stoffumsatzes der Organe oder mit analogen Stoffen — Milchsäure, Kalisalze, Harnstoff, Kohlensäure —, aus der Verdauung der Nährmittel stammend, überladen, so sehen wir die normale Leistungsfähigkeit der nervösen Centren sinken, sie ermüden. Endlich tritt unwiderstehlich Schlaf ein, ein Zustand, welcher sich durch ein Ruhen, namentlich der psychischen Gehirnfunktionen auszeichnet. Man hat, in theilweiser Verkennung derselben aber doch angeregt durch die Beobachtungen des Verfassers über die Wirkungen der ermüdenden Stoffe, Milchsäure als Schlafmittel gereicht.

Daß es sich bei den Bedingungen des Schlafes vorzugsweise um chemische Gehirnveränderungen handelt, der Art, wie wir sie eben angedeutet, steht fest, doch bleibt hier im Einzelnen noch vieles dunkel. Namentlich spielt jene Eigenthümlichkeit des Nervenlebens hier störend herein, welche sich darin kundgibt, daß fast alle chemischen und mechanischen Alterationen der Nervensubstanz primär eine Erhöhung der nervösen Erregbarkeit hervorrufen und erst in der Folge die Nerventhätigkeit beruhigen. Am bekanntesten sind diese Erregbarkeitsveränderungen des Nervensystems durch Einbringung narkotischer Stoffe in das Blut. Alkohol, Morphium (Opium) bewirken primär, ebenso wie Aether und Chloroform ꝛc. eine Erhöhung der nervösen Erregbarkeit. Ihre Wirkung beginnt mit einem Stadium der Erregung, welches erst in der Folge in Ermüdung, endlich in Schlaf übergeht. Ebenso ist es mit der Mehrzahl der vom Organismus sich selbst producirten Schlafmittel. Auch sie bringen ein Reizstadium als erste Folge ihrer Einwirkung hervor. Sehr bemerkenswerth ist es, daß das Nervensystem sich bis zu einem gewissen Grad an die chemischen Reize gewöhnt, sodaß es immer größerer Dosen der beruhigenden Mittel bedarf, um aus dem Stadium der Erregung in den Zustand der Ermüdung einzutreten. Von Morphium, Alkohol ꝛc. ist dieses Verhalten allgemein bekannt, aber das Gleiche gilt auch von der Wirkung der normalen — vom Organismus selbst producirten — ermüdenden Stoffe. Die durch überlange und übergroße geistige Anstrengung chemisch veränderten Gehirnzellen der grauen Gehirnsubstanz sollten nach normalen Bedingungen Schlaf verursachen. Bei gewohnheitsmäßiger Ueberreizung tritt aber zunächst nur ein lange dauerndes Stadium der Erregung und erst sehr spät, und dann meist nur unvollkommen, wahre Ermüdung und Beruhigung ein.

Wie schon oben angedeutet, betheiligen sich an den chemischen Veränderungen der Gehirnsubstanz auch Stoffe, welche wir sonst nicht zu den ermüdenden rechnen können. Die Muskeln und Nervenstämme sind gegen einen mäßigen Gehalt des Blutes an Harnstoff und Hippursäure — zwei stickstoffhaltige krystalisirbare Stoffe, welche wir durch die Nieren aus dem Blute ausgeschieden sahen — so gut wie vollkommen unempfindlich. Anders verhält sich das mit dem Gehirn. Es wird durch diese Stoffe sofort in seinen physiologischen Leistungen beeinträchtigt. Wir bemerken, daß bei krankhafter oder experimenteller Anhäufung von Harnstoff im Blute Schlafsucht und eine eigenthümliche Unbeweglichkeit — Behinderung der Reflexbewegungen — eintritt. Es sind ganz bestimmte, anatomisch zu fixirende Stellen im Gehirne, welche den Einwirkungen des Harnstoffs (und der Hippursäure) zunächst unterliegen.

Diese Beobachtungen sind von großer Tragweite für unsere Anschauungen über die Gehirnthätigkeit. Wir müssen aus ihnen folgern, daß der normale Ablauf der physiologischen Thätigkeiten des Gehirns nicht nur an ein normales anatomisches Verhalten desselben, sondern auch an einen normalen Chemismus seiner Zellen, Fasern und Säfte gebunden ist. Gehirnüberreizungen und Gehirnabspannungen sind die directen Folgen bestimmter chemischer Veränderungen gewisser Gehirntheile. Wir verstehen nun, warum sich Ausruhen von den geistigen Anstrengungen, verbunden mit methodischer körperlicher Bewegung, welche den Blutstrom im Allgemeinen anregt und dadurch seine chemisch wiederherstellenden Wirkungen auf die Organe, auch auf das Gehirn steigert, von so günstigen Wirkungen auf das psychische Verhalten erweist. An der geistigen Gesundheit, der Gesundheit des Gehirns betheiligt sich auch ein gesundes, normal arbeitendes Herz.

Aber gerade in dieser Beziehung sehen wir, wie durch die anatomisch-physiologischen Einrichtungen des lebenden Organismus Vorkehrungen getroffen sind, um den Störungen des Organlebens, hervorgehend aus krankhaftem oder wenigstens abnormem Verhalten anderer Körperorgane, vorzubeugen. Das Gehirn zeigt nämlich innerhalb gewisser Grenzen eine merkwürdige Immunität gegen Schädlichkeiten, ausgehend von der Blutcirculation, welche auf andere Organe weit rascher ihre Wirkungen entfalten. Das Gehirn besitzt anatomische Einrichtungen, durch deren Vermittelung ihm auch bei einer allgemeinen Verminderung der Blutmasse noch annähernd die gleiche Blutmenge wie im normalen Verhalten zugeführt wird, und welche auch etwaige Störungen in den Thätigkeiten einer oder der andern seiner blutzuführenden Adern unschädlich machen. Allgemeinleiden des Körpers und mangelhafte Ernährung, welche die übrigen Organe rasch schwächt und in ihren Leistungen und in ihrer Leistungsfähigkeit herabsetzt, gehen oft lange Zeit scheinbar spurlos an dem Gehirn und seinen Thätigkeiten vorüber.

Der Blutzufluß zu dem Gehirn wird durch zwei Paare relativ sehr weite Arterien unterhalten und besorgt, von welchen das vordere Paar, die beiden Carotiten, am Halse, das hintere Paar, die Wirbelarterien, am Nacken geschützt von der Halswirbelsäule zur Schädelhöhle emporsteigen. Ehe sich die in den Schädel eingetretenen Arterien weiter verzweigen, verbinden sich alle vier auf dem Schädelgrunde zu einer Art Kranz — dem circulus arteriosus Willisii (Fig. 58 e) — in welchem sich das gesammte der Schädelhöhle und dem Gehirn angehörende arterielle Blut mischt. Von diesem gemeinschaftlichen Blutbette gehen die Aestchen ab, welche in das

Gehirn eintreten. Ein krankhafter Verschluß einer oder der anderen Arterie des Halses kann daher für das Gehirn ohne schädliche Wirkung bleiben, da immer noch Gefäße vorhanden sind, welche den gemeinschaftlichen Blutring zu füllen, und von hier aus alle eigentlichen Gehirnarterien zu versorgen vermögen. Die am Halse unter dem Kehlkopf liegende außerordentlich blutreiche Schilddrüse (dieselbe, welche bei dem sog. Kropf krankhaft anschwillt) ist nach den Beobachtungen Liebermeisters als ein Blutreservoir für das Gehirn anzusehen. Sie vermag Blutdruckveränderungen im Gehirne zu verhindern, wie solche namentlich bei dem Aufrichten des Körpers aus der horizontalen Lage in die senkrechte in stärkerem Maße eintreten müßten. Bekanntlich treten solche Blutdruckschwankungen im Gehirne nur in geringem Maße und lediglich bei sehr raschen Stellungsveränderungen des Körpers ein. Die Schilddrüse wirkt dabei auch als ein selbstthätiges Ventil für die Blutzufuhr zur Schädelhöhle. Indem sie bei starker Blutcongestion gegen den Kopf anschwillt, comprimirt sie die Halsarterien mehr und mehr und kann sie bei gehinderter

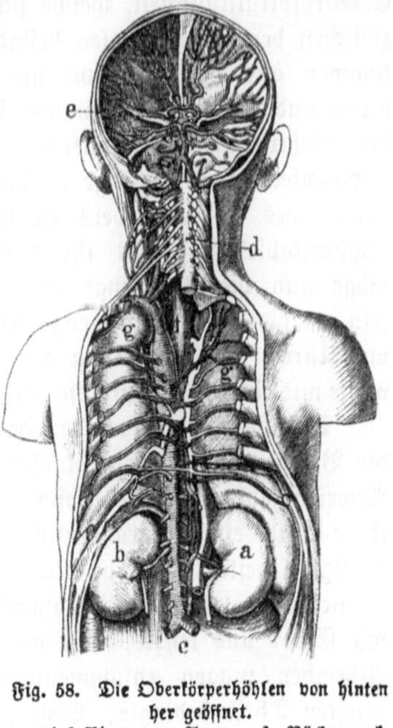

Fig. 58. Die Oberkörperhöhlen von hinten her geöffnet.
a. und b. Nieren. c Aorta. d Rückenmark. e Blutgefäße der Schädelbasis. f Speiseröhre. g g Lungen.

Athembewegung, z. B. in Folge starker Muskelanstrengungen, sogar vollkommen pulslos machen, den Blutstrom in ihnen gänzlich unterbrechen.

Die Wände der Schädelkapsel sind bei Erwachsenen so gut wie vollkommen unnachgiebig; dabei füllt das Gehirn mit seinen Häuten und Blutgefäßen und mit der Flüssigkeit, Cerebrospiralflüssigkeit, welche sich in den Gehirnhöhlen und zwischen den Gehirnhäuten befindet, die Schädelkapsel vollkommen aus. Denken wir uns die Gefäßwände des Gehirns und Schädelinnenraumes starrwandig und die Menge der Gehirnflüssigkeit vollkommen constant, so könnte ein Schwanken der Blutmenge in dem rings geschlossenen Hohlraume des Gehirnschädels in keiner Weise eintreten. Die Schädelkapsel und mit ihr das Gehirn müßten stets — möge nun die Blutmenge im Körper sonst groß oder klein sein — die gleiche Blutmenge erhalten. Man hat nicht ganz mit Unrecht diese Wirkung der Schädelkapsel auf die Blutmasse mit einem Schröpfkopfe verglichen, welcher Blut ansaugt.

Die Verhältnisse werden dadurch etwas modificirt, daß die Blutgefäße der Gehirnkapsel, deren Wandungen wie die Arterien zahlreiche Muskelfasern enthalten, contractil, d. h. in ihrer Weite etwas veränderlich sind. Für die Cerebrospiralflüssigkeit besteht, wie ihr Name andeutet, eine offene Communication zwischen Rückenmark und Gehirn. Sie zeigt, wie Ecker uns lehrte, eine auf- und absteigende, mit den Athembewegungen zusammenfallende und von ihnen zum größten Theil bedingte, Bewegung, wodurch sie eine Zu- und Abnahme in der Schädelhöhle erfahren kann. Diese möglichen Veränderungen in der Füllung der Schädelkapsel sind aber relativ nur geringfügig, sodaß im Großen und Ganzen die in ihr enthaltene Blutmenge doch nur sehr geringen Schwankungen in der Quantität ausgesetzt ist.

Diese anatomisch-physiologischen Einrichtungen der Blutversorgung des Gehirns erklären es, wie sich in Krankheiten oft so lange das Gehirnleben und die höchsten Thätigkeiten des Lebens ungestört erhalten können und wie im hohen Alter, wenn alle Organe durch mangelhaftere Ernährung schwach und kraftlos geworden sind, die Thätigkeit des Gehirnes keine Abnahme zu zeigen braucht. In solchen Zuständen körperlicher Schwäche, vermag der Geist, dessen Organ noch ungestört ist, seine schönsten Blüthen und Früchte zu entfalten und zur Reife bringen.

Umgekehrt ist das Gehirn auch gegen geringfügige Alterationen seines normalen Blutgehaltes außerordentlich empfindlich, weit mehr als andere von der Natur in dieser Richtung normal weniger geschützte Organe. Eine relativ geringe Steigerung der Blutfülle, eine ebenso geringe Abnahme derselben bringen schon wesentliche Störungen im Gehirnleben hervor. Namentlich mächtig entfalten sich die Wirkungen einer scheinbar nur geringfügig gesteigerten Venosität des Blutes im Gehirne. Das Gehirn des Menschen bedarf ununterbrochen den reichlichen Verkehr mit reinem arteriellem Blute, um seine Leistungsfähigkeit als Instrument des Geistes normal entfalten zu können.

Man hat oft davon gefabelt, daß der Kopf Enthaupteter noch denke und Empfindung besitze. Nach den eben dargelegten Bedingungen der Gehirnfunctionen ist diese Meinung für den Menschen vollkommen zurückzuweisen. Es hätte dazu des Experimentes jener zwei berühmten Naturforscher gar nicht bedurft, welche einem frisch vom Rumpfe getrennten Menschenhaupte in der Kammer unter dem Schaffot vergeblich das verspätete Wort „Gnade" in die Ohren riefen. Bei kaltblütigen Thieren, welche den Blutverlust besser überstehen als warmblütige animale Wesen, ist aber das Verhältniß ein anderes. Bei Fröschen lebt der vom Rumpf abgetrennte Kopf noch Tage lang fort, und auch bei neugeborenen

Thieren scheint die Lebensthätigkeit des abgeschnittenen Kopfes nicht sofort zu erlöschen.

Das Blut ist also auch für das Gehirn wie für alle Organe und den Gesammtkörper der Träger der Lebenskräfte; ohne seine Mitwirkung ist alles Organleben des Menschen wie sein Gesammtleben unmöglich.

3. Wechselwirkung zwischen Organen und Blut.

Die Beobachtungen, welche uns im menschlichen Organismus einen gesetzmäßigen Wechsel der Blutvertheilung zusammenfallend mit den regelmäßigen Abwechselungen in der Energie der Organfunctionirung lehrten, ließen uns einen orientirenden Blick thuen in das wechselvolle Spiel der Kräfte im lebenden Organismus. Was uns äußerlich als Ruhe des belebten Körpers erscheint, ist das Resultat unablässiger innerer Veränderungen und Wandlungen. Der Schein von Ruhe wird uns vorgetäuscht durch die ebenso rasch wie die Veränderungen der Kräftewirkungen selbst eintretenden Ausgleiche und gegenseitigen Compensationen, wobei ein Ansteigen an einem Punkte durch ein gleichzeitiges entsprechendes Absinken an einem oder mehreren anderen Punkten ausgeglichen wird.

Der Gleichgewichtszustand, in welchem der lebende Körper mit den von außen auf ihn einwirkenden Kräften und Lebensreizen steht, ist kein gleichbleibender, stabiler, sondern ein beständig wechselnder, nur durch gegenseitige Compensationen und Ausgleiche ermöglichter, dynamischer oder labiler.

Regulirt wird das auf dieses dynamische Gleichgewicht in seinen Leistungen basirte Getriebe von den Organen des Körpers selbst, von den Zellen, welche den Körper aufbauen. Die Gesammtthätigkeiten des Körpers sind Summen, welche sich aus den Einzelthätigkeiten seiner Zellen zusammensetzen. Die einzelnen Zellen und Organe stehen aber im Gesammtkörper selbst wieder in einem dynamischen Gleichgewichte. Keine Zelle kann die Intensität ihrer Lebensthätigkeiten verändern, ohne dadurch auch die Lebensäußerungen und die denselben zu Grunde liegenden physikalischen und chemischen Vorgänge zunächst in den Nachbarzellen entsprechend umzugestalten; und da alle Zellen durch Vermittlung des Nervensystems und des Kreislaufs unter einander zu einer höheren Einheit verknüpft sind, so sehen wir Veränderungen in den Zellen und Organen sofort Veränderungen in dem Gesammtverhalten des Organismus veranlassen, welche regulatorische Einrichtungen in entsprechende Thätigkeit versetzen.

Indem die Zelle durch Steigerung ihrer Lebensthätigkeit mehr Stoffe zersetzt und dadurch chemische Körper bildet, welche Sauerstoff rasch und leicht binden, entzieht sie dem sie umströmenden Kapillarblute mehr Sauerstoff, das Blut verarmt relativ an diesem nothwendigsten Lebensbedürfniß.

Der Grund, warum der Sauerstoff des Blutes in die thätigen Gewebe so rasch einströmt, ist zum Theil der gleiche, aus welchem wir den Blutsauerstoff im Vacuum, im luftleeren Raum aus dem Blute entweichen und den ihm gegebenen Raum erfüllen sehen. In den arbeitenden Organen wird der Sauerstoff zu den lebhaft vor sich gehenden Oxydationen verbraucht; sie enthalten daher keinen freien Sauerstoff, sodaß aus dem mit ihnen in Berührung tretenden Blute der Sauerstoff wie in ein wahres Vacuum entweichen muß. Sein Einströmen wird noch beschleunigt durch eine energische chemische Anziehung ausgehend von den leichtoxydirbaren Gewebssubstanzen.

Die Menge Sauerstoff, welche das Blut enthält, kann durch einen Mehrverbrauch an einer Stelle rasch beeinflußt werden. Bei jedem Kreislauf wird ihm schon bei den Verbrauchsbedingungen der Organe in der Ruhe etwa 1/3 seines

Sauerstoffgehalts entzogen. Da die Zeit für einen Kreislauf nur etwa 20 Secunden beträgt, so genügt eine sehr kurze Zeit, um bei gesteigertem Verbrauch und gleichbleibender Sauerstoffaufnahme in der Athmung eine relative Verarmung des Gesammtblutes an Sauerstoff zu erzeugen. Gleichzeitig tritt eine Vermehrung des Kohlensäuregehaltes, des Gehalts an Zersetzungsproducten der Zellenstoffe im Blute ein. Beide Momente verbinden sich, um die Lebensthätigkeiten aller Zellen im Organismus zu beeinflussen, aber namentlich fein reagiren auf diese Veränderungen gewisse Zellengruppen in den nervösen Centralorganen. Sie gerathen durch diese Reize in erhöhte Thätigkeit, deren Resultat eine Steigerung der Athemintensität und Beschleunigung des Gesammtblutstroms ist. Das Blut, welches in dem in seiner Lebensthätigkeit gesteigerten Organe seinen Sauerstoff rascher verliert, strömt jetzt in der Zeiteinheit öfter durch die Lungen, wo es seinen Verlust ausgleicht, und kann nun, dem gesteigerten Stoffverbrauch in dem Organe entsprechend, diesem in derselben Zeit durch die Beschleunigung seiner Stromgeschwindigkeit mehr Sauerstoff zuführen. Die gleichzeitig durch die gesteigerten Athembewegungen gesteigerte Lüftung in den Lungen scheidet die mehr an das Blut abgegebene Kohlensäure aus und gleichzeitig arbeiten auch die anderen Ausscheidungsdrüsen unter der gesteigerten Circulationsgeschwindigkeit in erhöhtem Maße. So tritt ein neuer Zustand des dynamischen Gleichgewichtes im Gesammtorganismus ein, der sich sofort wieder modificirt, wenn die Bedingungen in irgend einem Organ wieder andere werden.

Analoge Regulirungen zeigen sich in vielfältigster Weise. Ist die Regulirung des dynamischen Gleichgewichtes zwischen Stoffverbrauch und Ersatz des Gesammtkörpers eine vollkommene, so zeigt sich das für das subjective Gefühl als der Zustand eines körperlichen Behagens. Sowie das Gleichgewicht irgendwie gestört wird, erfolgt eine Störung dieses Behagens, wir haben Lufthunger oder Hunger nach fester Nahrung oder Durst. Dieses subjective Gefühl begleitet die Veränderung in dem Reizzustande jener centralen Nervenzellen, welche an sich automatisch wie ein Regulator am Uhrwerk jene Bewegungen und Thätigkeiten mit wunderbar feiner Abstufung einleiten und erhalten, welche der Organismus zur Wiederherstellung der durch die Lebensbedingungen beständig gestörten Gleichgewichtes bedarf.

Kapitel IX.

Die animale Wärme und das Blut.

1. Die Eigentemperatur des menschlichen Körpers und ihre regelmäßigen Schwankungen.

Der menschliche Körper ist wie der Organismus aller höheren animalen Wesen mit einer Eigentemperatur begabt, welche in weiten Grenzen von der Temperatur der umgebenden Luft unabhängig ist. Legen wir ein feines Quecksilberthermometer in die geschlossene Achselhöhle eines gesunden Erwachsenen und lassen dasselbe hier etwa 15 Minuten lang liegen, bis sich seine Quecksilbersäule nicht mehr hebt, so lesen wir eine Eigenwärme des lebenden Körpers ab von ziemlich genau 37° C. (meist etwas mehr).

Alle Organthätigkeiten verlaufen unter der Einwirkung der animalen Wärme des Körpers, unter der Einwirkung einer ziemlich hohen Temperatur. Die Organe leben gleichsam in einem heißen Klima, welches sich der Menschenkörper selbst herstellt. Die Wärmequelle des menschlichen Körpers sind die in seinen Organen stattfindenden organischen Oxydationen, deren Vermittler das Blut ist.

Eine der Hauptfunctionen des Blutes liegt in der Constanterhaltung der thierischen Wärme. Alle Organfunctionen nehmen nur bei der normalen Höhe der Blut- und Körpertemperatur ihren ungestörten Verlauf. Muskeln und

Nerven werden sehr rasch durch eine Verminderung der Körpertemperatur in ihren Lebenseigenschaften beeinträchtigt. Die Fähigkeit der Muskeln, sich zusammenzuziehen, und dadurch mechanische Arbeit zu leisten, sinkt, der Verlauf der Zusammenziehung selbst wird verlangsamt; ebenso verlangsamt sich bei herabgesetzter Temperatur die Erregungsleitung im erkalteten Nerven. Sinkt die Temperatur noch tiefer, so schwindet endlich die Möglichkeit jeglicher Organthätigkeit.

Unter sehr energischer Einwirkung der Kälte sehen wir Thier und Mensch durch Erfrieren zu Grunde gehen. Dr. med. Kane, der berühmte Nordpolfahrer, beschreibt als Wirkung der übermäßigen Kälte zunächst eine immer mehr zunehmende Unlust zur Bewegung. Die Hemmung der Bewegungsfähigkeit steigt endlich bis zu einem so hohen Grade, daß die Action der Muskeln ganz unmöglich wird. Bald tritt eine Umnebelung der Sinne und Unfähigkeit zum Denken ein, die fast unwiderstehlich zum Schlafen zwingt. Der kühne Reisende beschreibt diesen Zustand des Erfrierens, der ihn mehr als einmal an die Grenze des Todes geführt hat, als schmerzhaft und ungemein peinlich. Er konnte nichts von der Annehmlichkeit des Schläfrigwerdens bei dem Erfrierungstode bemerken, von welcher man im warmen Zimmer zu träumen pflegt. In merkwürdiger Weise stimmen diese Selbstbeobachtungen Kane's mit den Ergebnissen jener feinen physiologischen Experimente überein, welche wir oben erwähnten. Sie ergeben zuerst auch eine Verzögerung der Thätigkeit der Muskeln und Nerven und erst bei noch stärkerer Abkühlung eine vollkommene Leistungsunfähigkeit.

Wie der Mensch den fortgesetzten Einwirkungen einer abnorm niederen Temperatur nicht zu widerstehen vermag, ebensowenig ist er gegen die schädlichen Einwirkungen abnorm-hoher Temperaturen geschützt. Betrachten wir die Einwirkung höherer Temperaturen als die normale Körpertemperatur zunächst auf das Einzelleben der Organe, so bemerken wir, daß bei geringfügiger Erhöhung der Organwärme zunächst alle Organthätigkeiten eine Steigerung erfahren, alle organischen Vorgänge verlaufen rascher, namentlich in den Nerven sehen wir die Erregbarkeit und die Leitungsfähigkeit für den Erregungsvorgang ansteigen. Erhöhen wir aber die Temperatur nur um wenige Grade über die Normaltemperatur des Körpers, so sehen wir außerordentlich rasch, fast momentan Nerven, Muskeln, Drüsen, Blutkörperchen absterben, es tritt jene Todtenstarre durch Wärme ein, welche wir oben (S. 269) beschrieben haben, wobei eine Gerinnung der flüssigen Organeiweißstoffe erfolgt. Die Organe des Menschen und der Säugethiere erstarren schon bei einer Temperatur von 49—50° C., bei kaltblütigen Thieren tritt der Organtod durch Wärme schon bei 40° C. ein. Bei Vögeln, welche normal eine etwas höhere Eigentemperatur besitzen (40—43° C.) als die Säugethiere (36 bis 40° C.), dagegen erst bei 53° C. Säugethiere, welche in einer constanten Temperatur von nur 40° C. gehalten werden, sterben, wenn die Atmosphäre, in der sie sich befinden, wasserreich ist, schon nach Verlauf von 2—4 Stunden. Die Körpertemperatur steigt dabei bis auf 45—46° C. Dem Tod geht als Vorbote ein Zustand der Ermattung und Schläfrigkeit, gefolgt von vollkommener Bewußtlosigkeit voraus. Die letzten Erscheinungen des Wärmetodes sind denen ähnlich, welche wir bei dem Tod in Folge von Kälte beobachten.

Die Fähigkeit des Blutes, die Eigentemperatur des Menschen und der warmblütigen Thiere constant zu erhalten, kann sich, wie die vorstehenden Betrachtungen ergaben, nur innerhalb bestimmter Grenzen geltend machen. Diese Grenzen dürfen weder nach abwärts noch nach aufwärts von der Temperatur der Umgebung dauernd überschritten werden, wenn nicht das Allgemeinleben dadurch vernichtet werden soll. Innerhalb dieser normalen Grenzen aber ist die Ausgleichung der Organtemperaturen durch die Vermittelung des Blutes und die dadurch gesetzte Widerstandsfähigkeit des Gesammtkörpers gegen äußere entgegengesetzte Temperatureinflüsse ganz wunderbar. Wir sehen in den Tropen und im arktischen Norden den Menschen leben, und das Thermometer zeigt kaum einen bemerkbaren Unterschied zwischen der Körpertemperatur der Bewohner der extremsten Klimate. Ebenso verhalten sich die warmblütigen Thiere, deren Körpertemperatur am Pol und unter dem Aequator die gleiche ist.

Ehe wir uns fragen, wodurch das Blut die Wärmeregulirung des lebenden Organismus in solcher Präcision und Feinheit herzustellen vermag, wollen wir, um noch einige allgemeine Gesichtspunkte zu gewinnen, zuerst noch unsere Aufmerksamkeit auf die physiologischen Schwankungen lenken, welche in der normalen Körpertemperatur des Menschen eintreten können.

Die thierische Wärme ist das Product der unausgesetzt im Organismus stattfindenden organischen Verbrennungen der Körperstoffe, zu welchen das Blut den Sauerstoff zu liefern hat. Wir haben schon mehrfach darauf hingewiesen, daß der Vorgang der Oxydationen und des allgemeinen Stoffumsatzes nicht nur in der Zeit, je nach Nahrungsaufnahme und lebhafterer Organthätigkeit in seiner Intensität nach auf- und abwärts schwankt, damit schwankt auch die in derselben Zeit im Körper gebildete Wärmemenge in dem gleichen Sinne. Wir bemerkten, daß, wenn wir gleiche Beobachtungszeiten vergleichen, die verschiedenen Lebensalter eine sehr beträchtliche Verschiedenheit im Organstoffverbrauch zeigen. In den Jugendjahren ist der Stoffverbrauch und die Oxydation, damit also auch die Wärmebildung eine weit energischere als in den mittleren Lebensjahren; im höheren und höchsten Alter sinken die auf Oxydationen beruhenden

Organthätigkeiten und damit die Wärmebildung noch weiter herab.

Wenden wir den Blick auf die einzelnen Organe des Körpers und ihre Betheiligung an der Wärmeproduction, so sehen wir auch hier sehr bedeutende Verschiedenheiten. Während die Verdauungsdrüsen, namentlich die Leber, eine sehr bedeutende Wärmeproduction zeigen, ist in der Haut und in den Knochen die Wärmeproduction eine relativ geringe und die Körpermuskulatur zeigt nur bei stärkeren Actionen eine der der Drüsen etwa gleiche Wärmeproduction.

Wenn wir trotzdem die Körpertemperatur des Menschen annähernd constant finden, so ergibt sich aus den angeführten Thatsachen von selbst, daß sich diese Constanz nur aus einem fortwährenden Compensationsvorgang, aus einem regelmäßigen Auf- und Abwärtsschwanken erklären kann. Bei feineren Untersuchungen müssen wir die Wirkungen constatiren können, welche jene Intensitätsschwankungen der Oxydationsvorgänge und alle jene sonstigen Verschiedenheiten, welche wir eben namhaft gemacht haben, auf die allgemeine Körpertemperatur hervorrufen.

Die verschiedenen Lebensalter sind uns Repräsentanten verschiedener Allgemein-Körperzustände, welche sich namentlich durch die Höhe des gleichzeitigen Stoffverbrauches und durch die damit verbundene Wärmebildung unterscheiden. Wir können in diesem Sinne regelmäßige, wenn auch kleine Unterschiede zwischen der constanten Körpertemperatur der verschiedenen Lebensalter nachweisen.

Bärensprung hat eine große Anzahl von Temperaturmessungen bei Menschen angestellt, deren Mittelwerthe die folgende kleine Tabelle enthält:

Normale Körpertemperatur:

bei Neugeborenen	. . . . . .	37,81° C.
5—9 Jahr alt	. . . . . .	37,72 „
12—20 „ „	. . . . . .	37,37 „
25—40 „ „	. . . . . .	37,00 „
41—60 „ „	. . . . . .	36,85 „
80 „ „	. . . . . .	37,46 „

Die normale allgemeine Körpertemperatur sinkt von der Geburt bis zum höheren Alter. Nach den Beobachtungen Bärensprung's steigt sie aber im höchsten Alter, trotzdem daß die Wärmebildung noch weiter abnimmt, wieder etwas an.

In den eben mitgetheilten Zahlen spricht sich, abgesehen von den Störungen der Wärmeabgabe im Alter, der Einfluß einer größeren oder geringeren Energie des Stoffverbrauches durch organische Oxydationen der verschiedenen Lebensperioden aus. Aehnliche Schwankungen erhalten wir, wenn wir ein und dieselbe Person auf ihre normale Körpertemperatur untersuchen. In den verschiedenen Tageszeiten ist, namentlich je nach der Nahrungsaufnahme, der allgemeine Stoffumsatz ein stärkerer oder schwächerer, was nicht vollkommen ohne Wirkung auf die Allgemeintemperatur bleibt. Wir entnehmen den Beobachtungsreihen Bärensprung's nachstehende Tabelle, in welcher er Selbstbeobachtungen zusammengefaßt hat:

Um	5—7	Uhr (Morgens im Bett)	betrug	seine	Temperatur	36,38	° C.
„	7-9	„ (Kaffee)	„	„	„	37,16	„
„	9—11	„	„	„	„	37,26	„
„	11—1	„	„	„	„	36,87	„
„	1—2	„	„	„	„	36,83	„
„	2—4	„ (Mittagessen)	„	„	„	37,15	„
„	4—6	„	„	„	„	37,48	„
„	6—8	„	„	„	„	37,43	„
„	8—10	„ (Abendessen)	„	„	„	37,02	„

Um 10—12 Uhr		betrug seine Temperatur		36,85° C.
„ 12—2	„ (aus dem Schlafe geweckt)	„	„	36,65 „
„ 2—5	„	„	„ „	36,31 „

In den Nachtstunden, im Schlafe ist nach diesen Beobachtungen die Körpertemperatur am niedrigsten. Ihre größte Höhe erreicht sie einige (3) Stunden nach dem Mittagessen; von da an sinkt sie trotz des (leichten) Abendessens stetig zur Nacht ab. Das Erwachen und die Thätigkeit am Morgen ist mit einer erkennbaren Steigerung der Körpertemperatur verbunden. Wir werden nicht irren, wenn wir die Ursache dafür bei dem Experimentator weniger in dem nur aus Kaffee bestehenden Frühstück — das leichte Abendessen zeigt sich ja wirkungslos — als in der allgemeinen Steigerung der durch die Tagesarbeit veranlaßten Muskelthätigkeit suchen.

Aehnliche Steigerungen der Temperatur zu gewissen Tagesstunden, wie sie die obenstehende Tabelle zeigt, beobachtet man auch ohne Zusammenhang mit der Nahrungsaufnahme. Doch dürfen wir die bei vollkommener Nahrungsenthaltung gewonneneu Werthe für die Schwankungen der Körpertemperatur nicht für vollkommen beweisend für einen Einfluß der Muskelthätigkeit halten. Wir bemerken nämlich auch noch am zweiten Hungertage, wie der Verfasser an sich selbst beobachtete, eine Steigerung der Körpertemperatur etwa drei Stunden nach der Zeit, in welcher gewöhnlich die Hauptmahlzeit genommen wurde. Der Organismus ist durch Regelmäßigkeit in der Einhaltung der Essenszeit an eine regelmäßige Abwechselung in seinen Organthätigkeiten gewöhnt, und die Verdauungsdrüsen, namentlich die constant absondernde Leber, welche zu ihrer Thätigkeit keines äußeren Reizes durch aufgenommene Nahrung bedarf, arbeiten zu den gebräuchlichen Stunden stärker, wenn ihnen auch nicht durch Nahrungsaufnahme eine gesteigerte Arbeitsleistung zugemuthet wird. Trotzdem steht es vollkommen fest, daß gesteigerte Muskelthätigkeit geeignet ist, die Allgemeintemperatur des Körpers zu erhöhen. Der Nachweis dieser Erhöhung wird dadurch erschwert, daß bei der Muskelaction die Compensationen der Wärmeregulirungsapparate, wie wir unten sehen werden, sehr prompt arbeiten. In Folge davon kann die durch gesteigerte Muskelthätigkeit erhöhte Wärmeproduction des Organismus durch vermehrte Wärmeabgabe sogar übercompensirt werden. Nach den Untersuchungen von J. Davy steigt die Körpertemperatur durch gesteigerte Muskelbewegung um 0,7 ° C. Die Zunahme der Gesammttemperatur beruht hiebei wesentlich auf der gesteigerten Wärmeproduction der thätigen Muskeln. Gelähmte Glieder sind, wie wir hörten, kälter wie gesunde, bei welchen die Muskeln thätig sind. J. Davy beobachtete, daß auch durch geistige Thätigkeit, durch gesteigerte Nervenerregung, eine allgemeine Zunahme der Körpertemperatur erfolgt, er beobachtete an sich eine Temperatursteigerung aus dieser Ursache um 0,3 ° C.

Auch die normalen Schwankungen der äußeren Temperatureinwirkungen bleiben auf die Normaltemperatur des Organismus doch nicht vollkommen ohne Einfluß. Bei feineren Beobachtungen finden wir, daß bei längerem Aufenthalt in einer mäßig niedrigen Temperatur, welche dem Körper an sich nicht schädlich ist, doch seine Wärme sinkt. Am deutlichsten gibt sich dieses Sinken der Körpertemperatur zu erkennen, wenn mit der Einwirkung der Kälte sich noch gezwungene Körperruhe verbindet. So beobachtete J. Davy, daß seine Körpertemperatur beim Sitzen in der Kirche im Winter etwa um 1 ° C. sank. Etwa um 1 ° C. steigt die Körperwärme an, bei Leuten, welche aus kalten Klimaten in warme versetzt werden, während die Normaltemperatur der Eingeborenen in warmen Klimaten nicht höher ist als die der Nordländer. Auch hierüber hat vor allem J. Davy sehr ausführliche Beobachtungen angestellt.

Bekannt ist die Einwirkung, welche eine Anzahl von Krankheiten auf die Körperwärme des Menschen ausübt. Weniger durch Steigerung der Wärmeproduction als durch krankhafte Behinderung der Wärmeabgabe entsteht die characteristische Zunahme der Temperatur im Fieber. Die höchsten im Fieber sicher beobachteten Werthe scheinen zwischen 44 und 45° C. zu liegen. Auch der Zustand des subjectiven „Fieberfrostes“ ist mit einer gesteigerten Körpertemperatur verbunden. Andere Krankheiten, bei welchen die organischen Thätigkeiten sehr darniederliegen, gehen mit einer Herabsetzung der Körpertemperatur einher. So kann bei heftigen Choleraanfällen die Hauttemperatur des Körpers (in der Achselhöhle gemessen) bis auf 26—27° C. sinken. Die oben angegebene höchste und die letzterwähnte niedrigste Temperatur scheinen mit der Erhaltung des Lebens für den Menschen unverträglich zu sein. Erkalten wir ein nicht winterschlafendes Säugethier künstlich auf eine Körpertemperatur von 15—20° C., so stirbt es, wenn wir ihm nicht künstlich Hülfe bringen. Dasselbe gilt von Menschen. Wenn alle spontanen Bewegungen des Erfrorenen verschwunden sind, wenn das Herz nur noch ganz schwach, kaum merkbar schlägt oder selbst ganz aufgehört hat, sich zusammenzuziehen, wenn der Tod durch Erfrieren vollkommen eingetreten scheint, so gelingt es unter Umständen doch noch, das scheinbar entflohene Leben wieder zurückzurufen. Dazu genügt nicht vorsichtige Wärmezufuhr von außen. Nur wenn „künstliche Athmung“ (S. 145) eingeleitet wird, hebt sich die gehemmte Blutcirculation und bringt wieder den sauerstoffhaltigen Lebenssaft in rhythmischer Folge zu den Organen, welchen diese zu ihren Lebensäußerungen bedürfen. Man hat nachweisen können, daß selbst gefrorene, zu Eis erstarrte Muskeln kaltblütiger Thiere nach dem Aufthauen wieder zuckungsfähig werden können.

Die Winterschläfer zeigen eine viel höhere Immunität gegen Abkühlung als die übrigen Säugethiere. Der Suslik der südrussischen Steppen, der Ziesel, ein kleines, dem Murmelthiere ähnliches winterschlafendes Thier, verträgt eine Abkühlung seiner Körpertemperatur bis auf 4° C., ohne daß es dadurch seine Fähigkeit verliert, selbständig sich wieder zu erholen, wenn es in eine höhere Temperatur — von 10—12° C. — gebracht wird. Die winterschlafenden Thiere zeigen eine große Abhängigkeit ihrer Eigentemperatur von der Temperatur der umgebenden Luft. Valentin beobachtete, daß in den Höhlen der Murmelthiere im Winter eine Temperatur von 3—5° C. herrscht. Sinkt durch starken Frost ihre Höhlentemperatur bis auf 0°, so erwachen die Thierchen, was sofort einen gesteigerten Stoffwechsel und in Folge davon eine gesteigerte Wärmeproduction hervorruft. Bei so niedriger Temperatur tritt der Winterschlaf überhaupt nicht ein. Ein schlafender Ziesel, welcher in der Stunde 10 mg Kohlensäure und 14 mg Wasser in der Perspiration der Haut und der Lungen abgab, steigerte nach dem Erwachen seinen Stoffwechsel sofort so beträchtlich, daß die entsprechenden Werthe der Stoffabgabe in einer Stunde 513 Kohlensäure und 98 Wasser betrugen.

Auch bei dem Menschen liegt während des Schlafes die Stoffabgabe darnieder, obwohl nach den Beobachtungen von Pettenkofer's und v. Voit's die Aufnahme von Sauerstoff bei Gesunden während der Nachtruhe eine weit beträchtlichere als am Tage ist. Der Sauerstoff wird dabei für Verwendung im wachen Zustand in irgend einer Weise im Organismus aufgespeichert. Die folgende Zusammenstellung zeigt uns diese merkwürdigen Verhältnisse, welche uns wichtige Fragen über das Wesen des Schlafes beantworten. Die Beobachtungen wurden an einem gesunden Arbeiter angestellt, welcher aber auch während der Tagesstunden des Versuchs keine (größeren) mechanischen Leistungen machte.

Tageszeit	Ausgeschieden in Gramm			Aufgenommen in Gramm
	Kohlensäure	Wasser	Harnstoff	Sauerstoff
Tag 6–6 Uhr	532,9	344,4	21,7	234,6
Nacht 6–6 Uhr (mit Schlaf)	378,6	483,6	15,5	474,3

In der Ruhe des Schlafes verbrauchen die Organe weniger Stoff als unter den Reizen des wachen Lebens. Noch auffälliger werden diese Unterschiede zwischen Nacht und Tag, wenn während des Tags angestrengte Muskelarbeit von dem Körper gefordert wird. Während der Arbeitszeit steigt dann, nach Experimenten v. Pettenkofer's und v. Voit's, namentlich die Kohlensäureabgabe, sie steigt auf die doppelte Größe, verglichen mit der Ausscheidung derselben während der Nacht (399,6 zu 884,6); auch die Sauerstoffaufnahme während der Nacht zeigt sich dann außerordentlich und zwar etwa in demselben Maße gesteigert (294,8 zu 659,7 g). Die gesteigerte Sauerstoffaufspeicherung während der Nacht scheint von hoher Bedeutung für die Arbeitsfähigkeit des Organismus am darauf folgenden Tage zu sein. Diese Beobachtung schließt sich den zahlreichen bisher erwähnten an, welche uns belehren, wie außerordentlich günstig für alle organischen Lebensvorgänge kräftige Muskelarbeit wirkt. Bei organschwachen Kranken, v. Pettenkofer und v. Voit untersuchten einen Diabetiker und einen Leukaemiker, zeigt sich die Abwechselung in der Intensität des Stoffverbrauchs und der

Sauerstoffaufnahme zwischen Tag und Nachtzeit nicht oder nur in geringerem Grade. Die Nachtruhe ist dann für das Wohlgefühl nach dem Erwachen ohne oder nur von geringer Bedeutung. Die erholenden, kräftigenden Wirkungen des reichlichen Schlafs nach schweren consumirenden Krankheiten erklärt sich zum Theil aus dem geringeren Stoffverbrauch im Schlafe, wodurch die Möglichkeit eines Stoffansatzes in den Organen gegeben ist. Aus demselben Grunde ist der Schlaf auf das Wachsthum und den Ernährungszustand bei Kindern von günstigstem Einfluß.

Auch bei dem gesunden Menschen sinkt, analog wie bei dem winterschlafenden Thiere, die Eigentemperatur während des Schlafes. Die oben angeführten Beobachtungen Bärensprung's geben dafür den Beweis.

2. Die Blutcirculation als Heizvorrichtung des Organismus.

Einen Theil der Momente, auf welchen die gleichbleibende Körperwärme beruht, haben wir schon kennen gelernt. Wir wissen, daß das Blut, analog wie eine Wasserheizung einen Wohnraum, den Körper und seine Organe erwärmt. Wenn wir, wie es die alte Physiologie so lange festhielt, noch annehmen dürften, daß das Herz der wärmste Theil des Organismus ist, das durch seine „eingeborene" Wärme das Blut, welches, in den äußeren Organen, namentlich in den Lungen abgekühlt, dem Herzen zuströmt, erwärmen sollte, so wären die Einrichtungen der Blutheizung des Körpers mit der Wasserheizung eines Wohnraums vollkommen zu vergleichen.

Dort wird in einer centralen Feuerstelle im Kessel das Wasser erwärmt, und von diesem Ausgangspunkt in Röhren durch den zu heizenden Raum geleitet. Auf diesem Wege gibt das Wasser durch die Röhren an die Umgebung Wärme ab und heizt dadurch. Nach der Ansicht der Alten sollte auch das Blut, auf dem „Herde des Herzens“ erwärmt, in die Blutröhren eintreten und an die kälteren äußeren Organe die im Herzen aufgenommene Wärme abgeben und diese dadurch heizen. In Wirklichkeit ist das Verhältniß etwas complicirter, wenn auch im Principe nicht verschieden. Nicht das Herz, sondern die Leber ist nach den neueren Erfahrungen das wärmste Körperorgan. Der lebhafte in dieser großen Drüse stattfindende Stoffumsatz bringt einen sehr beträchtlichen Theil aller der Wärme hervor, über welche der gesunde Gesammtorganismus zu seiner Erwärmung verfügt. Indem das Blut die Leber relativ langsam durchströmt (s. S. 220), nimmt es in diesem Centralheizungsherde eine höhere Temperatur an. Aber auch alle anderen Körperorgane betheiligen sich in höherem und geringerem Grade an der Erwärmung das sie durchströmenden Blutes. Namentlich gilt das von allen Verdauungsdrüsen und von den thätigen Muskeln. In den ruhenden Muskeln, im Knochen, in der Haut, wohl auch im Nervengewebe ist die aus Organ-Oxydationen hervorgehende normale Wärmeproduction nur relativ gering. Das in den viel Wärme producirenden Körperorganen höher erwärmte Blut bringt seinen Wärmevorrath zu den an sich weniger Wärme erzeugenden Körpertheilen hin. Der Wärmeaustausch zwischen dem in die feinsten Organtheile eindringenden Blute und den Organen ist ein so vollkommener, daß die in der Wärmeproduction der Organe bestehenden Unterschiede normal nur in sehr geringem Grade bemerkbar werden. Hautoberfläche und Lungen sind der Natur der Sache nach, da sie in directer Berührung mit der Luft stehen, die meist kälter ist als der Organismus, und da namentlich in der Haut auch der Organstoffumsatz nur ein relativ geringer ist, die kältesten Organe des Körpers. Hier verliert das Blut am meisten von seiner Wärme. Von hier kommt es entsprechend erkaltet zurück.

Die Temperaturunterschiede des Blutes aus verschiedenen Körpertheilen halten sich aber, wie die einfache Ueberlegung als nothwendig ergibt, stets in nur engen Grenzen. Es hat sich nachweisen lassen, daß in den Hautvenen das Blut, welches von der erkältenden Körperoberfläche zurückströmt, kälter ist, als das der Hautarterien, welches aus dem wärmeproducirenden Körperinnern kommt. Umgekehrt ist das Verhältniß zwischen Arterien- und Venenblut bei der Leber, den Nieren und Speicheldrüsen. In diesen Organen wird das durchströmende Blut nicht abgekühlt, sondern, in Folge der in ihnen stattfindenden Wärme erzeugenden Processe, erwärmt. Das Blut des rechten Ventrikels ist meist wärmer als das des linken, der das Blut aus den Lungen aufnimmt. Bei der großen Geschwindigkeit der Blutbewegung sind aber alle diese Unterschiede nur sehr gering und nur mittelst der feinsten Methoden nachzuweisen.

3. Die Compensationseinrichtungen der Wärmeabgabe.

Nur die eine Seite unserer Frage nach den Ursachen der Constanz der Körpertemperatur wird durch die bisher namhaft gemachten Beobachtungen beleuchtet. Wir haben es auffällig gefunden, daß auch bei so verschiedenen äußeren Bedingungen, im heißen Tropenklima wie am kältestarrenden Pol, die Eigentemperatur des Menschen keine wesentlichen Unterschiede zeigt. Diese Anpassungsverhältnisse, die dem Organismus in Beziehung auf seine Eigentemperatur unter den verschiedensten Bedingungen der Wärmeabgabe an die Außenwelt in so hohem Maße zukommt, sind außerordentlich wunderbar. Man könnte denken, und die Meinung ist noch viel verbreitet, daß, wie man an kalten Tagen sein Zimmer stärker heizt, durch Mehrverbrennung von Heizmaterial mehr Wärme erzeugt, umgekehrt an warmen Tagen weniger, daß so auch der Mensch in arktischen Gegenden mehr und ein besseres organisches Heizmaterial, welches mehr Wärme producirt, verbrauche. Der Thrangenuß der Polarmenschen schien dafür beweisend, ebenso der geringere organische Heizwerth der an Stärkemehl und Zucker reichen Nahrungsmittel der Tropen. Es hat sich aber mit aller Sicherheit nachweisen lassen, daß die aufgenommenen Nahrungsmengen und ihre Wärmeproductionsfähigkeit bei Gesunden (Arbeitern) im Norden und Süden unserer Erde wenig oder nicht differirt (s. Ernährung des Menschen S. 240). Nicht sowohl die größere oder geringere Wärmeproduction ist es, welche in kalten und heißen Zonen die Körpertemperatur des Menschen constant erhält, sondern die regulirenden Einflüsse, welche in Beziehung auf den Wärmeabfluß sich geltend machen können.

Diese regulirenden Einwirkungen sind theils äußere, von der Willkür des Menschen abhängig. Der Mensch verpflanzt in ein rauhes Land durch Kleidung, Wohnung und Heizung künstlich ein wärmeres Klima, in welchem es ihm wohl wird. Solche Bedürfnisse kennt der halb- oder ganz nackte Tropenbewohner nicht. Sehr wichtige innere regulirende Einflüsse beruhen in den verschiedenen physiologischen, vorwiegend vom Blute ausgehenden Reactionen des lebenden Körpers gegen äußere Temperatureinflüsse.

Unter der Einwirkung der Kälte erblaßt die Haut, indem sich unter der Einwirkung der durch Kälte gereizten Gefäßnerven die Hautgefäße verengern und weniger Blut eintreten lassen. Umgekehrt sehen wir unter der Einwirkung der Wärme die Haut sich röthen, indem sich ihre erweiterten Gefäße strotzend mit Blut füllen.

Den Hauptwärmeverlust erfährt der Menschenkörper an der Hautoberfläche. Je größer die Temperaturdifferenz zwischen zwei Körpern ist, welche ihre Wärme an einander abgeben, desto rascher findet der Wärmeaustausch statt. Durch Kältewirkung strömt weniger Blut in die Hautgefäße. Dadurch wird die Hauttemperatur herabgesetzt und in Folge davon, da der Temperaturunterschied zwischen Körperoberfläche und Luft kleiner wird, der Wärmeabfluß entsprechend verringert. Umgekehrt bewirkt in wärmerer Luft die starke Anfüllung der Haut mit Blut und die daraus folgende größere Hautwärme eine raschere Abgabe der Körperwärme.

Gleichzeitig macht sich noch ein anderes, außerordentlich wirksames Moment für die größere oder geringere Wärmeabgabe an der Haut geltend.

Die Wasserverdunstung an der Haut steht in directem Verhältniß zu der Blutfülle derselben. Je größer die letztere, um so beträchtlicher ist der insensible Wasserverlust an der Körperoberfläche, welcher sich endlich bis zur Absonderung tropfbar-flüssigen Wassers, Schweiß, steigert. Die Verdunstung des Wassers an der Haut, die Umwandlung des aus dem Blute stammenden Wassers in den gasförmigen Zustand erfordert eine beträchtliche Wärmemenge; ebenso, wie Jedermann aus Selbstbeobachtung bekannt, die Verdunstung des Schweißes. Die zur Verdunstung erforderliche Wärme wird der nächsten Umgebung, vor allem der Körperoberfläche selbst, entzogen. Daher rührt die rasche Abkühlung der schwitzenden Haut, wenn die Verdunstung z. B. durch Wind oder Zug gesteigert wird. In kalter Luft ist die Wasserabgabe an der Haut eine geringere, theils weil die kalte Luft weniger Wasserdampf aufzunehmen vermag, theils weil die durch Blutmangel erkaltete Haut weniger Wasser abgeben kann. Umgekehrt wirkt heiße trockene Luft. Sie beschleunigt ihres größeren Vermögens wegen, dunstförmiges Wasser aufzunehmen, die Wasserverdunstung an der Haut;

die unter der Einwirkung der heißen Luft blutreichere Haut gibt aber auch mehr Wasser insensibel oder als Schweiß ab.

Auch die Eingeborenen heißer Klimate transpiriren viel und leicht. Ihre Wärmeabgabe ist daher trotz und gerade wegen der heißen Umgebung keine geringe, wie man das häufig ohne nähere Ueberlegung der Verhältnisse behauptet hat. Der Wärmeverlust ist, wie die Erfahrung lehrt, unter den Tropen im Wesentlichen ebenso groß, wie in dem kalten Klima der durch Pelzwerk und Heizung geschützten Polarbewohner. Die Möglichkeit, seine Wärmeabgabe den verschiedensten äußeren Lebensbedingungen anzupassen, befähigt den Menschen zur Bewohnung aller Klimate der Erde. Er vermag arktische Kälte und, wenigstens bei trockener Luft, eine Wärme zu überdauern, welche die seines Körpers erreicht oder sogar übersteigt.

Wir haben oben berichtet, daß in Luft, welche mit Wasserdampf gesättigt ist, warmblütige Thiere zu Grunde gehen, schon bei einer Temperatur, welche nur wenig ihre Eigenwärme übersteigt. Die Bekanntschaft mit den Regulirungseinrichtungen der Wärmeabgabe des animalen Körpers erklärt uns nun diese auffallende Erscheinung: der Mensch kann Minuten lang in einer Temperatur ausdauern, welche dem Siedegrade des Wassers nahezu entspricht. Das gelingt aber nur unter der einen Bedingung, daß zur Kälteerzeugung auf der Körperoberfläche eine reichliche Wasserverdunstung an der Haut stattfinden könne. Ist die Wasserverdunstung gehemmt dadurch, daß die heiße Luft schon mit Wasserdampf erfüllt oder gar gesättigt ist, so können die Regulirungsvorrichtungen der animalen Wärme nicht arbeiten und der Tod ist die unausbleibliche Folge.

Auch die erkältende, wärmeentziehende Wirkung der gesteigerten Luftbewegung, Wind und Zug sind uns nun verständlich. Wie nasse Wäsche im Wind schneller trocknet als in ruhiger Luft, so verliert auch die Haut, namentlich wenn sie von Schweiß benetzt ist, in der bewegten Luft rascher ihre Feuchtigkeit und damit eine entsprechende Wärmequantität. Die erkältenden Wirkungen des Windes und Zuges müssen, da dann die Transspiration und die Blutfüllung der Haut am stärksten ist, besonders heftig bei heißer Luft auftreten. Daher „erkälten“ sich die Menschen in starkgeheizten zugigen Räumen und namentlich in tropischen Gegenden so leicht.

Daß die Regulirung der Weite der Blutgefäße und damit der Blutfülle in den Organen durch Nerveneinfluß erfolge, haben wir mehrfach erwähnt. Sind die Blutgefäße der Hautoberfläche aus irgend welchem Grunde erweitert und stärker mit Blut gefüllt, so steigt dadurch nach unseren Erfahrungen die Abkühlung des Gesammtkörpers. Wenn die Außentemperatur eine entsprechend niedrige und die Wärmeproduction des Organismus nicht über die Norm erhöht ist, so kann durch stärkere Blutfülle der Haut die normale Eigenwärme des Körpers nicht unbeträchtlich sinken. Bei manchen Allgemeinleiden, an welchen sich Störungen der Rückenmarksthätigkeit betheiligen, sehen wir die animale Wärme des leidenden Körpers vermindert, einen gleichsam „kaltblütigen Zustand“ erzeugt mit sehr energischen Einwirkungen auf den Fortgang der gesammten Lebensprocesse, welche im Allgemeinen eine Verminderung ihrer normalen Energie erleiden. Claud Bernard, einst der berühmteste französische Physiologe, hat experimentell nachgewiesen, daß ein solcher „kaltblütiger Zustand“ bei Thieren hervorgerufen werden kann durch Durchschneidung des Rückenmarks nahe an seiner Austrittsstelle aus der Schädelhöhle. Dadurch werden die im Rückenmark verlaufenden Gefäßnerven außer Thätigkeit gesetzt, in Folge davon erweitern sich die Gefäße, wodurch an der Hautoberfläche eine Vermehrung der Wärmeabgabe bedingt wird. Die Abnahme der normalen Körperwärme bei solchen operirten Thieren beträgt 5—6° C., die Körperwärme, welche bei gesunden Thieren zwischen 37 und 38° schwankt, sinkt bei den operirten auf 32°.

Es ist das wieder eines jener tausendfach zu vermehrenden Beispiele, welche uns lehren, wie aus dem innigsten Ineinandergreifen der Wechselwirkungen von Organen und Kräften die wechselnden Erscheinungen des Gesammtlebens hervorgehen.

Kapitel X.

Blutkrankheiten.

1. Das Blut als Träger von Krankheitsstoffen.

Wir haben im Blute den Träger der Lebenskräfte für den Organismus des Menschen und der höheren Thiere erkannt. Das Herz sendet diese Lebensquelle zu den Organen, welche aus ihr Stoff und Kraft zu Erhaltung, Wachsthum und Thätigkeit schöpfen. Kein Theil des lebenden Körpers, noch so klein und scheinbar unbedeutend, ist von dem Verkehr mit dem Blute und den von diesem abgegebenen Säften ausgeschlossen. Das Blut bringt ihm Nährmaterial und Sauerstoff, Wasser und Wärme; es führt die zur Organerhaltung überschüssigen Säfte und gelösten Stoffe ab, und wäscht die im Organleben gebildeten schädlichen „Gewebsschlacken" aus, um dieselben endlich den Abscheidungsorganen zur Entfernung aus dem Körper zu übergeben. Durch das Blut und den vom Blute vermittelten intermediären Säftestrom stehen alle Organe des Gesammtkörpers unter einander in directem Stoffverkehr.

Einen Stoff, welcher sich eben noch im Muskel oder in einer Drüse an den physiologischen Leistungen betheiligte, finden wir nach einigen Sekunden im Gehirn oder Rückenmark, und sehen ihn hier die Lebensfunctionen dieser wichtigen Organe beeinflussen. Irgend ein chemischer Vorgang an irgend einer Partie des Körpers macht durch das Blut nach kürzester Zeit seine Wirksamkeit auf den ganzen Organismus, auf alle seine Einzelorgane geltend, welche je nach ihren verschiedenen Lebenseigenschaften verschieden gegen dieselbe Beeinflussung reagiren. Dadurch wird das Blut, das normal der Hauptvermittler des Gemeinlebens sein soll, auch zum Träger der Krankheits- und der Todesursache, indem es, von einer krankhaft functionirenden Stelle aus, das Leben des Körpers in seiner Gesammtheit stört und vernichtet. Von jeder peripherischen Stelle unseres Körpers, welche durch krankhafte Processe „Gifte" erzeugt, oder welche von außen her solche „Gifte" aufgenommen hat, kann eine allgemeine „Blutvergiftung" eintreten, unter welcher das Gesammtleben der Vernichtung entgegengeführt wird.

Das ist z. B. bei der gefürchteten Blutvergiftung oder Blutzersetzung, der Pyämie der Fall. Pyämie bedeutet in directer Uebersetzung einen krankhaften Zustand, welcher durch Eindringen von Eiter in das Blut hervorgerufen wird. Der normale Eiter ist jedoch vollkommen unschädlich, auch wenn er wirklich ins Blut gelangen sollte. Anders wird das, wenn sich der Eiter, wie so häufig bei schlechtheilenden Wunden, namentlich in überfüllten und dadurch verpesteten Kriegsspitälern u. a. O., faulig zersetzt. Werden diese Stoffe des fauligen Eiters ins Blut aufgenommen und mit diesem im ganzen Organismus verschleppt, so sehen wir die heftigen Fiebererscheinungen der Blutvergiftung als erstes Symptom auftreten. Man hat nach einem specifischen, sich im schlechten Eiter bildenden Giftstoff gesucht. Es läßt sich experimentell feststellen, daß Ammoniaksalze, Kalisalze und gewisse Ammoniakbasen, wie Trimethylamin, welche bei der Fäulniß des Eiters entstehen, ins Blut gebracht, fieberähnliche Erscheinungen hervorbringen.

Mögen die Fäulnißstoffe in das Blut gelangen, woher sie wollen, so wirken sie stets ziemlich analog, zunächst Fieber erzeugend. Faulige Speisen werden von den Verdauungsorganen aus oft Ursache von Erkrankungen, und die Aufnahme gewisser Fäulnißproducte durch die Athmung scheint ganz ebenso schädlich wirken zu können.

In neuester Zeit pflegt man als Ursache dieser Erkrankungen die winzig kleinen Organismen, die Spaltpilze, zu beschuldigen, welche zu Milliarden in den fauligen Substanzen wuchern. Solche Pilzformen hat man bei manchen ansteckenden Krankheiten der Menschen und Thiere im Blute aufgefunden. In größter Anzahl treiben sie ihr Wesen in schlecht eiternden Wunden und diphteritischen Belegen.

Wir haben hier die Fragen, ob ungeformte oder geformte Gifte (Pilze) die Blutvergiftung hervorrufen, nicht zu entscheiden. Uns genügt es, daß sicher durch das Blut der lokal gebildete „Krankheitsstoff" im Körper verschleppt und in seinen Wirkungen verallgemeinert werden kann. Wie häufig sehen wir das Leben von Aerzten erliegen, weil sie in der Ausübung ihres Berufes „Leichengift" in eine kaum bemerkte Wundritze brachten.

Wir dürfen uns die Verschleppungen von schädlichen Stoffen durch das Blut und die Wirkung derselben im Organismus zunächst ganz mechanisch vorstellen.

Wir hörten, daß das Blut in dem lebenden Blutgefäße, im lebenden Herzen gerinnt, wenn sich an irgend einer Stelle der inneren Wandoberfläche der Blutbahn eine krankhafte Rauhigkeit gebildet hat. Zerstörungen der Herzklappen, wie sie die Mehrzahl der schweren Herzkrankheiten bedingen, machen nicht selten die Klappenoberflächen so rauh, daß Blutgerinnung an ihnen eintritt. Es hängen sich dann zuerst kleine Blutgerinnsel an die rauhen Stellen an. Solche Blutgerinnsel oder Theile von ihnen können durch den Blut=

strom und die Bewegung der Herzklappen losgestoßen und mit dem Blute weggeschwemmt werden. Sie müssen dann nothwendig in irgend einem Blutgefäße stecken bleiben und dasselbe verstopfen. Ist das verstopfte Blutgefäß klein und gehört es einem weniger lebenswichtigen Organe zu, so sind die Störungen, welche aus dem Blutabschluß in dem durch den Propf verschlossenen Gefäße hervorgehen, nur unbedeutend und lokal. Findet aber eine Verstopfung von Blutgefäßen im Gehirn oder ein Verschluß der Lungenarterie statt, so kann fast momentan das Gesammtleben erlöschen.

Die Verbreitung von „Krebsmaterie“ oder von Parasiten, welche, wie Trichinen und Finnen, vom Darm einwandern, findet ganz in derselben Weise statt. Die Parasiten oder ihre noch kleinen Larvenformen bohren sich durch die Darmschleimhaut in die Blutgefäße ein, werden hier vom Blutstrome mitgerissen und an irgend einer entfernten Körperstelle abgesetzt. In diesen Fällen ist das Blut lediglich Träger der ihm fremden Krankheitsursache.

Aber das Blut selbst kann sich in seiner Gesammtheit verändern und dadurch Krankheit und Tod veranlassen.

2. Krankhafte Blutleere, Anämie.

Nicht nur in altvergangener Zeit bekämpften sich die jatrochemischen und jatromechanischen (jatromathematischen) Schulen. Der Jahrtausende alte Streit ist noch heute nicht vollkommen geschlichtet.

Sind es die Nerven, welche durch Störungen in ihren Lebensverrichtungen die Krankheiten hervorrufen? oder haben wir als Krankheitsursachen chemische Veränderungen im Blute und in der gesammten Säftemasse anzusprechen?

Bei der Mehrzahl der Krankheitsprocesse wirken zweifellos beide Ursachen etwa gleichwerthig zusammen. Bei einigen Leiden sehen wir den nervösen Einfluß, bei anderen die chemisch veränderten Säfte des Organismus vorzugsweise an der Störung betheiligt. Die Veränderungen der physikalischen Lebenseigenschaften der Organe vor allem, auch die der Nerven, beruhen aber, wie wir gesehen haben, vielfach auf chemischen Umwandlungen ihrer Organsubstanz und der in dem Organe vorhandenen Säfte, Störungen, welche meist zu ihrem Zustandekommen Anomalien in der Blut- und Lymphbewegung voraussetzen. Je weiter wir in der Erkenntniß der wahren Ursachen der normalen und krankhaftveränderten Organthätigkeiten kommen, desto mehr sehen wir ein, daß diese Trennung der Krankheitsursachen eine unzulässige ist. Störungen im Nervenleben und krankhafte Veränderungen der Körpersäfte treten fast niemals vereinzelt auf, sondern eines mit dem anderen combinirt, eines das andere bedingend.

Eine frühere Periode der medicinischen Wissenschaft suchte die Ursache der meisten Leiden und Krankheiten im Blute. Heute noch gilt der Satz, daß wesentliche Störungen in dem chemischen und physikalischen Verhalten des Blutes die inneren Krankheiten begleiten und theilweise bedingen.

Der Organismus bedarf, um gesund zu sein, eine bestimmte nicht unter ein gewisses Minimalmaß herabsinkende Blutmenge. Der krankhafte Zustand der relativen Blutleere des Körpers wird als allgemeine Anämie bezeichnet.

Die häufigsten Ursachen der allgemeinen Anämie sind Blutverluste und eine ungenügende Ernährung, welche zum vollkommenen Ersatz des fortwährend im Organleben verbrauchten Blutes nicht ausreicht. Einmalige, wenn auch sehr beträchtliche Blutentziehungen bedingen weit seltener einen dauernden anämischen Zustand als oft wiederholte kleinere Blutverluste. Tritt nach einer starken Blutentleerung unter normaler Ernährung Genesung ein, so ersetzt sich das verlorene Blut rasch und vollständig. Das neugebildete

Blut zeigt sich dann weder in seinem Gehalte an rothen Blutkörperchen noch in seinem chemischen Verhalten, z. B. in Menge des rothen Blutfarbestoffs &c. von dem Blute gesunder Menschen verschieden. Finden aber häufige Schwächungen des Organismus, wenn auch im Einzelfall nur durch kleinere Blutverluste, statt, so wird das wiederersetzte Blut immer ärmer an rothen Blutkörperchen und Blutfarbestoff und immer reicher an Wasser. Die fahle Blässe der Haut, welche eine wahre allgemeine Anämie kennzeichnet, ist ein Resultat der geringeren Färbekraft des auch in seiner Gesammtmenge verminderten Blutes, welches die Adern der Haut weniger stark anfüllt und dessen weniger tiefrothe Farbe schwächer durch die Gefäßwandungen hindurchscheint. Die ersten Folgen der allgemeinen Blutleere sind eine Schwächung der Lebensenergie aller Organe, namentlich aber des Herzens, dessen Bewegungen energielos und oft unregelmäßig werden. In diesem Zustande ruft jede, auch geringe nervöse Erregnng Störungen in der Blutbewegung hervor, indem relativ überstarker Blutzufluß zu den gerade thätigen Organen eintritt. So sehen wir plötzliche Röthe sich übet vorhin todtbleiche Wangen und Hals ergießen, wenn eine leichte körperliche oder psychische Erregung das Blut dem Kopfe zutreibt. Namentlich die Hände und ihre Nägel sind bei Anämischen wachsbleich.

Keineswegs muß mit Anämie der äußere Anschein einer schlechten Ernährung verbunden sein. Die Gewebe des Körpers werden unter der Einwirkung des wässerigeren Blutes selbst wasserreicher, die Energie des intermediären Säftestroms (S. 253) vermindert sich und der krankhaft in dem Gewebe unter der Haut und in den Organen gesteigerte Wasserreichthum täuscht einen Schein von Fülle vor. Merkwürdiger Weise verbindet sich wirklich hie und da mit Blutleere ein gesteigerter Fettreichthum des Körpers.

Es besteht nämlich, wie wir schon oben sahen, eine Wechselbeziehung zwischen mangelnder Energie der Herz- und Blutbewegung und geringerem Fettverbrauch des Organismus. Sehr fettreiche Körper sind stets auch blutarm und wir dürfen uns von dem gerötheten Gesichte, welches man wohl sonst auf eine krankhafte allgemeine Blutüberfülle — Pletora — bezog, nicht täuschen lassen. Es können constante Congestiverscheinungen zu einzelnen Organen stattfinden, auch wenn die Blutfülle im allgemeinen eine zu kleine ist.

Wie gesagt bewirkt mangelnde Ernährung ebenso allgemeine Anämie wie Blutverluste. Diese Bemerkung gibt uns einen Fingerzeig, wie wir die allgemeine Anämie zu bekämpfen haben. Vor allem ist auf einen genügenden Ersatz der Blutstoffe zu sehen. Hier ist neben genügendem Fett (Leberthran) eine eiweißreiche Nahrung, namentlich Fleisch zu verlangen. Aber die Bemühung des Arztes wird gar oft gehindert durch eine krankhafte Abneigung Blutleerer gegen eine normale Ernährung. Mit der allgemeinen Schwächung der Organthätigkeit in Folge des Blutmangels leiden auch die Verdauungsorgane und nur mit großer Vorsicht und nach und nach gelangen wir durch eine allgemeine Kräftigung des Organismus auch wieder zu einer normalen Ernährungsfähigkeit. Hier müssen alle Momente in Betracht gezogen werden, welche auf eine Kräftigung der Organthätigkeiten, namentlich des Herzens, hinwirken; geregelte, mit den zunehmenden Kräften steigende Bewegung in frischer Luft des Gebirgs oder Seestrandes wirken hier oft mehr als alle Medicinen und diätetischen Vorschriften für sich allein.

Ein der allgemeinen Anämie verwandter, aber von ihm doch verschiedener Zustand wird von den Aerzten als Chlorose, Bleichsucht bezeichnet. Auch hier ist das Blut wässeriger und ärmer an Blutroth, als es normal sein sollte. Die gelblichbleiche Gesichtsfarbe, die wächsernen

Hände und Nägel, die fliegende Röthe auf den rasch wieder erblassenden Wangen bei jeglicher Anstrengung charakterisiren äußerlich beide Zustände. Die Chlorose ist aber weniger die Folge einer Verminderung des Blutes im Ganzen und der Anzahl seiner Blutkörperchen als eine krankhafte Verminderung des rothen Blutfarbestoffs in den letzteren. Der rothe Blutfarbestoff, das Hämoglobin, ist, wie wir hörten, eisenhaltig; es bedarf zu seiner Bildung einer genügenden Zufuhr von Eisenbestandtheilen in der Nahrung. Die medicamentöse Zufuhr von Eisen (Stahl) wirkt bei Bleichsucht außerordentlich günstig. Nicht nur bei jungen Mädchen, auch bei Knaben und Männern, bei ihnen namentlich in tropischen Klimaten, findet sich dieser Krankheitszustand, mit all seinen bekannten Symptomen. Diese lassen sich der Mehrzahl nach auf mangelnde Energie der Thätigkeit der Organe beziehen, welche zu ihrer Normalerhaltung einer ausreichenden Menge des Blutrothes absolut bedürfen. Die Schwäche des Herzens und der gesammten Körpermuskulatur, die Verdauungsstörungen und die nervöse Ueberreizung fallen unter die Gruppe jener Organveränderungen, welche wir im VIII. Kapitel als „Ermüdung“ zusammenfaßten.

Die Bleichsucht ist eine allgemeine Krankheit der animalen Wesen wie auch der Pflanzen. Bei den letzteren sehen wir, namentlich bei mangelnder Einwirkung des Lichtes und ungenügender Eisenzufuhr in der Ernährung, in den Schößlingen einen Mangel an Farbstoffbildnng — Blattgrün — eintreten. Lassen wir Licht und eisenhaltige Nahrung auf die wachsende Pflanze einwirken, so färben sich die bleichen Triebe lebhaft und das Wachsthum wird ein normales.

Auch bei Menschen verbindet sich meist Mangel des Lichtgenusses mit dem mangelnden Eisengehalt der Nahrung zur Hervorbringung der Chlorose. Mädchen, welche gezwungen sind, z. B. als Näherinen, eine sitzende Lebensweise, eingesperrt in dumpfe kleine Wohnräume bei schlechter Nahrung zu führen, werden am häufigsten von dieser Störung, welche sich dann gewöhnlich mit wahrer Blutleere combinirt, befallen.

Der relative Mangel des Blutfarbestoffs im Blute bringt an sich mannigfaltige Störungen des Allgemeinlebens hervor. Bei der Betrachtung der Gesetze der Athmung erkannten wir das Blutroth als den Vermittler des gesammten Sauerstoffverkehrs des Organismus mit der Atmosphäre, auf welcher die „Erneuerung" des Blutes in den Lungen und mit dieser die Möglichkeit der das Leben bedingenden organischen Verbrennungen in den Körpergeweben beruht. Fehlt der Blutfarbestoff, so erstickt der Organismus, auch wenn alle Athemorgane normal functioniren können. Bei allzugeringer Menge von Blutroth im Blute findet wenigstens eine ungenügende Sauerstoffaufnahme ins Blut statt. Auch das arterielle Blut ist relativ sauerstoffarm und nähert sich dadurch in seinem Verhalten dem des venösen Blutes an. Das venöse, aus den Organen abströmende Blut ist dann „stärker venös" als bei Gesunden. Diese allgemeine Venosität des Blutes macht sich bei allen Krankheiten, welche mit einer wesentlichen Verringerung des Blutroths im Blute einhergehen, im Aussehen der Kranken geltend. Die bleiche Haut nimmt durch die stärker durchscheinenden Venen eine bläuliche Färbung an, die sich namentlich deutlich an den bläulich-bleichen Lippen bemerkbar macht. Die Aerzte benennen diesen Zustand in seinen höheren Graden als Cyanose, Blausucht. Die höchsten Grade der Cyanose zeigen sich bei Erstickenden, in geringerem Grade aber auch bei der oben genannten und bei einer Anzahl anderer, die Athmung behindernder Allgemeinleiden.

3. Blutgifte.

Bei der Untersuchung der physiologischen Wirkungen des Blutroths und der rothen Blutkörperchen haben wir schon erfahren, daß gewisse Vergiftungen eine Verminderung des physiologisch wirksamen Blutrothes herbeiführen. Sie verbinden sich mit demselben chemisch und machen es dadurch zur Sauerstoffaufnahme unfähig. Unter der Einwirkung dieser Gifte stirbt der Mensch an wahrer Erstickung, an Sauerstoffmangel. So tödtet vor allem das gefürchtete Kohlenoxydgas, der Kohlendunst, welcher das Blut der Fähigkeit beraubt, mit dem Sauerstoffe der Luft in Wechselverkehr zu treten. Auch die blitzartig tödtende Blausäure bildet eine analoge Verbindung mit dem Blutroth.

Noch ein anderes Gas hat seit seiner Entdeckung durch H. Davy die Aufmerksamkeit der Aerzte und Laien in hohem Maße auf sich gelenkt: das Stickoxydgas oder Lustgas. Es verdankt seinen deutschen Namen den angenehm berauschenden Wirkungen, welche es, mit atmosphärischer Luft gemischt in kleinen Quantitäten eingeathmet, hervorruft. Der Berauschte wird, wie durch Aether und Chloroform, für äußere Schmerzen und Empfindungen vollkommen gefühllos und die angenehmsten Traumbilder umgaukeln die eingeschläferte Psyche. Nach kurzer Zeit verschwindet der Rausch, ohne eine üble Nachwirkung zu hinterlassen. Es stellte sich aber bald heraus, daß diese angenehme Sinnesumnebelung nur unter der fortwährenden Beaufsichtigung des Arztes gefahrlos für das Leben verläuft. Das Stickoxydgas verbindet sich nämlich wie das Kohlenoxydgas mit dem Hämoglobin und macht dasselbe für einige Zeit unfähig, Sauerstoff aufzunehmen. Nur dann also, wenn das Lustgas in kleinen Mengen, mit genügender atmosphärischer Luft gemischt, eingeathmet wird, bringt es keine schädlichen

Wirkungen hervor. Würde es allein für sich in das Blut gelangen, so wäre eine Erstickung unvermeidlich. Bekanntlich wird es neuerdings als schmerzhinderndes Mittel bei kleinen chirurgischen Operationen, bei welchen nur eine sehr kurz dauernde Betäubung nöthig ist, vielfach verwendet. Dagegen ist seine anfänglich in Frankreich versuchte Verwendung als Berauschungsmittel im gewöhnlichen Leben, ohne ärztliche Aufsicht, zu gefährlich, um gestattet werden zu können.

Auf eine etwas andere Weise, als die genannten, wirkt eine Reihe anderer giftiger Gase, obwohl auch durch sie eine Verarmung des Blutes an Sauerstoff und der Tod in Folge dieses Mangels an Erstickung erfolgt. Das Blutroth hat die Eigenschaft, den an ihn gebundenen Sauerstoff an leicht-oxydirbare Substanzen abzugeben. Normal findet diese Abgabe an die oxydirbaren Bestandtheile der vom Blute durchströmten Organe statt. Gelangen aber in das Blut selbst fremdartige Stoffe, welche begierig den Sauerstoff dem Blutrothe entziehen, so erhalten die Organe keinen Sauerstoff mehr und der Organismus erstickt auch unter der Wirkung solcher Substanzen aus Sauerstoffmangel. So wirkt das durch seinen üblen Geruch sich schon als schädlich anzeigende Schwefelwasserstoffgas, ein Product der Fäulniß aller schwefelhaltigen organischen Stoffe. Gelangt Schwefelwasserstoff durch die Lungen in das Blut, so entzieht es dem Blutrothe seinen Sauerstoff und zersetzt sich unter Abscheidung von Schwefel, indem sein Wasserstoff mit dem Blutsauerstoff sich zu Wasser vereinigt. Der ausfallende Schwefel färbt das Blut an Schwefelwasserstoff erstickter Thiere gelbgrün. Aehnlich verhalten sich im Blute die zwei außerordentlich giftigen Gase: Phosphorwasserstoffgas und Arsenwasserstoffgas.

Eine Reihe anderer Gase, welche, ohne Sauerstoff geathmet, ebenfalls das Leben nicht unterhalten können und daher wohl ebenfalls als giftig bezeichnet werden, sind das im strengen Sinne des Wortes nicht. Das Stickgas — der Menge nach der Hauptbestandtheil der atmosphärischen Luft — hat seinen Namen daher, daß Thiere in einer Luft, welche nur Stickgas enthält, ersticken. Dasselbe ist der Fall mit Wasserstoffgas. Beide Gase verhalten sich gegen Blut und Organe an sich ganz indifferent. Ueber die schädlichen Wirkungen des Kohlensäuregases haben wir oben (S. 147) ausführlich berichtet.

4. Wahre Blutkrankheiten.

Die bisher genannten krankhaften Veränderungen des Blutes zeigten alle darin eine Uebereinstimmung, daß sie einen Mangel des Blutes setzten, entweder in Beziehung auf seine Gesammtheit oder nur in Beziehung auf den lebenswichtigsten Blutstoff: das Blutroth, das Hämoglobin. Wir könnten diesem noch die sogenannte „Bluterkrankheit", Hämophilie beifügen, welche sich darin zeigt, daß ganz geringfügige Wunden starke Blutverluste veranlassen. Die Blutungen solcher Kranker wollen weder von selbst noch unter der Anwendung einfacher blutstillender Mittel stehen. Man beschuldigt als Krankheitsursache gewöhnlich eine Gerinnungsunfähigkeit des Blutes, indem man einen Mangel des Blutes an Fibrin bildenden Blutstoffen annimmt. Gegen diese Blutungen hilft nur eine mechanische Verschließung der Wunde. Bei Gesunden werden dagegen durch die in der Wunde sich bildenden Blutgerinnsel kleine verletzte Blutgefäße bald verstopft.

Eine zweite Gruppe von Störungen im Blutleben beruht im Gegensatz zu dem bisher Mitgetheilten auf einem Zu viel im Blute.

Ob es wirklich eine krankhaft übermäßige Allgemeinblutfülle des Körpers gibt, wie sie die Aerzte häufig anzunehmen pflegen, eine allgemeine Pletora, ist mehr als zweifelhaft. Gewöhnlich bemerken wir unter dem Einfluß einer gestörten Circulation eine Hyperämie, eine abnorme Blutfülle einzelner Organe, der Leber, der Verdauungsorgane im Allgemeinen, des Gehirns, Rückenmarks, einzelner Sinnesorgane, der Haut ꝛc. Wir haben bei der Betrachtung der Verhältnisse der Blutvertheilung im menschlichen Körper diese lokalen Blutüberfüllungen schon ausreichend behandelt. Der Schein der allgemeinen Pletora verdeckt, wie wir sahen, hie und da sogar eine in Wahrheit bestehende Blutarmuth, namentlich bei fettleibigen Personen beider Geschlechter.

Eine größere Vermehrung der rothen Blutkörperchen kann keine krankhaften Wirkungen hervorrufen. Anders ist es mit einer Vermehrung der zweiten Gruppe von normalen Blutzellen, der weißen Blutkörperchen.

In der Krankheit, welche die Aerzte als Leukämie, Weißsucht des Blutes, bezeichnen, finden sich die weißen Blutkörperchen im Blute oft sehr beträchtlich vermehrt, während die rothen Blutkörperchen entsprechend vermindert sind. Die Leukämischen sind wie die Blutleeren und Bleichsüchtigen von fahler Blässe der gesammten Körperhaut, auch Lippen und Mundschleimhaut sind blaß. Das Mikroskop zeigt uns in einem Tropfen ihres Blutes die Zahl der weißen Blutkörperchen, welche sonst nur einzeln unter den rothen herumschwimmen, in weit beträchtlicherer Anzahl. Die Farbe des Blutes ist dabei blasser als in der Norm. Man hat beobachtet, daß Leukämie öfters mit krankhaften Schwellungen der Milz oder der Lymphdrüsen und Erkrankungen des Knochenmarks Hand in Hand geht. Es scheinen dann weniger rothe Blutkörperchen zu entstehen, dagegen die weißen Blutkörperchen in übergroßer Zahl unter einem krankhaften Verhalten der Lymphdrüsen gebildet und ins Blut geführt zu werden. Werden wirklich die weißen Blutkörperchen im Blute in rothe Blutkörperchen umgewandelt, so wäre es denkbar, daß diejenigen Organe, in welchen diese Umwandlung eintritt, in ihrer Thätigkeit krankhaft gehemmt sind. Die Leukämie bringt ganz ähnliche Störungen des Allgemeinbefindens hervor, wie Anämie oder Chlorose und zwar aus analogen Gründen, da im leukämischen Blute die rothen Blutkörperchen und mit ihnen der Blutfarbestoff relativ vermindert sind.

Die Schädlichkeit der Anhäufung der Organzersetzungsstoffe im Blute haben wir schon mehrfach erwähnt und näher besprochen. Nicht weniger gefährlich als eine Störung der Athmung, bei welcher sich Kohlensäure im Blute anhäuft, zeigt sich eine Behinderung der Nierenausscheidung. Die Mehrzahl der Stoffe, welche normal durch die Nieren den Körper verlassen, sind für diesen in größeren Mengen giftig. Werden sie durch Nierenerkrankung im Blute zurückgehalten, so entwickelt sich jenes schon oben geschilderte Krankheitsbild der Urämie. Die Urämie stellt sich auch ein, wenn die Nierenausscheidung aus Wassermangel des Organismus, wie in den weiteren Stadien der Cholera und verwandter Krankheiten, sistirt.

In der Zuckerkrankheit, dem Diabetes mellitus der Pathologen, sehen wir das Blut und alle Organsäfte, in welchen sich, abgesehen vom Chylus, in gesunden Tagen nur Spuren von Zucker nachweisen lassen, so reichlich Zucker (Traubenzucker) enthalten, daß in extremen Fällen durch die Nierenausscheidungen mehrere Pfund Zucker in 24 Stunden den Körper unzersetzt verlassen können. Die Ursachen dieser Krankheit sind meist räthselhaft. Experimentell kann man bei Thieren durch eine geringfügige, das Leben nicht aufhebende Verletzung des Gehirns (im 4. Vendrikel) diesen krankhaften Zustand erzeugen. Nicht selten sind Gehirnstörungen auch beim Menschen die Ursache der Zuckerkrankheit, bei welchem ältere Personen oft wunderbar gut ausdauern, während jüngere — meist an Lungenleiden — gewöhnlich rasch dieser tückischen Krankheit erliegen. Die Patienten sind in höheren Graden der Krankheit kraftlos und schwach und zeigen, da ihr Stoffverlust ein so bedeutender ist, meist auch eine sehr gesteigerte Eßbegierde. Eine zucker- und stärkemehlhaltige Kost vermehrt den Zuckergehalt der Nierenausscheidungen. Der Zuckergehalt vermindert sich meist, ohne daß das Gesammtleiden verschwindet, durch Entziehung jener Stoffe in der Nahrung und Ersatz derselben durch Eiweißstoffe, namentlich durch Fleisch. Karlsbad hat eine oft auffallend günstige Wirkung auf solche Kranke; sie werden dort meist, wenn auch nicht dauernd geheilt, doch wesentlich gebessert.

Es liegt nicht in unserer Aufgabe, alle die Leiden specieller zu charakterisiren, welche durch Störungen im Blutleben bedingt werden. Nur darauf müssen wir zum Schlusse unserer Betrachtungen hinweisen, daß das Blut, wie es im normalen Verhalten der Vermittler von Leben und Gesundheit für den Gesammtkörper und für jedes seiner Organe, für jedes seiner kleinsten Organtheile ist, wenn es sich krankhaft verändert, gerade durch seine Allherrschaft über die gesammten physiologischen Vorgänge im lebenden Organismus, zum Vermittler von Krankheit und Tod werden muß.

Wie oft genügt ein Tröpfchen Blut, in eines der Lebenscentren im Gehirn durch Zerreißen eines erkrankten Blutgefäßchens ergossen, um, mitten in seinen Strebungen und Entwürfen, ein reiches Menschenleben plötzlich zu beendigen.

Printed and bound by CPI Group (UK) Ltd, Croydon, CR0 4YY

26/10/2026

14990193-0001